U0378294

机器人工程专业应用型人才培养系列教材

# 工业机器人编程

韩召 张海鹏 于会敏◎主编

清华大学出版社
北京

## 内容简介

本书由辽宁科技学院与新松机器人自动化股份有限公司合作开发，所有案例均来自实际工程项目，全书共分7章。第1章介绍工业机器人编程的理论基础，包括工业机器人编程语言的分类、结构、组成、作用及设计要求；第2章介绍工业机器人的硬件本体组成，包括机器人本体结构及示教盒的各个按键功能及屏幕显示数据区域的参数意义；第3章介绍工业机器人坐标系，主要讲述机器人的工具坐标系及用户坐标系的标定方法；第4章介绍工业机器人I/O，包括机器人I/O参数的设置方法及强制输出后的校验；第5章介绍工业机器人绘图任务，主要讲授机器人的3条最基本也是最重要的运动指令的用法；第6章介绍工业机器人搬运任务，搬运是工业机器人最广泛的应用场景，通过具体工程案例，体会众多不同编程指令的设计初衷；第7章介绍工业机器人码垛任务，主要讲授码垛专有指令及码垛文件的配置方法。本书按照机器人编程操作步骤进行编排，内容由浅入深，层层推进。书中操作过程图文并茂，易于理解，读者可事半功倍地吸收所学知识。

本书适合作为普通高校机器人工程、自动化、智能制造等相关专业的教学用书，也适合作为从事工业机器人运维及编程人员的参考用书。



**图书在版编目(CIP)数据**

工业机器人编程/韩召，张海鹏，于会敏主编. —北京：清华大学出版社，2022.4
机器人工程专业应用型人才培养系列教材
ISBN 978-7-302-60219-4

Ⅰ. ①工… Ⅱ. ①韩… ②张… ③于… Ⅲ. ①工业机器人—程序设计—教材 Ⅳ. ①TP242.2

中国版本图书馆CIP数据核字(2022)第033355号

**责任编辑**：赵 凯 李 晔
**封面设计**：刘 键
**责任校对**：焦丽丽
**责任印制**：宋 林

**出版发行**：清华大学出版社
**网 址**：http://www.tup.com.cn，http://www.wqbook.com
**地 址**：北京清华大学学研大厦A座 **邮 编**：100084
**社 总 机**：010-83470000 **邮 购**：010-62786544
**投稿与读者服务**：010-62776969，c-service@tup.tsinghua.edu.cn
**质量反馈**：010-62772015，zhiliang@tup.tsinghua.edu.cn
**课件下载**：http://www.tup.com.cn，010-83470236
**印 装 者**：三河市金元印装有限公司
**经 销**：全国新华书店
**开 本**：185mm×260mm **印 张**：12.25 **字 数**：299千字
**版 次**：2022年6月第1版 **印 次**：2022年6月第1次印刷
**印 数**：1～1500
**定 价**：59.00元

产品编号：091686-01

PREFACE

辽宁科技学院新松机器人学院成立于2017年9月，是全国首批具有招收机器人工程专业本科生资格的25所院校之一，由辽宁科技学院、新松机器人自动化股份有限公司、新松教育科技集团合作建立。学院作为学校"新工科"教育改革的先行示范区，坚持产教融合、协同创新，瞄准区域产业需求，聚焦机器人、高端装备产业领域，不断深化内涵建设，推动机器人学科的发展及其与相关学科的交叉融合，为国家培养符合社会发展需要、适应高端智能机器人产业发展的高素质应用型人才，为辽宁省打造世界级机器人产业基地提供有力的智力支撑和人才保障。自成立以来，合作双方充分发挥各自优势，瞄准产业前沿，共同探索机器人及其相关领域人才培养模式和技术创新途径，不断推动学院各项事业发展屡创新高，运行至今，已完成一届机器人工程专业本科人才培养，办学成效初显。

新松机器人学院由校企双方共建、共担、共管，2019年12月机器人实训中心获批辽宁省机器人科普教育基地，2021年1月新松机器人学院获批辽宁省普通高等学校现代产业学院，2021年3月机器人校企合作实训基地被教育部评选为产教融合优秀案例，2021年11月机器人工程专业获批辽宁省一流本科专业。

回顾多年办学经历，深感成绩的取得来之不易。在辽宁省教育厅指导下，辽宁科技学院与新松机器人自动化股份有限公司、新松教育科技集团紧密合作、共克时艰，不断优化专业结构、增强办学活力、创新人才培养模式、完善管理机制，对接区域经济和行业产业发展，构建校、企、地多方协同育人机制，形成了集人才培养、科研创新、产业服务"三位一体"多功能服务的现代产业学院，积累了宝贵的办学经验。学院坚持育人为本，以立德树人为根本任务，以提高人才培养能力为核心，培养符合产业高质量发展和创新需求的高素质人才；坚持产业为要，科学定位人才培养目标，构建紧密对接产业链、创新链的专业体系，切实增强人才对经济高质量发展的适应性，强化产、学、研、用体系化设计；坚持产教融合，将人才培养、教师专业化发展、实训实习实践、学生创新创业等有机结合，促进产教融合、科教融合，打造集产、学、研、转、创、用于一体，互补、互利、互动、多赢的实体性人才培养创新平台；坚持创新发展，创新管理方式，推进共同建设、共同管理、共享资源，实现学院可持续、内涵式创新发展。

高校人才培养的全过程，专业、课程、教材、教师是主线，新松机器人学院高度重视教材建设，始终将教材研发作为产业学院人才培养的重要环节，成立了由校企双方人员组成的编委会，负责"机器人工程专业应用型人才培养系列教材"的编写工作。编委会基于学院人才培养目标、依据新松机器人实训设备特点，根据全国新工科机器人联盟对机器人工程专业的建设方案要求，编写了机器人工程专业应用型本科系列教材"机器人工程专业应用型人才培养系列教材”。本系列丛书是根据新松机器人自动化股份有限公司相关产品设备及产品资料,并结合辽宁科技学院机器人教研室教师和新松教育科技集团有限公司相关专家、工程师自身经验编写而成。本系列丛书将根据机器人工程专业人才培养方案的实际情况不断完善、更新,以适应应用型人才培养需求。

由于机器人技术发展日新月异,加之编者的水平有限,丛书中难免存在不妥和疏漏之处,恳请广大读者批评指正!

最后,我们真诚的期望能够获得读者在学习本套丛书之后的心得、意见甚至批评,您的反馈都是对本丛书的最大支持!

新松机器人自动化股份有限公司创始人、总裁曲道奎

2022 年 4 月 6 日

# 前言

FOREWORD

随着工业化进程的不断深入，以工业机器人为核心的机电一体化系统及其信息化技术迅猛发展起来。在工业领域，人们把可编程技术、数控技术和工业机器人技术称为现代制造业的三大技术支柱，而工业机器人以其稳定、高效、低故障率等众多优势成为现在和未来加工制造业的核心。因此，工业机器人编程和操作是工业机器人设计、开发、应用、维修人员必须掌握的基本技能。

本书以新松工业机器人为教学平台讲述工业机器人的基础操作及编程知识，内容简明扼要、图文并茂、通俗易懂。为了方便读者学习和理解，书中的教学内容在“学习通在线教学视频网”上有具体操作视频，本书适合作为普通高校机器人工程专业、自动化、智能制造等相关专业的主导教材，也适合作为从事工业机器人运维与编程人员的参考用书。

本书由辽宁科技学院韩召、于会敏和新松机器人自动化股份有限公司张海鹏担任主编，冯暖、孙振龙、李文义、魏宏超等参编。其中韩召编写了第1～4章、于会敏编写了第5～7章；张海鹏参与编写了第2章；沈阳中德新松教育科技集团有限公司魏宏超参与编写了第1章，全书的编程案例由孙振龙负责设计、编写与验证。

本书为“校企合作机器人工程专业应用型人才培养系列教材”之一，是在新松机器人自动化股份有限公司提供的相关设备及产品资料基础上，结合现场工程经验编写而成。在此特别感谢对本书做出贡献的老师和同学，尤其是马紫熔和王家欣等在实验验证、素材收集、图片编辑等工作中的无私奉献，以及新松机器人自动化股份有限公司和沈阳中德新松教育科技集团有限公司的相关专家、工程师。本书的完成离不开他们提供的各种资料、经验和建议，对于他们的辛勤付出特此致谢。

由于编者的水平有限，以及机器人技术发展日新月异，难免存在不妥和疏漏之处，恳请广大读者批评指正。

编　者

2021年12月

CONTENTS

# 第1章

# 工业机器人编程语言基础

伴随着机器人产业的发展，机器人的功能实现除了依靠机器人的硬件支撑以外，相当一部分是靠机器人语言来完成的。有了用户和机器人之间的接口，用户便可利用机器人的基本结构原理与控制算法来完成复杂多样的作业任务。机器人的机械臂与专用的自动化装备的区别在于它们的“柔性”，即可编程性。不仅工业机械臂的运动可编程，通过使用传感器以及与其他自动化装备的通信，机械臂还可以适应任务进程中的各种变化。现在已经有许多种类型的用于机器人编程的用户接口被开发出来。在这一层次，每一个机器人公司都有自己的语法规则和语言形式，一般用户接触到的编程语言都是机器人公司自己开发的针对用户的语言平台，通俗易懂。在这个语言平台之下是一种基于硬件相关的高级语言平台，如C语言、C++语言、基于IEC 61131标准后的语言等，这些语言是机器人公司进行机器人系统开发时所使用的语言平台，这一层次的语言平台可以编写翻译解释程序，针对用户示教的程序进行翻译，并解释成该层语言所能理解的指令，该层语言平台主要进行运动学和控制方面的编程。商用机器人公司提供给用户的编程接口一般都是自己开发的简单的示教编程语言系统。机器人控制系统提供商提供给用户的一般是第二层语言平台，在这一平台层次，控制系统供应商可能提供了机器人运动学算法和核心的多轴联动插补算法，用户可以针对自己设计的产品自由地进行二次开发，该层语言平台具有较好的开放性。

**教学目标**

通过本章节的学习，我们将学习有关工业机器人编程的基础知识；了解常用的机器人编程方式；了解工业机器人编程要求和语言类型；了解工业机器人语言的系统结构和基本功能；了解几种常用的机器人编程语言；了解工业机器人的离线编程。

## 1.1 工业机器人编程方式

当一台机器人接上电源，机器人并不会立刻动作。这是因为机器人没有得到动作的指令，这就需要为机器人编程。机器人的编程方式有很多种，不同品牌、不同型号、不同作用的机器人可能会用到不同的编程方式。目前应用于机器人的编程方法，主要有以下3种。

### 1.1.1 示教编程

早期的机器人编程几乎都采用示教编程方法，而且它仍是目前工业机器人使用最普遍的方法。用这种方法编写程序是在机器人现场进行的。首先，操作者必须把机器人终端移动至目标位置，并将此位置对应的机器人关节角度信息记录进内存储器，这是示教的过程。然后，当要求复现这些运动时，顺序控制器从内存中读出相应位置，机器人就可重复示教时的轨迹和各种操作。示教方式有多种，常见的有手把手示教和示教盒示教。手把手示教要求用户使用安装在机器人手臂内的操作杆，按给定运动顺序示教动作内容。示教盒示教则是利用装在控制盒上的按钮驱动机器人按需要的顺序进行操作，机器人每一个关节对应着示教盒上的一对按钮，以分别控制该关节正反方向的运动。示教盒示教方式一般用于大型机器人或危险作业条件下的机器人示教。示教编程的优点是简单方便、不需要环境模型、对实际的机器人进行示教时，可以修正机械结构带来的误差。其缺点是功能编辑比较困难；难以使用传感器；难以表现沿轨迹运动时的条件分支；缺乏记录动作的文件和资料；难以积累有关的信息资源；对实际的机器人进行示教的过程中要占用机器人。

### 1.1.2 机器人语言编程

机器人语言编程是使用符号来描述机器人动作的方法。它通过对机器人动作的描述，使机器人按照编程者的意图进行各种操作。机器人语言的产生和发展是与机器人技术的发展以及计算机编程语言的发展紧密相关的。机器人语言编程实现了计算机编程，并可以引入传感信息，从而提供一个更通用的方法来解决人-机器人通信接口问题，目前应用于工业中的是动作级和对象级机器人语言。

### 1.1.3 离线编程

这是一种用通用语言或专门语言预先进行程序设计，在离线的情况下进行轨迹规划的编程方法。离线编程系统是基于CAD数据的图形编程系统，由于CAD技术的发展，机器人可以利用CAD数据生成机器人路径，这是集机器人于CIMS系统的必由之路。离线编程作为未来的机器人编程方式，它采用任务级机器人语言进行编程。这种编程方式可能彻底改变现有机器人的编程方法，而且将为改进CAD/CAM综合技术做出贡献。离线编程克服了在线编程的许多缺点，充分利用了计算机的功能。其优点是编程时可不用机器人，机器人可进行其他工作；可预先优化操作方案和运行周期时间；可将以前完成的过程或子程序结合到待编写的程序中去；可用传感器探测外部信息，从而使机器人做出相应的响应；控制功能中可以包括现有的CAD和CAM的信息；可以预先运行程序来模拟实际运动，从而不会出现危险，利用图形仿真技术可以在屏幕上模拟机器人运动来辅助编程；对不同的工作目的，只需要替换部分特定的程序。但缺点是很难得到离线编程中所需要的补偿机器人系统误差的功能、坐标系的数据。离线编程中可以采用在线采集的一些待定位置数据(多采用示教盒来获得)，并将之写入离线编写的程序中。

## 1.2　工业机器人编程要求

机器人编程语言是一种程序描述语言，它能十分简洁地描述工作环境和机器人的动作，能把复杂的操作内容通过尽可能简单的程序来实现。机器人编程语言也和一般的程序语言一样，应当具有结构简明、概念统一、容易扩展等特点。从实际应用的角度来看，很多情况下都是操作者实时地操纵机器人工作。为此，机器人编程语言还应当简单易学，并且有良好的对话性。高水平的机器人编程语言还能够做出并应用目标物体和环境的几何模型。在工作进行过程中，几何模型是不断变化的，因此性能优越的机器人语言会极大地减少编程的困难，工业机器人的编程要求分为以下几个方面。

### 1.2.1　建立世界模型

在进行机器人编程时，需要一种描述物体在三维空间内运动的方式，所以需要给机器人及其相关物体建立一个基础坐标系，这个坐标系与大地相连，也称为“世界坐标系”。机器人工作时，为了方便起见，也会建立其他坐标系，同时建立这些坐标系与基础坐标系的变换关系。机器人编程系统应具有在各种坐标系下描述物体位姿的建模能力。

### 1.2.2　描述机器人作业

机器人作业的描述与其环境模型密切相关，编程语言水平决定了描述水平。现有的机器人语言需要给出作业顺序，由语法和词法定义输入语句，并由它描述整个作业。例如，装配作业可描述为世界模型的一系列状态，这些状态可用工作空间内所有物体的位姿给定，这些位姿也可利用物体间的空间关系来说明。

### 1.2.3　描述机器人运动

描述机器人需要进行的运动是机器人编程语言的基本功能之一。用户能够运用语言中的运动语句与路径规划器连接，允许用户规定路径上的点及目标点，决定是否采用点插补运动或笛卡儿直线运动。用户还可以控制运动速度或运动持续时间，对于简单的运动语句来说，大多数编程语言具有类似的语法，不同语言在主要运动描述上的差别不大。

### 1.2.4　用户规定执行流程

同一般的计算机编程语言一样，机器人编程系统允许用户规定执行流程，包括试验和转移、循环、调用子程序以及中断等。对于许多计算机应用，并行处理对于自动工作站是十分重要的。首先，一个工作站常常运用两台或多台机器人同时工作以减少过程周期。在单台机器人的情况下，工作站的其他设备也需要机器人控制器以并行方式控制。因此，在机器人编程语言中常常含有信号和等待等基本语句或指令，提供比较复杂的并行执行结构，通常需要用相应传感器来监控不同的过程，然后通过中断或通信，机器人系统能够对传感器检测到的一些事件做出反应，有些机器人语言提供规定这种事件的监控器。

### 1.2.5 良好的编程环境

如同任何计算机软件一样，一个好的编程环境有助于提高程序员的工作效率。机器人的程序编制是困难的，其编程趋向于试探对话式。如果用户忙于应付连续重复的编程语言的编辑—编译—执行循环，那么其工作效率必然较低。因此，现在大多数机器人编程语言含有中断功能，以便能够在程序开发和调试过程中每次只执行一条单独语句。典型的编程支撑和文件系统也是需要的，根据机器人编程的特点，其支撑软件应具有下列功能：在线修改和立即重新启动；传感器的输出和程序追踪；仿真。

### 1.2.6 人机接口和综合传感信号

在编程和作业过程中，应便于人与机器人之间进行信息交换，例如，为了在运动出现故障时能及时处理，可在控制器上设置紧急安全开关以确保安全。并且，随着作业环境和作业内容复杂程度的增加，需要更多功能强大的人机接口。机器人语言的一个极其重要的部分是与传感器的相互配合。语言系统应能提供一般的决策结构，以便根据传感器的信息来控制程序的流程。在机器人编程中，传感器的类型一般分为4类：位置检测、力觉、触觉和视觉。如何对传感器的信息进行综合，各种机器人语言都有其专用的句法。

## 1.3 工业机器人的编程语言类型

随着首台机器人的出现，对机器人语言的研究也同时进行。1973年，美国斯坦福(Stanford)人工智能实验室研究和开发了第一种机器人语言——WAVE语言，WAVE语言类似于BASIC语言，语句结构比较简单，易于编程。它有动作描述，能配合视觉传感器进行手眼协调控制等。1974年，该实验室在WAVE语言的基础上开发了AL语言，它是一种编译形式的语言，具有ALGOL语言的结构，可以控制多台机器人协调动作，AL语言对后来机器人语言的发展有很大的影响。1979年，美国Unimation公司开发了VAL语言，并配置在PUMA系列机器人上，成为实用的机器人语言。1984年，该公司推出了VAL-Ⅱ语言，与VAL语言相比，VAL-Ⅱ增加了利用传感器信息进行运动控制、通信和数据处理等功能。美国IBM公司在1975年研制了ML语言，并用于机器人装配作业。接着该公司又推出AUTOPASS语言，这是一种比较高级的机器人语言，它可以对几何模型类任务进行半自动编程。后来IBM公司又推出了AML语言，AML语言已作为商品化产品用于IBM机器人的控制。其他的机器人语言有MIT的LAMA语言，这是一种用于自动装配的机器人语言。20世纪80年代初，美国Automatix公司开发了RAIL语言，它具有与Pascal语言相似的形式，能利用视觉传感器信息，进行检测零件作业。同期，麦道公司研制出了MCL语言，它是在数控语言APT的基础上发展起来的机器人语言。MCL应用于由机床及机器人组成的柔性加工单元的编程，其功能较强。

到目前为止，国内外尚无通用的机器人语言。现有的品种繁多，仅在英国、日本、西欧实用的机器人语言就有数十种，而且新的机器人语言还在不断出现。究其原因，就在于目前开发的机器人语言绝大多数是根据专用机器人而单独开发的，存在着通用性差的问题。有的国家正尝试在数控机床通用语言的基础上，形成统一的机器人语言。但由于机器人控制不仅要考虑机器人本身的运动，还要考虑机器人与配套设备间的协调通信以及多个机器人之间的协调工作，因而技术难度非常大，目前尚处于研究探索阶段。机器人语言有很多分类方法，但根据作业描述水平的高低，通常可分为动作级、对象级和任务级 3 级。

### 1.3.1 动作级编程语言

动作级语言是以机器人的运动作为描述中心，通常由使机械手末端从一个位置到另一个位置的一系列命令组成。动作级语言的每一个命令（指令）对应机器人的一个动作。如可以定义机器人的运动序列（MOVE），基本语句形式为：

```
MOVE TO <destination>
```

动作级语言的代表是 VAL 语言，它的语句比较简单，易于编程。动作级语言的缺点是不能进行复杂的数学运算，不能接收复杂的传感器信息，仅能接收传感器的开关信号，并且和其他计算机的通信能力很差。VAL 语言不提供浮点数或字符串，而且子程序不含自变量。动作级编程又可分为关节级编程和终端执行器级编程两种。

1. 关节级编程

关节级编程的程序给出机器人各关节位移的时间序列，当示教时，常通过示教盒上的操作键进行，有时需要对机器人的某个关节进行操作。

2. 终端执行器级编程

终端执行器级编程是一种在作业空间内各种设定好的坐标系中编程的编程方法。在特定的坐标系内，应在程序段的开始予以说明，系统软件将按说明的坐标系对下面的程序进行编译。终端执行器级编程程序给出机器人终端执行器的位姿和辅助机能的时间序列，包括力觉、触觉、视觉等机能以及作业用量、作业工具的选定等，指令由系统软件解释执行。

### 1.3.2 对象级编程语言

对象级语言弥补了动作级语言的不足，它是以描述被操作物体之间的关系（常为位置关系）为中心的语言，这类语言有 AML、AUTOPASS 等。

1. 对象级编程语言的特点

（1）运动控制。运动控制具有与动作级语言类似的功能。

（2）处理传感器信息。可以接收比开关信号复杂的传感器信号，并可利用传感器信号进行控制、监督以及修改和更新环境模型。

（3）通信和数字运算。能方便地和计算机的数据文件进行通信，数字计算功能强，可以进行浮点计算。

（4）具有很好的扩展性。用户可以根据实际需要扩展语言的功能，如增加指令等。

2. 对象级编程语言可解决的问题

作业对象级编程语言以类似自然语言的方式描述作业对象的状态变化，指令语句是复合语句结构，用表达式记述作业对象的位姿时序数据及作业用量、作业对象承受的力及力矩等时序数据。将这种语言编制的程序输入编译系统后，编译系统将利用有关环境、机器人几何尺寸、终端执行器、作业对象、工具等的知识库和数据库对操作过程进行仿真，并解决以下几方面的问题：

（1）根据作业对象的几何形状确定抓取位姿。

（2）各种感受信息的获取及综合应用。

（3）作业空间内各种事物状态的实时感受及其处理。

（4）障碍回避。

（5）和其他机器人及附属设备之间的通信与协调。

3. 对象级编程语言的过程

对象级编程语言的代表是IBM公司在20世纪70年代后期针对装配机器人开发出的AUTOPASS语言。它是一种用于在计算机控制下进行机械零件装配的自动编程系统，该系统面对作业对象及装配操作而不直接面对装配机器人的运动。AUTOPASS自动编程系统的工作过程大致如下：

（1）用户提出装配任务，给出任务的装配工艺规程。

（2）编写AUTOPASS源程序。

（3）确定初始环境模型。

（4）AUTOPASS的编译系统逐句处理AUTOPASS源程序，并和环境模型及用户实时交互。

（5）产生装配作业方法和终端执行器状态指令码。

（6）AUTOPASS为用户提供PL/I的控制和数据系统能力。

### 1.3.3 任务级编程语言

任务级语言是比较高级的机器人语言，允许使用者对工作任务所要求达到的目标直接下命令，不需要规定机器人所做的每一个动作的细节。只要按某种原则给出最初的环境模型和最终的工作状态，机器人可自动进行推理、计算，最后自动生成机器人的动作。任务级语言的概念类似于人工智能中程序自动生成的概念。任务级机器人编程系统能够自动执行许多规划任务。例如，当发出“抓起螺杆”的命令时，该系统必须规划出一条避免与周围障碍物发生碰撞的机械手运动路径，自动选择一个好的螺杆抓取位置，并把螺杆抓起。与此相反，对于前两种机器人编程语言，所有这些选择都需要由程序员进行。因此，任务级系统软件必须能把指定的工作任务翻译为执行该任务的程序。美国普渡大学(Purdue University)开发的机器人控制程序库RCCL就是一种任务级编程语言，它使用C语言和一组C函数来控制机械手的运动，把工作任务和程序直接联系起来。

现在还有人在开发一种系统，它能按照某种原则给出最初的环境状态和最终的工作状态，然后让机器人自动进行推理、计算，最后自动生成机器人的动作。这种系统现在仍处于基础研究阶段。

到现在为止，已经有多种机器人语言问世，其中有的是研究室里的实验语言，有的是实用的机器人语言。前者中比较有名的有美国斯坦福大学开发的AL语言、IBM公司开发AUTOPASS语言、英国爱丁堡大学开发的RAPT语言等；后者中比较有名的有由AL语言演变而来的VAL语言、日本九州大学开发的IML语言、IBM公司开发的AML语言等。

# 1.4　工业机器人语言系统结构和基本功能

机器人语言实际上是一个语言系统，机器人语言系统既包含语言本身给出作业指示和动作指示，同时又包含处理系统，即根据指示来控制机器人系统。它能够支持机器人编程、控制，以及与外围设备、传感器和机器人的接口，同时还能支持和计算机系统的通信。机器人语言系统如图1-1所示。

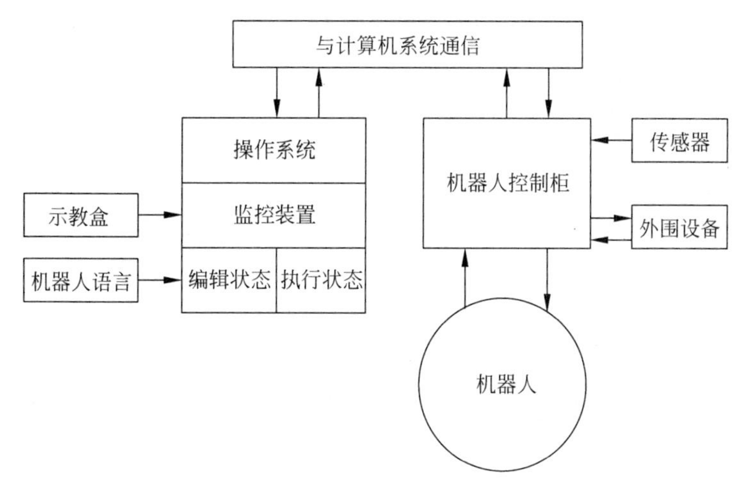


图1-1　机器人语言系统

## 1.4.1　工业机器人语言系统结构

工业机器人语言系统主要指机器人编程操作系统和机器人语言系统。

1. 机器人编程操作系统

机器人语言操作系统包括3个基本的操作状态：监控状态、编辑状态、执行状态。

(1) 监控状态是用来进行整个系统的监督控制的。在监控状态，操作者可以用示教盒定义机器人在空间的位置，设置机器人的运动速度，存储和调出程序等。

(2) 编辑状态是供操作者编制程序或编辑程序时使用的。尽管不同语言的编辑操作不同，但一般均包括写入指令、修改或删除指令以及插入指令等。

(3) 执行状态是用来执行机器人程序的。在执行状态，机器人执行程序的每条指令，操作者可通过调试程序修改错误。例如，在程序执行过程中，某一位置关节角超过限制，因此机器人不能执行。操作者可返回到编辑状态修改程序。目前大多数机器人语言允许在程序执行过程中直接返回到监控或编辑状态。和计算机编程语言类似，机器人语言程序可以编译，即把机器人源程序转换成机器码，以便机器人控制器能直接读取和执行，编译后的程序运行速度大大加快。

2. 机器人语言系统

由于机器人语言系统的特殊性，它具有与一般程序设计语言不同的功能要素。下面对这些要素进行具体介绍。

1）外部世界的建模

机器人程序是描述三维空间中的运动物体的，因此机器人语言应具有外部世界的建模功能。只有具备了外部世界模型的信息，机器人程序才能完成给定的任务。在许多机器人语言中，规定各种几何体的命名变量，并在程序中访问它们，这种能力构成了外部世界建模的基础。如 AUTOPASS 语言，它用一个称为 GDP(几何设计处理器)的建模系统给物体建模，该系统用过程表达式来描述物体。其基本思想是：每个物体都用一个过程名和一组参数来表示，物体形状通过调用描述几何物体和集合运算的过程来实现。

另外，外部世界建模系统要有物体之间的关联性概念。也就是说，如果有两个或更多个物体已经固联在一起，并且以后一直是固联的，则用一条语句移动一个物体，任何附在其上的物体也要跟着运动。AL 语言有一种称为 AFFIX 的连接关系，它可以把一个坐标系连接到另一个坐标系上。这相当于在物理上把一个零件连接到另一个零件上，如果其中一个零件移动，那么连接着的其他零件也将移动。

2）作业的描述

作业的描述与环境的模型有密切关系，而且描述水平决定了语言的水平。作为最高水平，人们希望以自然语言作为输入，并且不必给出每一步骤。现在的机器人语言需要给出作业顺序，并通过使用语法和词法定义输入语言，再由它完成整个作业。

装配作业可以描述为世界模型的一系列状态，这些状态可用工作空间中所有物体的形态给定，说明形态的一种方法是利用物体之间的空间关系。例如图 1-2 给出的积木世界。

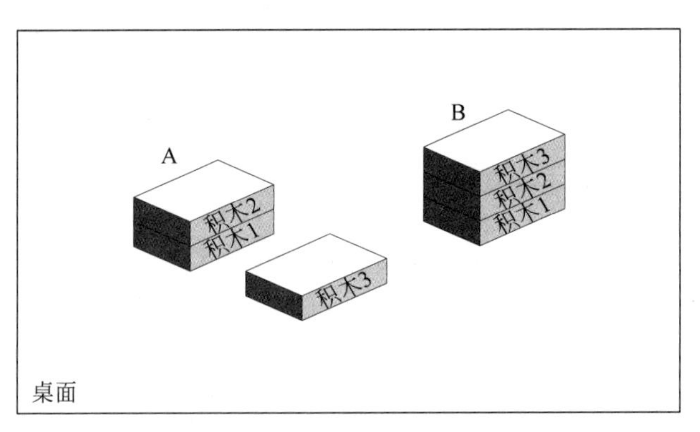

图 1-2 积木世界

如果假定状态 A 是初态，状态 B 是目标状态，那么可以用它们表示抓起第三块积木并把它放在第二块积木顶上的作业。如果状态 A 是目标状态，而状态 B 是初态，那么它们表示的作业是从叠在一起的积木块上挪走第三块积木并把它放在桌子上。使用这类方法表示作业的优点是容易理解，并且容易说明和修改。然而，这种方法的缺点是没有提供操作所需的全部信息。

3）运动说明

机器人语言的一个最基本的功能是能够描述机器人的运动，通过使用语言中的运动语句，操作者可以把轨迹规划程序和轨迹生成程序建立联系。运动语句允许通过规定点和目标点，在关节空间或笛卡儿空间说明定位目标，可以采用关节插补运动或笛卡儿直线运动，另外操作者也可以控制运动持续时间等。在 VAL、AL 语言中，运动说明用 MOVE 命令，它表示机器人手臂应该到达的目标坐标系。对于简单的运动语句，大多数编程语言具有相似的语法。

4）编程支撑软件

和计算机语言编程一样，机器人语言要有一个良好的编程环境，以提高编程效率。因此编程支撑软件，如文本编辑、调试程序和文件系统等都是需要的，没有编程支撑软件的机器人语言对用户来说是无法使用的。另外，根据机器人编程的特点，支撑软件应具有这样的功能。

（1）在线修改和立即重新启动。机器人作业需要复杂的动作和较长的执行时间，很多时候不允许在失败后从头开始运行程序，因此支撑软件必须有在线修改程序和随时重新启动的能力。

（2）传感器的输出和程序追踪。机器人和环境之间的实时相互作用常常不能重复，因此支撑软件应能随着程序追踪记录传感器输出值。

（3）仿真。在没有机器人和工作环境的情况下可以测试程序，因此可有效地进行不同程序的模拟调试。

5）人机接口

在编程和作业过程中，应便于人与机器人之间进行信息交换，以便在运动出现故障时能及时处理，应在控制器上设置紧急安全开关以确保安全。而且，随着作业环境和作业内容复杂程度的增加，需要有功能强大的人机接口。

6）传感器信息的综合

机器人语言的一个极其重要的部分是与传感器的相互作用，语言系统提供一般的决策结构，如 if…then…else，case…，until…和 while…do…，以便根据传感器的信息来控制程序的流程。在机器人编程中，传感器的类型一般分为 3 类：

（1）位置检测。用来测量机器人的当前位置，一般由编码器等来实现。

（2）力觉和触觉。用来检测工作空间中物体的存在，力觉是为力控制提供反馈信息，触觉用于检测抓取物体时的滑移。

（3）视觉。用于识别物体，确定它们的方位。

如何对传感器的信息进行综合，各种机器人语言都有它自己的句法，一般传感器信息的主要用途是启动或结束一个动作。例如，在传送带上到达的零件可以切断光电传感器，启动机器人拾取这个零件，如果出现异常情况，则结束动作。目前大多数语言不能直接支持视觉功能，用户必须有处理视觉信息的模块。

### 1.4.2 工业机器人语言的基本功能

机器人语言的基本功能包括运算、决策、通信、机械手运动、工具指令以及传感器数据处理等。多数的工业机器人系统，只提供机械手运动和工具指令以及某些简单的传感器数据处理功能。机器人语言体现出来的基本功能是由机器人系统软件支持而形成的。

1. 运算

在作业过程中执行规定运算的能力是机器人控制系统最重要的能力之一。如果机器人未装备任何传感器，那么就可能不需要对机器人程序规定什么运算。没有传感器的机器人只不过是一台数控机器。

对于装备传感器的机器人所进行最重要的运算是解析几何计算。这些运算结果能使机器人自行做出决定，用于解析几何运算的计算工具包括下列内容：

(1) 机械手解答及逆解答。

(2) 坐标运算和位置表示，例如，相对位置的构成和坐标的变化等。

(3) 矢量运算，例如，点积、交积、长度、单位矢量、比例尺以及矢量的线性组合。

2. 决策

机器人系统能够根据传感器输入信息做出决策，而不必执行复杂运算。依据原始的传感器数据计算得到的结果，在此基础上做出下一步该干什么的决策，这种决策能力使机器人控制系统的功能更强。利用一条简单的条件转移指令(例如，校验零值)就可以调用相关决策算法。

3. 通信

机器人系统与操作人员之间的通信，允许机器人请求操作员提供命令，或提示操作员下一步该干什么，或让操作员知道机器人打算干什么。机器人系统向操作员提供信息的硬件设备，按其复杂程度排列如下：

(1) 信号灯，机器人能够给出显示信号。

(2) 字符打印机、显示器。

(3) 绘图仪。

(4) 语言合成器或其他音响设备(铃、扬声器等)。

操作员向机器人系统提供命令的输入设备包括：

(1) 按钮、旋钮和指压开关。

(2) 数字或字母数字键盘。

(3) 光笔、光标指示器和数字变换板。

(4) 远距离操纵主控装置，如悬挂式操作台等。

(5) 光学字符阅读机。

4. 机械手运动

采用计算机后，极大地提高了机械手的工作能力，包括：

(1) 使复杂得多的运动顺序成为可能。

(2) 使运用传感器控制机械手运动成为可能。

(3) 能够独立存储工具位置，而与机械手的设计以及刻度系数无关。

机械手运动可用许多不同方法来规定。最简单的方法是向各关节伺服装置提供一组关节位置，然后等待伺服装置到达这些规定位置。比较复杂的方法是在机械手工作空间内插入一些中间位置。这种程序使所有关节同时开始运动和同时停止运动。用与机械手的形状无关的坐标来表示工具位置是更先进的方法，而且需要用一台计算机对坐标变换进行计算。在笛卡儿空间内插入工具位置能使工具端点沿着路径跟随轨迹平滑运动。引入一个参考坐标系，用来描述工具位置，然后让该坐标系运动。

5. 工具指令

一个工具控制指令通常是由闭合某个开关或继电器而触发的，而继电器又可能把电源接通或断开，用来直接控制工具运动，或者送出一个小功率信号给电子控制器，让后者去控制工具。直接控制是最简单的方法，而且对控制系统的要求也较少，可以用传感器来感受工具运动及其功能的执行情况。

当采用工具功能控制器时，对机器人主控制器来说可能需要进行比较复杂的运算。采用单独控制系统，能够使工具功能控制与机器人控制协调一致地工作，这种控制方法已被成功用于飞机机架的钻孔和铣削加工工作中。

6. 传感器数据处理

工业机器人只有与传感器连接起来，才能发挥其全部效用。传感器有多种形式，按照功能，把传感器概括如下：

(1) 内部传感器。用于感受机械手或其他由计算机控制的关节式机构的位置。

(2) 触觉传感器。用于感受工具与物体(工件)间的实际接触。

(3) 接近度或距离传感器。用于感受工具至工件或障碍物的距离。

(4) 力和力矩传感器。用于感受装配(如把销钉插入孔内)时所产生的力和力矩。

(5) 视觉传感器。用于“看见”工作空间内的物体，确定物体的位置或(和)识别它们的形状等，传感数据处理是许多机器人程序十分重要而又复杂的组成部分。

## 1.5　工业机器人的离线编程

目前常用的编程方式有两种：一种是示教编程，另一种是离线编程。离线编程因为相对于示教编程具有许多优势，应用范围日趋广泛。机器人的离线编程技术直接关系到机器人执行任务的运动轨迹、运行速度、运作的精确度，对于生产制造起着关键作用。因此，机器人离线编程成为一项备受关注的学科。

第一代工业机器人采用示教编程方式，无论是采用手把手示教还是控制盒示教，都需要机器人停止原来的工作，而再现时若不能满足要求，还需反复进行示教。因此，进行一项任务之前，现场编程过程要花费很多时间，这对于大批量生产的简单作业，基本上能满足要求。但是，随着机器人应用到中小批量生产中，以及要求完成的任务复杂程度的增加，用示教编程方式就很难适应了。

随着计算机技术和机器人技术的不断发展，机器人与CAD/CAM技术结合，已形成生产效率很高的柔性制造系统(FMS)和计算机集成制造系统(CIMS)。这些系统中大量采用工业机器人，具有很高的适应性和灵活性。在这样的环境中，如果仍采用示教编程方式，那么当对某台机器人进行编程或修改程序时，就得让整个生产线都停顿下来，这显然是不可能的；另外，对于在复杂环境中工作的机器人，在实际使用之前，对机器人及其工作环境乃至生产过程的计算机仿真是必不可少的。

### 1.5.1　离线编程的概念

离线编程与机器人语言编程相比也具有明显的特点。如上所述，语言编程目前包括动作级机器人语言和对象级机器人语言，编程工作非常繁重。机器人离线编程就是利用计算机图形学的成果，建立机器人及作业环境的三维几何模型，然后对机器人所要完成的任务进行离线规划和编程，并对编程结果进行动态图形仿真，最后将满足要求的编程结果传到机器人控制器，使机器人完成指定的作业任务。因此，离线编程可以看作动作级和对象级语言图形方式的延伸，是研制任务级语言编程的重要基础。机器人离线编程已被证明是一个有力的工具,对于提高机器人的使用效率和工作质量、提高机器人的柔性和机器人的应用水平都有重要的意义,机器人要在 FMS 和 CIMS 中发挥作用,必须依靠离线编程技术的开发及应用。

### 1.5.2 离线编程系统的一般要求

工业机器人离线编程系统的一个重要特点是能够和 CAD/CAM 建立联系,能够利用 CAD 数据库的资料。对于一个简单的机器人作业,几乎可以直接利用 CAD 对零件的描述来实现编程。但一般情况下,作为一个实用的离线编程系统设计,需要更多方面的知识,至少要考虑以下几点:

(1) 对将要编程的生产系统工作过程的全面了解。

(2) 机器人和工作环境三维实体模型。

(3) 机器人几何学、运动学和动力学的知识。

(4) 能用专门语言或通用语言编写出基于以上 3 点的软件系统,要求该系统是基于图形显示的。

(5) 能用计算机构型系统进行动态模拟仿真,对运动程序进行测试并检测算法,如检查机器人关节角超限、运动轨迹是否正确以及是否碰撞的检测。

(6) 传感器的接口和仿真,利用传感器的信息进行决策和规划。

(7) 通信功能。从离线编程系统所生成的运动代码到各种机器人控制柜的通信。

(8) 用户接口。提供友好的人/机界面,并要解决好计算机与机器人的接口问题,以便人工干预和进行系统操作。

此外,由于离线编程系统是基于机器人系统的图形模型,通过仿真模拟机器人在实际环境中的运动而进行编程的,所以存在仿真模型与实际情况的误差。离线编程系统应设法把这个问题考虑进去,一旦检测出误差,就要对误差进行校正,以使最后编程结果尽可能符合实际情况。

### 1.5.3 离线编程系统的基本组成

作为一个完整的机器人离线编程系统,应该包含以下几个方面的内容:用户接口、机器人系统的三维几何构型、运动学计算、轨迹规划、三维图形动态仿真、通信及后置处理、误差的校正等。实用化的机器人离线编程系统都是在上述基础之上,根据实际情况进行扩充而成。

*1. 用户接口*

用户接口又称用户界面,是计算机与用户之间通信的重要综合环境。在设计离线编程系统时,就应考虑建立一个方便实用、界面直观的用户接口,利用它能产生机器人系统编程的环境以及方便地进行人机交互。作为离线编程的用户接口,一般要求具有文本编辑界面和图形仿真界面两种形式。文本方式下的用户接口可对机器人程序进行编辑、编译等操作,而对机器人的图形仿真及编辑则通过图形界面进行,用户可以用鼠标或光标操作等交互式方法改变屏幕上机器人几何模型的位形。通过通信接口,可以实现对实际机器人的控制,使之与屏幕机器人姿态一致。有了这项功能,就可以取代现场机器人的示教盒的编程。可以说,一个设计好的离线编程用户接口,能够帮助用户方便地进行整个机器人系统的构型和编程操作，其作用非常大。

2. 机器人系统的三维几何构型

机器人系统的三维几何构型在离线编程系统中具有很重要的地位。正是有了机器人系统的几何描述和图形显示，并对机器人的运动进行仿真，才使编程者能直观地了解编程结果，并对不满意的结果及时加以修正。

要使离线编程系统构型模块有效地工作，在设计时一般要考虑以下问题：

(1) 良好的用户环境，即能提供交互式的人机对话环境，用户只要输入少量信息，就能方便地对机器人系统构型。

(2) 能自动生成机器人系统的几何信息及拓扑信息。

(3) 能方便地进行机器人系统的修改，以适应实际机器人系统的变化。

(4) 能适合于不同类型机器人的构型，这是离线编程系统通用化的基础。机器人本身及其作业环境的构型际往往很复杂。

在构型时可以将机器人系统进行适当简化，保留其外部特征和部件间的相互关系，忽略其细节部分。这样做是因为对机器人系统进行构型的目的不是研究机器人本体的结构设计，而是为了仿真，即用图形的方式模拟机器人的运动过程，以检验机器人运动轨迹的正确性和合理性。

对机器人系统进行构型，可以利用计算机图形学几何构型的成果。在计算机三维构型的发展过程中，已先后出现了线框构型、实体构型、曲面构型以及扫描变换等多种方式。

3. 运动学计算

机器人的运动学计算包含两部分：一是运动学正解，二是运动学逆解。运动学正解是已知机器人几何参数和关节变量，计算出机器人终端相对于基坐标系的位置和姿态。运动学逆解是给出机器人终端的位置和姿态，解出相应的机器人形态，即求出机器人各关节变量值。

对机器人运动学正反解的计算是一项冗长复杂的工作。在机器人离线编程系统中，人们正在寻求一种能通用求解运动学正反解的生成方法，使之对大多数机器人的运动学问题都能求解，而不必对每一种机器人都进行正反解的推导计算。离线编程系统中如能加入运动学方程自动生成功能，系统的适应性就比较强，且易扩展，容易推广应用。

4. 轨迹规划

轨迹规划是用来生成关节空间或直角空间的轨迹，以保证机器人实现预定的任务。机器人的运动轨迹最简单的形式是点到点的自由移动，这种情况只要求满足两个边界点约束条件，再无其他约束。运动轨迹的另一种形式是依赖于连续轨迹的运动，这类运动不仅受到路径约束，而且受到运动学和动力学的约束。轨迹规划器接收路径设定和约束条件的输入变量，输出起点和终点之间按时间排列的中间形态(位姿、速度、加速度)序列，它们可用关节坐标或直角坐标表示。

为了发挥离线编程系统的优势，轨迹规划器还应具备可达空间的计算以及碰撞检测等功能。它包含两个方面：

(1) 可达空间的计算。在进行轨迹规划时，首先需要确定机器人的可达空间，以决定机器人工作时所能到达的范围。机器人的可达空间是衡量机器人工作能力的一个重要指标。

(2) 碰撞的检测。在轨迹规划过程中，要保证机器人的连杆不与周围环境物相碰，因此碰撞的检测功能是很重要的。

5. 三维图形动态仿真

离线编程系统在对机器人运动进行规划后，将形成以时间顺序先后排列的机器人各关节的关节角序列。基于运动学正解方程式，就可得出与之相应的机器人一系列不同的位姿。将这些位姿参数通过离线编程系统的构型模块，产生对应某一位姿的一系列机器人图形。然后将这些图形在微机屏幕上连续显示出来，产生动画效果，从而实现对机器人运动的动态仿真。

机器人动态仿真是离线编程系统的重要组成部分。它逼真地模拟了机器人的实际工作过程，为编程者提供了直观的可视图形，进而可以检验编程的正确性和合理性，还可以通过对图形的多种操作，来获得更为丰富的信息。

6. 通信及后置处理

对于一项机器人作业，利用离线编程系统在计算机上进行编程，经模拟仿真确认程序无误后，需要利用通信接口把编程结果传送给机器人控制器。因此，存在着编程计算机与机器人之间的接口与通信问题。通信涉及计算机网络协议和机器人提供的交互协议之间的相互认同，如果有这样的标准通信接口，通过它能把机器人仿真程序直接转化成各种机器人控制器能接受的代码，那么通信问题就简单了。后置处理是指对语言加工或翻译，使离线编程系统结果转换成机器人控制器可接受的格式或代码。

7. 误差的校正

由于仿真模型和被仿真的实际机器人之间存在误差，故在离线编程系统中要设置误差校正环节。如何有效地消除或减小误差，是离线编程系统实用化的关键。目前误差校正的方法主要有以下两种。

(1) 基准点方法。即在工作空间内选择一些基准点，由离线编程系统规划使机器人运动经过这些点，利用基准点和实际经过点两者之间的差异形成误差补偿函数。此法主要用于精度要求不高的场合(如机器人喷漆)。

(2) 利用传感器反馈的方法。首先利用离线编程系统控制机器人位置，然后利用传感器进行局部精确定位。该方法用于较高精度的场合(如装配机器人)。

进入21世纪，机器人已经成为现代工业必不可少的工具，它标志着工业的现代化程度。机器人是一个可编程的装置，其功能的灵活性和智能性很大程度上由机器人的编程能力决定。因此，机器人编程能力的提高尤为重要。

## 1.6 工业机器人基本组成

工业机器人根据功能不同，其结构、外形都不相同。但是，大部分工业机器人的基本组成是一样的。工业机器人是一种模拟手臂、手腕和手的功能的机电一体化装置。一台通用的工业机器人从体系结构来看，可以分为三大部分：机器人本体、控制器与控制系统以及示教盒。

### 1.6.1　机器人本体

机器人本体是工业机器人的工作主体，是完成各种作业的执行机构，一般包括相互连接的机械臂、驱动与传动装置以及各种内外部传感器。

1. 机械臂

大部分工业机器人为关节型机器人，关节型机器人的机械臂是由若干个机械关节连接在一起的集合体。常用的六关节工业机器人是由机座、腰部关节、大臂关节、肘部关节、小臂关节、腕部关节和手部关节构成的，这些部分构成了机器人的外部结构和机械结构。机座是机器人的承重部分，其内部安装有机器人的执行机构和驱动装置；腰部是机器人机座和大臂的中间连接部分，工作时腰部可以通过关节在机座上转动；大臂和小臂组成了臂部，大小臂都可以通过关节在基座上转动，实现移动或转动；手腕包括手部和腕部，是连接小臂和末端执行器的部分，主要用于改变末端执行器的空间位置。

2. 驱动与传动装置

工业机器人在运动时，每个关节的运动都是通过驱动装置和传动机构实现的。驱动装置是向机器人各机械臂提供动力进行运动的装置。不同的机器人在驱动时所采用的动力源不同，驱动系统的传动方式也不同。驱动系统的传动方式主要有4种：液压式、气压式、电力式和机械式。电力驱动是现在工业上用得最多的一种，因为它具有电源取用方便、反应灵敏、驱动力大、监控方便、控制方式灵活的优点。驱动机器人所用的电动机一般为步进电动机或伺服电动机，目前也有部分机器人使用力矩电动机，但是成本较高，操作也复杂。

3. 传感器

传感器是用来检测作业对象及外界环境的。工业机器人一般都会安装各类传感器，如触觉传感器、视觉传感器、力觉传感器、超声波传感器和听觉传感器等。这些传感器可以帮助机器人的工作，可以大大改善机器人的工作状况和工作质量，使它们能够高效地完成复杂的任务。

### 1.6.2　控制器与控制系统

控制器是工业机器人的神经中枢或控制中心，由计算机硬件、软件以及一些专用电路、控制器、驱动器等构成。控制器主要用来处理机器人工作的全部信息，它根据工程师编写的指令以及传感器得到的信息来控制机器人本体完成一定的动作。为实现对机器人的控制，不仅要依靠计算机硬件系统，还必须有相应的软件控制系统。目前，世界各大机器人公司都有自己完善的软件控制系统，有了软件控制系统的支持，可以更方便地建立、编辑机器人控制程序。

### 1.6.3　示教盒

示教盒是人机交互的一个接口，也称示教器或示教编程器，主要由液晶屏和可触摸操作按键组成。控制者在操作时只需要手持示教盒，通过按键将信号传送到控制柜的存储器中，就可实现对机器人的控制。示教盒是机器人控制系统的重要组成部分，操作者可以通过示教盒进行手动示教，控制机器人达到不同的位姿，并记录各个位姿点的坐标。同时，也可以利用机器人语言进行在线编程，实现程序回放，让机器人可以按照编写好的程序完成指定的动作。示教盒上设有用于对机器人进行示教和编程所需的操作按键和按钮。一般情况下，不同厂家所设计的示教盒外观各不相同，但是示教盒中都包含中央的液晶显示区、功能按键区、急停按钮和出入线端口。

## 1.7 机器人的技术参数

现在已经出现的工业机器人在功能和外观上虽然有所不同，但是所有的机器人都有其适用的作业范围和要求。目前，工业机器人的主要技术参数有以下几个：自由度、分辨率、定位精度和重复定位精度、作业范围、运动速度和承载能力。

### 1.7.1 自由度

自由度是指机器人所具有的独立坐标轴运动的数目，不包括末端执行器的开合自由度。一般情况下，机器人的一个自由度对应一个关节，所以自由度与关节的概念是等同的。自由度是表示机器人动作灵活程度的参数，自由度越多，机器人越灵活，但结构越复杂、控制难度也越大，所以机器人的自由度要根据其用途设计，一般为3～6个。

### 1.7.2 分辨率

机器人的分辨率与现实常用的分辨率概念有一些不同，机器人的分辨率是指每个关节所能实现的最小移动距离或最小转动角度。工业机器人的分辨率分为编程分辨率和控制分辨率两种。编程分辨率是指控制程序中可以设定的最小距离，又称为基准分辨率。例如，当机器人的关节电动机转动0.1°，机器人关节端点移动直线距离为0.01mm，其基准分辨率便为0.01mm。控制分辨率是系统位置反馈回路所能检测到的最小位移，即与机器人关节电动机同轴安装的编码盘发出单个脉冲时电动机所转过的角度。

### 1.7.3 定位精度和重复定位精度

定位精度和重复定位精度是机器人的两种精度指标。定位精度是指机器人末端执行器的实际位置与目标位置之间的偏差，由机械误差、控制算法与系统分辨率等部分组成。典型的工业机器人定位精度一般为0.02～5mm。重复定位精度用来评估机器人在同一环境、同一条件、同一目标动作、同一命令之下连续运动多次时，其动作的精准度。常用重复定位精度这一指标作为衡量工业机器人示教与再现精度水平的重要指标。

### 1.7.4 作业范围

作业范围是机器人运动时手柄末端或手腕中心所能达到的位置范围，也称为机器人的工作区域。机器人作业时，由于末端执行器的形状和尺寸是跟随作业需求配置的，所以为真实反映机器人的特征参数，机器人的作业范围是指不安装末端执行器时的工作区域。作业范围的大小不仅与机器人的连杆尺寸有关，而且与机器人的总体结构形式有关。作业范围的形状和大小是十分重要的，机器人在执行动作时可能会因手部不能达到指定位置导致任务不能完成。因此，在选择机器人完成任务时，一定要合理选择符合当前作业范围的机器人。

### 1.7.5 运动速度

运动速度可以影响机器人的工作效率和运动周期，运动速度越高，机器人所承受的载荷越大，所受的惯性力也越大，从而影响机器人的工作平稳性和位置精度。所以，机器人所提取的重力和位置精度均有密切的关系。就目前的科技水平而言，通用机器人的最大直线运动速度大多在 1000mm/s 以下，最大回转速度不超过 120(°)/s。

### 1.7.6 承载能力

承载能力是指机器人在作业范围内的任何位姿上所能承受的最大重量。承载能力不仅取决于负载的重量，也与机器人的运行速度、加速度的大小和方向有关。根据承载能力不同，机器人可以大致分为：微型机器人（承载能力 1N 以下）、小型机器人（承载能力不超过 $10^5$N）、中型机器人（承载能力为 $10^5 \sim 10^6$N）、大型机器人（承载能力为 $10^7 \sim 10^8$N）、重型机器人（承载能力 $10^8$N 以上）。

## 1.8 常用的工业机器人编程语言

机器人语言是人与机器人之间的一种记录信息或交换信息的程序语言。机器人编程语言具有一般程序计算语言所具有的特性。其发展过程如下：1973 年，Stanford 人工智能实验室开发了第一种机器人语言——WAVE 语言。1974 年，该实验室开发了 AL 语言。1979 年，Unimation 公司开发了 VAL 语言（类似于 BASIC 语言）。1984 年，该公司推出了 VALⅡ语言、VAL 语言。其他的机器人语言还有 IBM 公司的 AML 及 AUTOPASS 语言、MIT 的 LAMA 语言、Automatix 公司的 RAIL 语言等。

### 1.8.1 AL 语言

AL 语言是 20 世纪 70 年代中期美国斯坦福大学人工智能研究所开发研制的一种机器人语言，它是在 WAVE 的基础上开发出来的，也是一种动作级编程语言，但兼有对象级编程语言的某些特征，适用于装配作业。AL 语言设计用于有传感反馈的多个机械手并行或协同控制的编程。完整的 AL 系统硬件应包括后台计算机、控制计算机和多台在线微型计算机。系统后台计算机完成装入和编辑程序的任务，它的工作是运行程序、控制机械手动作。AL 语言的软件流程图如图 1-3 所示。

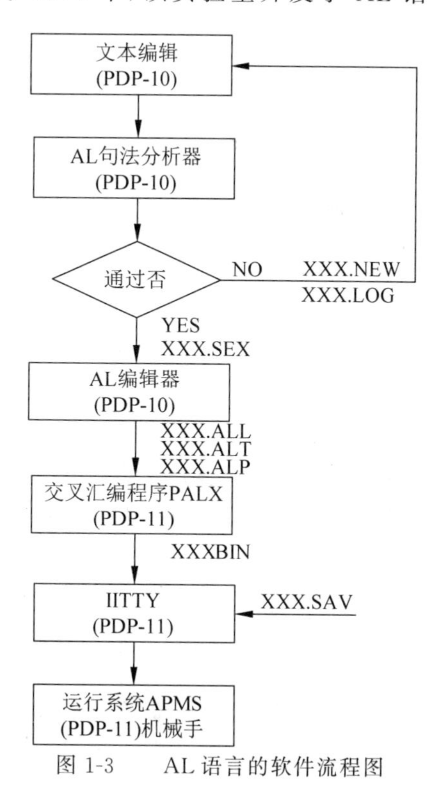

图 1-3 AL 语言的软件流程图

它的运行过程如下。

(1) 在后台计算机上,用户在文本编辑界面上编写的源程序为扩展名为.AL 的文件。

(2) 源程序通过句法分析器进行检查,如通过则生成扩展名为.SEX 的文件;反之,则输出一个带有错误信息的扩展名为.LOG 的文件和一个扩展名为.NEW 的副本文件。

(3) 通过检查的.SEX 文件进入编译器。编译程序对其进行编辑、模拟、轨迹计算和代码生成。完成编辑后,将生成3类文件:ALP 文件(程序码文件)、ALT 文件(常数文件)和ALL 文件(运动轨迹文件)。

(4) 将编译好的3类文件送入交叉汇编程序 PALX,汇编后生成二进制的.BIN 文件。

(5) 由一个称为 IITTY 的程序将.BIN 文件与程序码解释程序.SAV 和运行系统一起装入,最后生成执行文件。

### 1.8.2 VAL 语言

1979年,美国 Unimation 公司推出的 VAL 语言是在 BASIC 语言的基础上扩展的机器人语言,它具有 BASIC 语言的结构,在此基础上又添加了机器人编程指令和 VAL 监控操作系统。操作系统包括用户交联、编辑和磁盘管理等部分。VAL 语言适用于机器人两级控制系统,上级机是 LSI-11/23,机器人各关节则由 6503 微处理器控制。上级机还可以和用户终端、软盘、示教盒、I/O 模块和机器视觉模块等交联。

在调试过程中,VAL 语言可以和 BASIC 语言以及 6503 汇编语言联合使用。VAL 语言目前主要用在各种类型的 PUMA 机器人以及 UNIMATE2000、UNIMATE4000 系列机器人上。VAL 语言的硬件支持系统如图 1-4 所示。

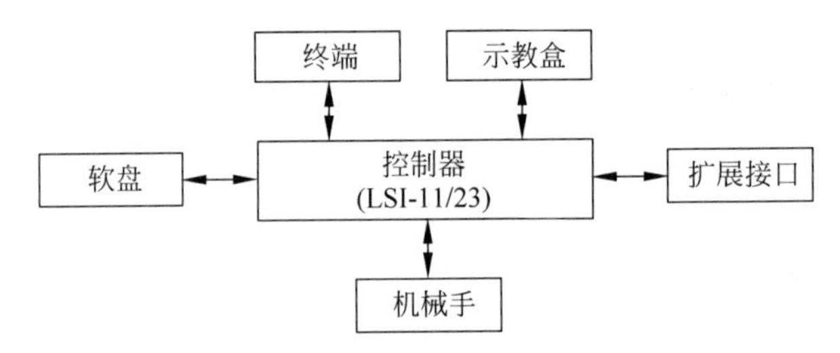


图 1-4 VAL 语言的硬件支撑系统

VAL 语言包括监控指令和程序指令两部分,其主要特点是:

(1) 编程方法和全部指令可用于多种计算机控制的机器人。

(2) 指令简明。指令语句由指令字及数据组成,实时及离线编程均可应用。

(3) 指令及功能均可扩展。

(4) 可调用子程序组成复杂的操作控制程序。

(5) 可连续实时计算,迅速实现复杂运动控制;能连续产生机器人控制指令,同时实现人机交联。

在 VAL 语言中,机器人终端位姿用齐次变换表征。当精度要求较高时,可用精确定位的数据表征终端位姿。

### 1.8.3　AUTOPASS 语言

AUTOPASS 语言诞生于 20 世纪 70 年代末。它是由 IBM 公司华生研究实验室(Watson Research Laboratory)研制的一种比较高级的编程语言，具有自动编程系统。该系统面向作业对象和装配操作，不直接面向机器人的运动。

AUTOPASS 语言可以对几何模型类任务进行半自动编程，其特点是以近似自然语言的语句描述操作对象的位姿、时序状态、所承受的力、力矩以及作业速度等数据，主要应用于装配机器人。AUTOPASS 语言在系统中应用了程序员与系统交互作用的方式。在程序编译过程中，如有不明确的地方，编译器会停下，等待操作者的解释。它使得从源程序生成动作码时，必须由操作者对其正确性进行最终检验。这样可以解决人工智能方式目前还无法完全自动编程的问题，实现了以几何模型为任务的半自动编程。因为这一层级的语言需自动判断和仿真，所以语言对于环境模型的要求也较高。其 AUTOPASS 语言自助编程系统如图 1-5 所示。

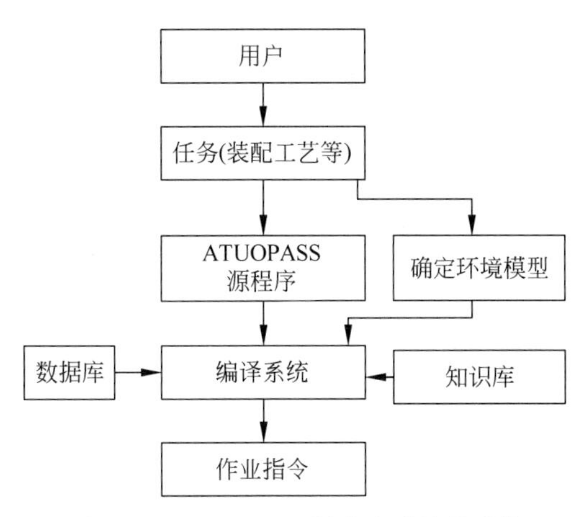


图 1-5　AUTOPASS 语言自助编程系统

### 1.8.4　IML 语言

IML(Interactive Manipulator Language)是日本九州大学开发的一种对话性好、简单易学、面向应用的机器人语言。它和 VAL 一样，是一种着眼于末端执行器动作进行编程的动作型语言。

IML 使用的数据类型包括标量(整数或实数)、由 6 个标量组成的矢量以及逻辑型数据(如果为真，则取值为－1；如果为假，则取值为 0)。用直角坐标系来描述机器人和目标物体的位姿，使人容易理解，而且坐标系与机器人的结构无关。物体在三维空间中的位姿由六维向量来描述，其中，$x$、$y$、$z$ 表示位置，$\sigma$(roll)、$\theta$(pitch)、$\psi$(yaw)表示姿态。直角坐标系又分为固定在机器人上的机座坐标系和固定在操作空间的工作坐标系。IML 的命令由指令形式给出，由解释程序来解释。指令又可分为由系统提供的基本指令和由使用者基本指令定义的用户指令。

用户可以使用 IML 给出机器人的工作点、操作路线，或给出目标物体的位置、姿态，直接操纵机器人。除此以外，IML 还有如下特征：

（1）描述往返运作可以不用循环语句。

（2）可以直接在工作坐标系内使用。

（3）能把要示教的轨迹（末端执行器位姿向量的变化）定义成指令，加入到语言中。所示教的数据还可以用力控制方式再现出来。

## 1.9 考核评价

通过本章的学习，应能够清晰地描述工业机器人编程语言在机器人控制中所起到的作用。机器人公司提供给用户的示教编程语言平台和机器人公司开发的针对用户编程语句进行翻译解释器的语言平台是不同的，这两个编程语言平台和更底层的与硬件连接的汇编语言平台也有所不同。应能清晰地表达出机器人的基本组成及主要参数的定义。

查阅不同品牌的工业机器人说明书中的编程指令表，观察不同品牌工业机器人的编程语言的异同。

# 第2章

# 工业机器人手动操作

工业机器人分类方法很多,可以按照机器人的轴数来分类,也可以按照工业机器人的应用场景来分类。在使用机器人之前,必须先认识工业机器人的控制柜、示教盒及机器人本体结构。在操作机器人运动前,除了要了解工业机器人的基础知识,还要确保在机器人的运动范围内是无人的,并且在操作过程中,时刻观察机器人及其周围环境,做好准备,及时按下急停按钮。机器人手动操作是学习机器人编程知识的基础,也是现场工业机器人装调运维人员必须掌握的技能。

### 教学目标

通过本章的学习,应了解工业机器人的硬件系统结构,熟悉机器人各关节轴的原点位置,正确地使用示教盒,能够在示教盒上设定显示语言与系统时间,熟练掌握新松机器人的坐标系和手动操作方法,能够通过示教盒正确地操作机器人,并对机器人进行简单的示教。本章含有大量的示教盒使用和配置环节,学生可以按照本章介绍的操作方法同步操作,为后续学习更加复杂的内容打下坚实的基础。

## 2.1 机器人系统

新松机器人系统主要包括机器人本体、控制柜、示教盒 3 部分。配件有控制柜与机械本体的电缆连线,包括码盘电缆、动力电缆,还有为整个系统供电的电源电缆、变压器。机器人系统构成图如图 2-1 所示。

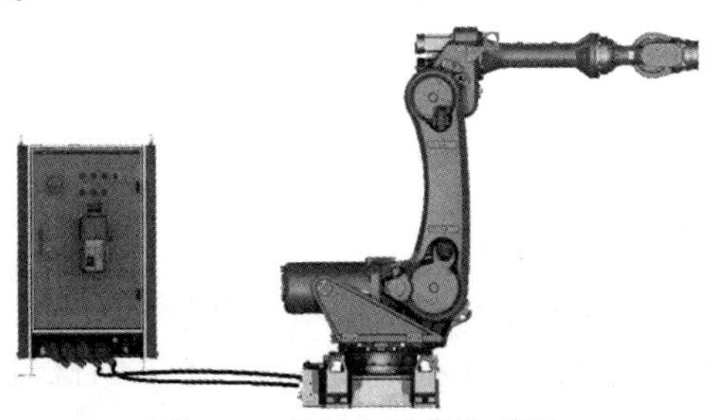

图 2-1 机器人系统构成图

### 2.1.1 机器人本体

机器人本体上一般有 6 个轴，6 个轴都是旋转轴。机器人各轴运动示意图如图 2-2 所示。

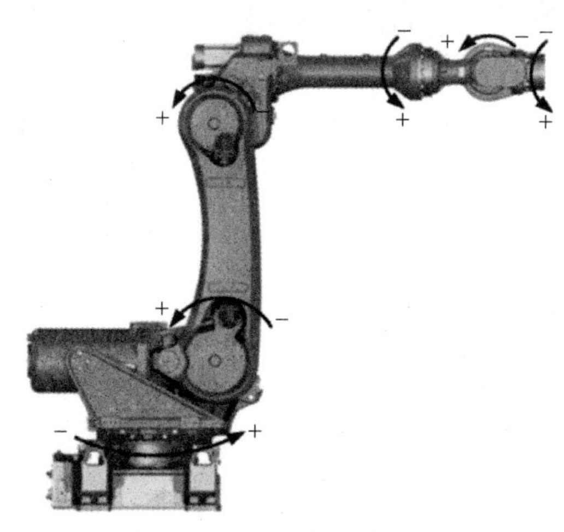

图 2-2 机器人各轴运动示意图

### 2.1.2 控制柜

1. 控制柜外观

新松机器人控制柜前面板上有控制柜电源开关、门锁以及按钮/指示灯，示教盒悬挂在按钮下方的挂钩上，控制柜底部是互联电缆接口。机器人控制柜如图 2-3 所示。

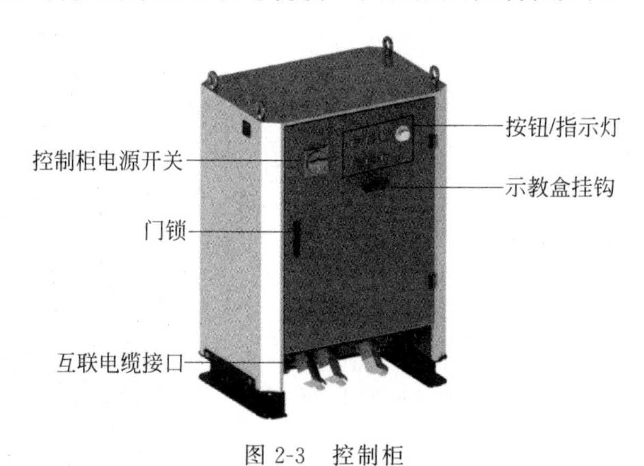


图 2-3 控制柜

2. 按钮/指示灯介绍

控制柜按钮/指示灯如图 2-4 所示。

(1) 控制电源开关。控制柜电源开关。

(2) 电源。指示灯，指示控制柜电源已经接通。当控制柜电源接通后，该指示灯亮。

(3) 故障。指示灯，指示机器人处于报警或急停状态。当机器人控制系统发生报警时，该指示灯亮；当报警解除后，该指示灯熄灭。

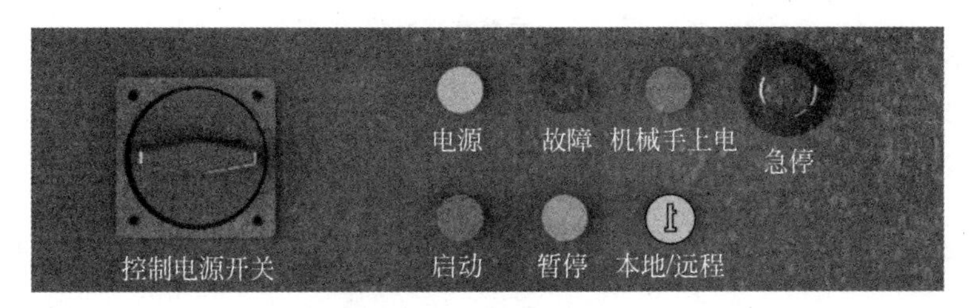


图 2-4　控制柜按钮/指示灯

(4) 机械手上电。指示灯，在示教模式下，伺服驱动单元上动力电，再按 2.3 挡使能开关，给伺服驱动器上电，指示灯亮；在执行模式下，伺服驱动及电动机同时上电，指示灯亮。

(5) 启动。既是按钮又是指示灯。当系统处于执行模式时，启动指定程序自动运行。当程序自动运行时，指示灯亮。

(6) 暂停。既是按钮又是指示灯。当系统处于执行模式时，暂停正在自动运行的程序，再次按下启动按钮，程序可以继续运行。当程序处于暂停状态时，指示灯亮。

(7) 本地/远程。可旋转开关。当开关旋转至本地时，机器人自动运行由控制柜按钮实现；当开关旋转至远程时，机器人自动运行由外围设备控制实现。

(8) 急停。该按钮按下时，伺服驱动及电动机动力电立刻被切断，如果机器人正在运动，则立刻停止运动，停止时没有减速过程；旋转拔起该按钮可以解除急停。在非紧急情况下，如果机器人正在运行，则先按下暂停按钮，不要在机器人运动过程中直接关闭电源或按下急停按钮，以免对机械造成冲击损害。

### 2.1.3　示教盒

示教盒是一个人机交互设备。通过它操作者可以操作机器人运动、完成示教编程、实现对系统的设定和诊断等。

1. 示教盒外观

示教盒外观如图 2-5 所示。

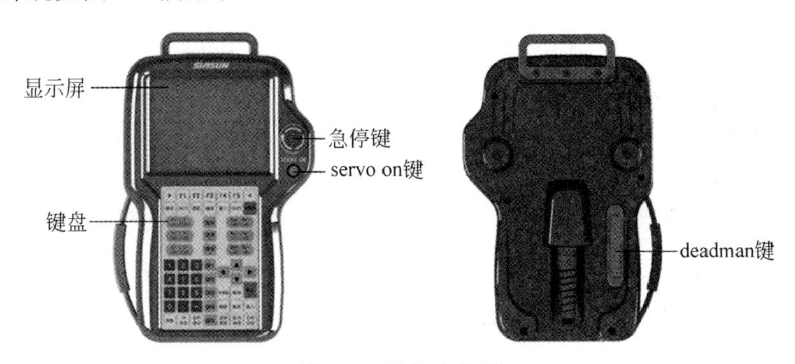


图 2-5　示教盒外观

2. 按键功能说明

示教盒上的按键都有特定功能，功能介绍如表 2-1 所示。

表 2-1 示教盒按键说明

| 按　键 | 说　明 |
| --- | --- |
| 急停 | 按下此键,伺服电源切断,屏幕上显示急停信息 |
| servo on | 伺服上电。示教模式下仍需配合 2.3 挡使能开关才能操作机器人 |
| deadman(2.3 挡使能开关) | 电机上电。在示教盒背面,当轻轻按下时电源接通,用力按下时或者完全松开时电源切断 |
| 左右键 > < | 快捷菜单的切换 |
| 快捷功能键 F1 ~ F5 | F2、F2、F2.3、F4、F5 为快捷功能键,分别对应当前显示屏上快捷菜单中的功能 |
| 模式选择 模式 | "示教""执行"模式选择键 |
| 第二功能 SHIFT | 与其他键同时使用,实现不同功能 |
| 机器人使能 使能 | 工业机器人不使用此键 |
| 选择 选择 | 可进行范围选择指令,对其进行复制、剪切、粘贴等操作 |
| 窗口切换 窗口 | 切换当前窗口,或配合 SHIFT 按键选择打开窗口个数 |
| 主菜单 主菜单 | 显示主菜单功能键 |
| 选择坐标系 坐标 | 选择当前坐标系:关节坐标、直角坐标、工具坐标、用户坐标 |
| 执行速度设定 速度 - 速度 + | 手动执行速度加减设定键。手动执行速度以微动→慢速→中速→快速的方式循环设定,并且执行速度图标随设定相应改变 |
| 轴操作键 X+(J1) X-(J1) Rx+(J4) Rx-(J4) Y+(J2) Y-(J2) Ry+(J5) Ry-(J5) Z+(J3) Z-(J3) Rz+(J6) Rz-(J6) | 对机器人各轴进行操作的键。在示教模式下,只有同时按住 deadman 键和轴操作键,机器人才开始动作。机器人按照选定坐标系和手动速度运行,在进行轴操作前,务必确认设定的坐标系和手动速度是否正确 |

续表

| 按　键 | 说　明 |
| --- | --- |
| 数值键 1 2 3 4 5 6 7 8 9 0 . - | 按数值键可输入键上的数值和符号。“.”是小数点，“－”是负号 |
| 预留键 OP1 OP5 | 根据不同应用，功能定义不同 |
| 光标键 ▲ ◀ ▶ ▼ | 按此键时，光标朝箭头方向移动。<br>根据画面的不同，光标的大小、可移动的范围和区域有所不同。<br>与 SHIFT 键一起使用，可以实现上下翻页、回首行、回末行功能 |
| 外部轴选择 外部轴 | 本体轴以外的其他轴被定义为外部轴，通过外部轴键，可以操作外部轴 |
| 取消 取消 | 取消不想保存的设置修改。<br>取消已修正的或不严重的错误报警 |
| 确认 确认 | 执行命令或数据的登录、机器人当前位置的登录、与编辑操作等相关的各项处理时的最后确认键。在输入缓冲行中显示的命令或数据，按“确认”键后，会输入到显示屏的光标所在位置。完成输入、插入、删除、修改等操作 |
| 删除 删除 | 程序编辑时用的删除。<br>与“确认”键配合使用，可以删除光标选择的程序行 |
| 修改 修改 | 程序编辑时用的修改。<br>与“确认”键配合使用，可以修改光标所在的程序行指令参数 |
| 插入 插入 | 程序编辑时用的插入。<br>与“确认”键配合使用，可以在程序中向下插入一行指令 |
| 退格 退格 | 输入字符时，删除最后一个字符 |
| I/O 状态 IO 状态 | 查询 I/O 状态，可在输入信号、输出信号之间切换，强制输出信号 |
| 实时显示 实时 显示 | 实时显示机器人的位置信息，包括关节值、姿态值和码盘值等 |
| 正向运动 正向 运动 | 示教模式时检查程序。<br>按住 deadman 键，再按住“正向运动”键，程序逐行向下执行 |
| 反向运动 反向 运动 | 示教模式时检查程序。<br>按住 deadman 键，再按住“反向运动”键，程序逐行向上执行 |

3. 显示屏界面布局

编程示教盒的显示屏的大小为 12 行×40 列。显示屏分为状态提示行(第 1 行)、数据信息区(第 2~8 行)、语句提示行(第 9 行)、参数输入行(第 10 行)、信息提示行(第 11 行)和软键提示行(第 12 行)。示教盒显示屏界面布局如图 2-6 所示。

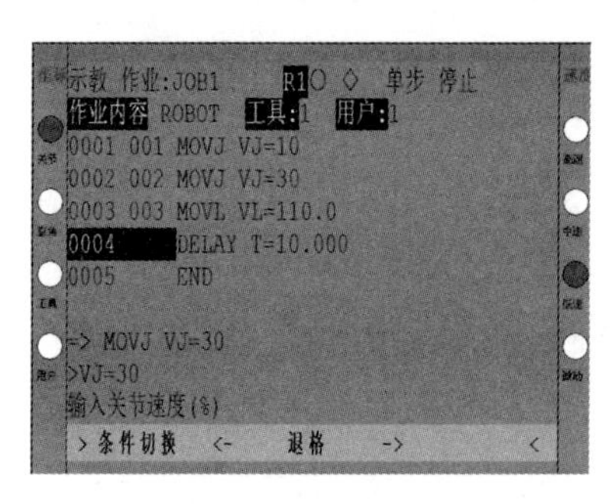


图 2-6 界面布局

4. 状态提示行

示教盒上显示屏的状态提示行如图 2-7 所示。

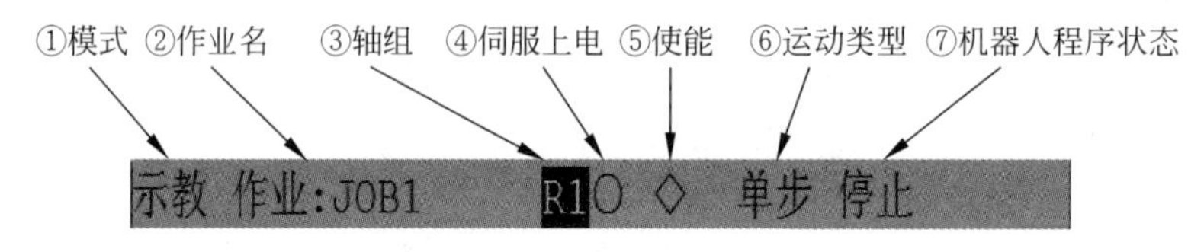


图 2-7 状态提示行

① 模式。指明当前机器人的模式状态。按示教盒上的模式键可以切换机器人模式,其分为示教模式和执行模式。在示教模式下,操作者可以通过示教盒操作机器人各轴运动、对系统进行配置、查询系统故障信息、I/O 状态等。在执行模式下,机器人可以自动执行示教好的作业。

② 作业名。当前正在打开的作业,该作业可以被编辑、自动执行。

③ 轴组。示教盒有 6 组轴操作键,可以控制本体的轴运动,当轴超过本体轴数时,需要分多个轴组,通过外部轴键选择轴组,然后用轴操作键控制该轴组的轴运动。R2 对应机器人本体上的轴组。Ex 对应机器人外部轴。

④ 伺服上电。表示伺服上电状态。○表示伺服没有上电,●表示伺服已经上电。伺服上电按钮在示教盒的急停按键下方。伺服上电后,只有切换示教/执行模式或按急停键才能伺服下电。

⑤ 使能。示教模式时表示使能状态;执行模式时显示程序状态。◇表示没有使能,◆表示已经使能。示教盒上通过 2.3 挡使能开关切换使能状态。示教模式,伺服上电后,必须先使能才能操作机器人运动。在执行模式下,伺服上电后,直接按启动按钮,程序可以立刻运行。

⑥ 运动类型。显示当前轴快捷插入运动指令的运动类型。快捷插入运动指令类型可以在 MOVJ、MOVL、MOVC 中进行选择。快捷插入运动指令的方法为:运动机器人到某一点后直接按确认键或插入+确认键,即可快速插入一条运动指令。

⑦ 机器人程序状态。在执行模式下，程序状态有启动、暂停、急停 3 种。

5. 数据信息区

示教盒上显示屏的数据信息区如图 2-8 所示。

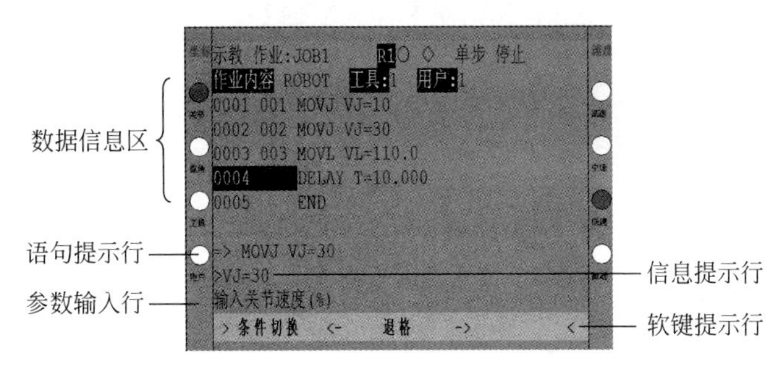


图 2-8　数据信息区

数据信息区显示作业内容、参数设置、I/O 状态等信息。

6. 语句提示行

示教盒上显示屏的语句提示行如图 2-8 所示。在指令记录的时候，该行显示将被记录的指令。不记录指令的时候，该行不显示任何内容。

7. 参数输入行

示教盒上显示屏的参数输入行如图 2-8 所示。在指令记录或参数修改的时候，参数的输入在参数输入行上完成。其他时候该行不显示任何内容。

8. 信息提示行

示教盒上显示屏的信息提示行如图 2-8 所示。错误信息、提示信息在信息提示行显示。

9. 软键提示行

示教盒上显示屏的软键提示行如图 2-8 所示。该行显示当前可选择的菜单，每页最多显示 5 个菜单，用快捷功能键选择相应菜单。

## 2.2　示教模式下机械手上电操作任务

给机械手上电是使机器人运动起来的基础，大部分品牌的工业机器人的上电操作过程都类似，都需要先将控制柜上的电源开关打开，然后通过示教盒上的使能开关给电机上电，如果是在示教模式下使机器人运动，还需要配合按下示教盒上的 2.3 挡使能开关，这样才能使机器人运动起来。下面介绍具体的操作步骤。

1. 开机

顺时针旋转控制柜上的电源开关，将其旋转至 ON 位置，控制柜开关及电源指示灯如图 2-9 所示。

2. 等待开机完成

当示教盒屏幕上出现“提示 854 已选择本地操作模式”文字时，机器人开机启动完成。机器人开机完成后显示屏界面会显示以下信息：

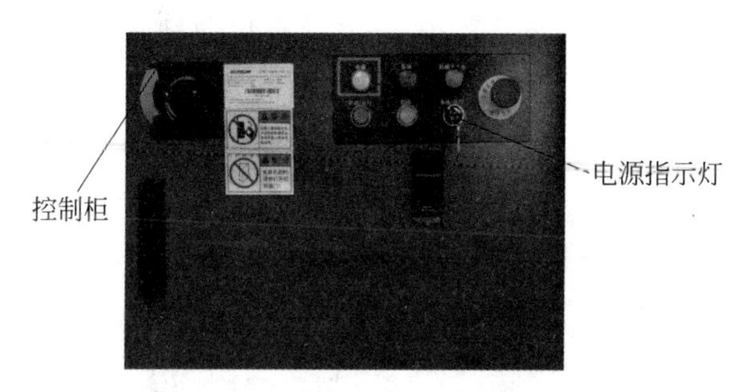


图 2-9 控制柜开关及电源指示灯

(1)“执行”是机器人的当前运行模式;

(2)“R1”表示机器人是本地轴组;

(3)“SNRC-HSR10CAA-A6-AA”表示新松机器人型号;

(4)“4.5.325B28.1”是软件版本号;

(5)“循环圈数、运动时间、运行时间”的机器人运行后自动计算且实时显示;

(6)“提示 854 已选择本地操作模式”出现后,才说明开机启动完成。854 是机器人内部寄存器号。在“提示 854 已选择本地操作模式”文字出现以前,操作示教盒上任何按键均无效。本地操作模式和远程操作模式和控制柜上的模式选择有关。

3. 取消报警提示(与误操作有关,非必要)

如果在开机启动完成前对示教盒上的按键进行过操作,那么在下一步操作前,示教盒上会出现“提示 857 报警中”,此时需要先按下示教盒上的“取消”键,报警提示会消失。如果不按下“取消”键,则无法进入下一步操作。如果在机器人开机启动完成前没有对示教盒上任何按键进行操作,则不会出现报警提示。

4. 切换到示教模式

在示教盒上按“模式”键,机器人运动模式由“执行”变成“示教”,在示教盒上再次按“模式”,机器人运动模式由“示教”变成“执行”,模式切换方式是反复按下示教盒上的“模式”进行切换的。

5. 伺服上电

按下示教盒上 servo on 按键,给机械手伺服上电。示教盒上 servo on 按键的位置如图 2-10 所示。

按下 servo on 后,在示教盒显示屏上可观察状态,此时空心圆变实心圆,控制柜上机械手上电指示灯亮。

6. 电机使能

按下示教盒背面的 deadman 键,给伺服驱动器上电(仅示教模式下使用)。示教盒背面的 2.3 挡使能开关有 3 个挡位,完全释放状态和用力按下状态都是使伺服驱动器下电,当轻按 deadman 按键时,伺服驱动器上电。示教盒背面如图 2-11 所示。

deadman 是 3 挡开关,轻按是电机上电,重按与不按均是电机下电,示教盒屏幕上可观测电机是否上电状态。在示教模式下,当按下使能开关 deadman 时,显示器上的状态栏中的菱形图案由空心变成实心。在示教模式下,当按下 servo on 和 deadman 按键后,控制柜上机械手上电指示灯点亮。控制柜机械手上电指示灯如图 2-12 所示。

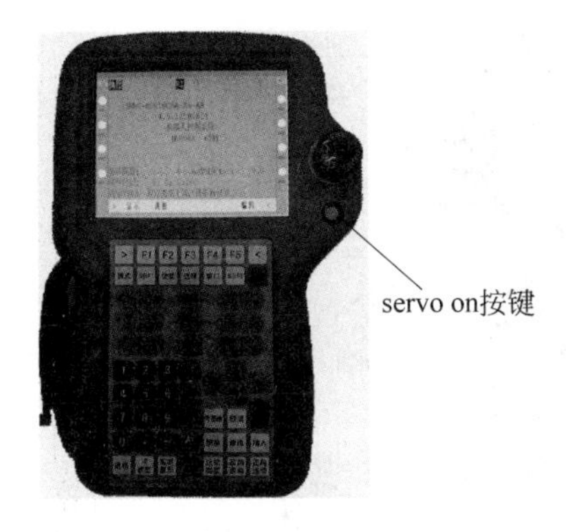


图 2-10　示教盒上 servo on 按键的位置

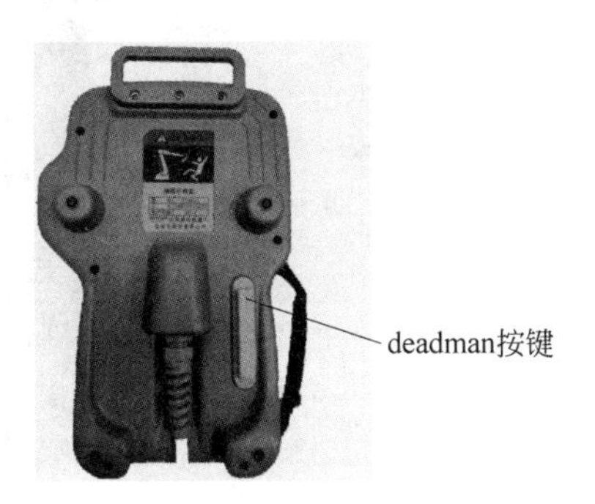


图 2-11　示教盒背面

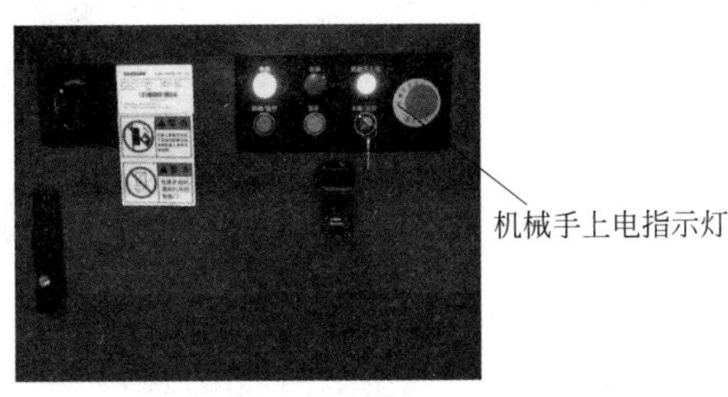


图 2-12　控制柜机械手上电指示灯

至此，在示教模式下给机械手上电操作完成。

## 2.3　示教模式下机械手的运动操作任务

下面介绍具体的操作步骤。

1. 示教模式下的机械手上电操作

在示教模式下给机械手上电。具体方法为：

(1) 顺时针旋转控制柜上的电源开关。

(2) 等待开机完成的界面。

(3) 将机器人切换至示教模式。

(4) 按下 servo on 键，给伺服驱动器上电。

(5) 按下示教盒背面的 deadman 键，使电动机上电。

2. 选择关节坐标系

按示教盒上的"坐标"键，选择关节坐标系。坐标系显示在示教盒的左侧，按示教盒上的"坐标"键，循环切换 4 种不同的坐标系分别是关节坐标系、直角坐标系、工具坐标系、用户坐标系。坐标系的选择仅在示教模式下选用。

3. 移动机器人

分别按示教盒上的 x+、x−、y+、y−、z+、z−、Rx+、Rx−、Ry+、Ry−、Rz+、Rz−，它分别对应机器人 1～6 轴的运动方向。示教盒上的轴操作键如图 2-13 所示。

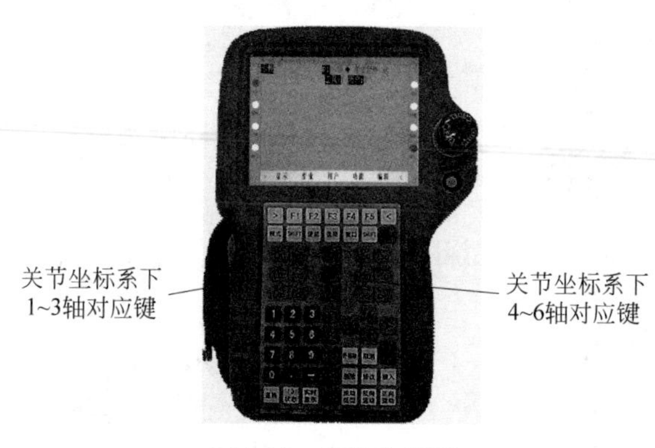


图 2-13 示教盒正面

在操作示教盒时，需要随时观察机器人是否在安全区域内，释放显示器正面的 servo on，或者释放显示器背面的 deadman 键，机械臂停止运动。

## 2.4 示教模式下机械手的回零点操作任务

在示教模式下机械手 6 个轴运动到零点位置可以通过两种方法来实现：第 1 种方法是手动移动机械臂并将其对准本体上的零标志位；第 2 种方法是调出 6 个轴角度的实时显示值，然后调整其数值，使各轴的关节值为 0。下面详细介绍两种方法的操作步骤。

1. 手动移动机械臂至零标志位

1）在示教模式下给机械手上电

具体方法为：

（1）顺时针旋转控制柜上的电源开关。

（2）等待开机完成的界面。

（3）将机器人切换至示教模式。

（4）按下 servo on 按键，给伺服驱动器上电。

（5）按下示教盒背面的 deadman 按键，使电动机上电。

（6）按下示教盒上的“模式”按键，将机器人状态切换到示教模式。

2）在示教模式下将机械手的坐标系切换到关节坐标系

按下示教盒上的“坐标”键，将机器人坐标系切换到关节坐标系。

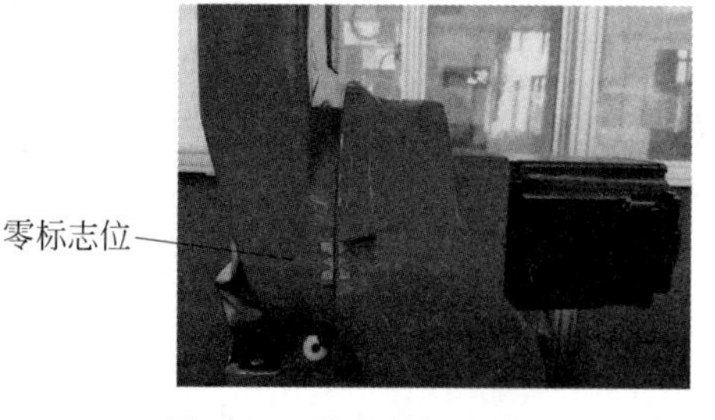


图 2-14 关节零标志位

3）移动机器人

按下示教盒上的轴操作键，移动机器人。

4）对准零标志位

将机械手移动到关节上的零标志并对齐，零标志位在每个关节轴上，如图 2-14 所示。

将 6 个关节的零标志位都对齐，机械臂回到零点位置，至此任务完成。

2. 调整6个轴的参数至零位

1）开机进入示教模式

具体方法为：

(1) 顺时针旋转控制柜上的电源开关。

(2) 等待开机完成的界面。

(3) 将机器人切换至示教模式。

(4) 按下 servo on 键，给伺服驱动器上电。

(5) 按下示教盒背面的 deadman。使电动机上电。

(6) 按下示教盒上的“模式”按键，将机器人状态切换到示教模式。

2）选择关节坐标系

按下示教盒上的“坐标”按键，将机器人坐标系切换到关节坐标系。

3）显示6个轴的实时关节值

关节值的显示位置在示教盒界面右侧，具体方法是：依次按下示教盒上的“主菜单”→“显示”→“实时”→“关节值”按键。

4）移动机器人

通过按示教盒上的 x+、x−、y+、y−、z+、z−、$R_x$+、$R_x$−、$R_y$+、$R_y$−、$R_z$+、$R_z$−按键来调节各个关节值，使其为0。

5）调整关节值

各关节值调整到0值后，机械臂回到零位，至此机器人各关节移动到零位任务完成。机器人根据其型号的不同，5轴的零位的角度值可能是0°也可能是90°。关闭显示关节值操作方法为：依次按下“显示”→“实时”→“清除”按键。

## 2.5 机械手伺服下电操作任务

当按下工业机器人示教盒正面的 servo on 按键后，机械手伺服上电完成。如果想使伺服下电，方法有两种，分别是通过模式切换或者通过按下急停按键来实现。

1. 通过模式切换方式来实现

在模式切换过程中，伺服电驱动器会自动下电。按下示教盒上的“模式”按键时，当机器人从执行模式切换到示教模式或者从示教模式切换到执行模式时，机械手的伺服驱动器都会下电。

2. 通过按下急停按键方式来实现

按下“急停”按键，伺服驱动器下电(不建议使用)。“急停”按键按下是下伺服电，顺时针旋转拔起“急停”，可使控制系统电路通路。示教盒和控制柜上都设有“急停”按键。示教盒上的“急停”按键位置如图2-15所示。

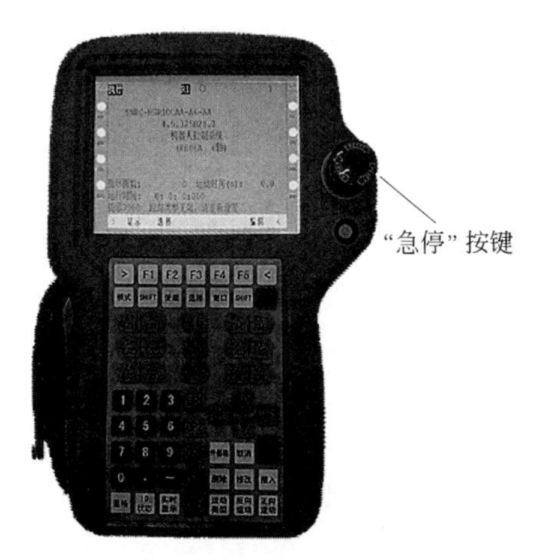


图2-15 示教盒“急停”键位置

## 2.6 机器人系统版本号查询操作任务

当机器人示教盒上的软件升级或重装系统时,需要知道当前示教盒软件的版本号,其具体操作步骤如下。

1) 开机启动

具体方法为:

(1) 顺时针旋转控制柜上的电源开关。

(2) 等待开机完成的界面。

(3) 将机器人切换至示教模式。

(4) 按下 servo on 键,给伺服驱动器上电。

(5) 轻按下示教盒背面的 deadman 键,使电动机上电。

(6) 按下示教盒上的"模式"按键,将机器人状态切换到示教模式。

2) 进入高级用户权限

在示教盒上依次按下"主菜单"→"功能"→"设置"→"优先级"键。在示教盒上输入高级用户密码 00001111(不同品牌机器人的密码不同)。

3) 返回主菜单

在示教盒上按下"返回"键,新松机器人示教盒"返回"键的意义是先保存后退出。

4) 进入系统版本查询界面

在示教盒上依次按下"主菜单"→"显示"→"信息"→"版本查询"→"系统版本"键,进入系统版本查询界面。

## 2.7 考核评价

要求:熟悉示教盒上的按钮及其功能,能够熟练掌握新松机器人示教盒的使用;熟悉示教盒显示界面的不同区域代表的不同含义;掌握手动操作模式下移动机器人的方法;能够正确使用关节运动、直线运动去移动机器人,能用专业语言正确顺畅地展示操作的基本步骤,思路清晰、有条理,并能提出一些新的建议。

# 第3章

# 工业机器人的坐标系

在工业机器人的使用过程中，根据作业任务和应用需求的不同，通常需要更换机器人的6轴末端执行器。在默认情况下，机器人末端执行器的工具坐标系的中心点在6轴法兰盘的中心点，为了更容易去准确地规划机器人末端执行器的运动轨迹，需要将机器人工具坐标系进行重新标定。工业机器人用户坐标系的默认原点在抓取件上，有时，机器人末端运动需要在斜面或者与默认工件成任意角度的曲面上运动，此时，我们都需要重新标定机器人的用户坐标系。在大部分工程项目中，在编写工程作业前，都需要重新标定机器人的工具坐标系及用户坐标系。

机器人轴分为机器人本体轴和外部轴。外部轴又分为滑台和变位机等。如不特别指明，机器人轴即指机器人本体的运动轴。在示教模式下，手动移动机器人时机器人轴的运动与当前选择的坐标系有关。新松机器人支持4种坐标系：关节坐标系、直角坐标系、工具坐标系、用户坐标系。

**教学目标**

通过本章的学习，让读者了解在示教模式下，手动移动机器人时，机器人6个轴的相对运动关系与当前坐标系的选择有关。熟悉新松机器人的4种坐标系，了解4种坐标系的区别。了解如何通过示教盒重新标定机器人的工具坐标系和用户坐标系。掌握工具坐标系标定的五点法及用户坐标系标定的三点法，了解重新建立工具坐标系与用户坐标系的意义及使用情况。本章内容主要是关于机器人坐标系的标定，包括许多操作与设定环节，读者可以按照本章介绍的设定步骤同步操作，为后面编写程序打下坚实的基础。

## 3.1 关节坐标系

6轴工业机器人的关节坐标系有6种，分别位于机器人的各个轴上。

在关节坐标系下，机器人各轴进行单独动作。在当前坐标系设定为关节坐标系时，示教盒操作机器人的6个轴分别正向、反向运动，按下示教盒键盘上的轴操作键时各轴的动作情况请参照表 3-1。

表 3-1 关节坐标系下轴操作键与动作关系

| 轴操作键 | 动作 |
|---|---|
| X+ J1 / X− J1 | 1 轴正向运动、反向运动 |
| Y+ J2 / Y− J2 | 2 轴正向运动、反向运动 |
| Z+ J3 / Z− J3 | 3 轴正向运动、反向运动 |
| Rx+ J4 / Rx− J4 | 4 轴正向运动、反向运动 |
| Ry+ J5 / Ry− J5 | 5 轴正向运动、反向运动 |
| Rz+ J6 / Rz− J6 | 6 轴正向运动、反向运动 |

## 3.2 直角坐标系

直角坐标系的原点定义在机器人 1 轴轴线上，是与 2 轴所在水平面的交点。在机器人底座上带电缆插座的方向为后部，机器人小臂(3 轴)指向前方。直角坐标系的方向规定：$X$ 轴方向向前，$Z$ 轴方向向上，$Y$ 轴按右手定则确定。工业机器人的直角坐标系如图 3-1 所示。

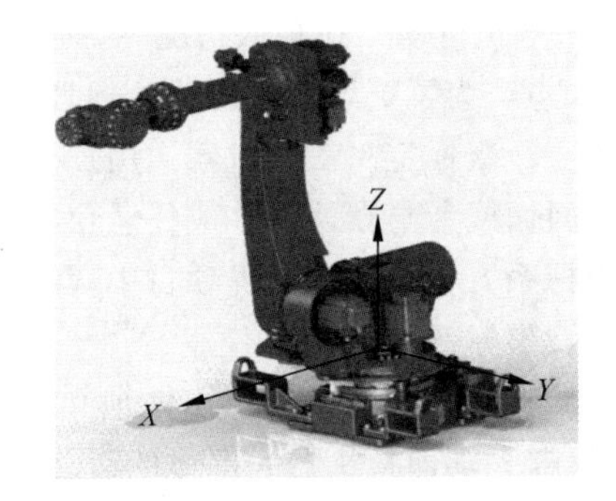

图 3-1 直角坐标系

在直角坐标系中，机器人的运动指机器人控制中心点的运动，机器人的控制中心点沿设定的 $X$、$Y$、$Z$ 方向运行。在直角坐标系下，按轴操作键时控制中心点的动作情况请参照表 3-2。

表 3-2 直角坐标系下轴操作键与动作关系

| 轴操作键 | 动作 |
|---|---|
| X+ J1 / X− J1 | 与直角坐标系 $X$ 方向平行的正向运动、反向运动 |
| Y+ J2 / Y− J2 | 与直角坐标系 $Y$ 方向平行的正向运动、反向运动 |
| Z+ J3 / Z− J3 | 与直角坐标系 $Z$ 方向平行的正向运动、反向运动 |
| Rx+ J4 / Rx− J4 | 绕着直角坐标系 $X$ 方向正向转动、负向转动 |
| Ry+ J5 / Ry− J5 | 绕着直角坐标系 $Y$ 方向正向转动、负向转动 |
| Rz+ J6 / Rz− J6 | 绕着直角坐标系 $Z$ 方向正向转动、负向转动 |

# 3.3　工具坐标系

## 3.3.1　工具坐标系的定义

工具坐标系定义在工具上，由用户自己定义，原点位于机器人手腕法兰盘的夹具上，一般将工具的有效方向定义为工具坐标系的 $Z$ 轴方向，$X$ 轴、$Y$ 轴方向按右手定则定义。默认的工具坐标系原点位于 6 轴法兰盘中心点，方向如图 3-2。

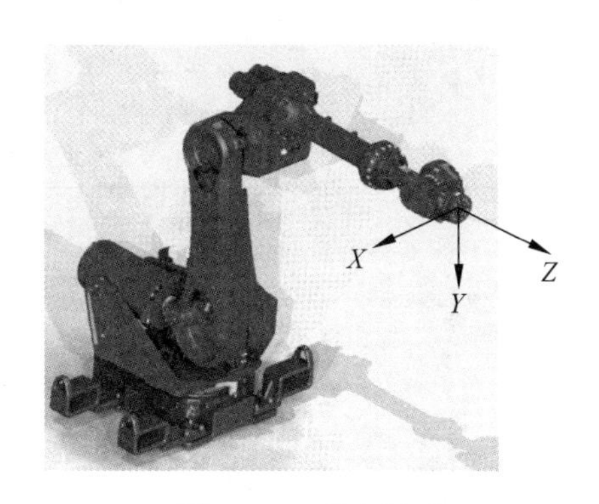


图 3-2　工具坐标系

在工具坐标系下，按示教盒上的轴操作键时控制中心点的动作情况请参照表 3-3。

表 3-3　工具坐标系下轴操作键动作关系

| 轴操作键 | 动　作 |
|---|---|
| X+ J1 / X− J1 | 与工具坐标系 $X$ 方向平行的正向运动、反向运动 |
| Y+ J2 / Y− J2 | 与工具坐标系 $Y$ 方向平行的正向运动、反向运动 |
| Z+ J3 / Z− J3 | 与工具坐标系 $Z$ 方向平行的正向运动、反向运动 |
| Rx+ J4 / Rx− J4 | 绕着工具坐标系 $X$ 方向正向转动、负向转动 |
| Ry+ J5 / Ry− J5 | 绕着工具坐标系 $Y$ 方向正向转动、负向转动 |
| Rz+ J6 / Rz− J6 | 绕着工具坐标系 $Z$ 方向正向转动、负向转动 |

## 3.3.2　工具坐标系的标定方法

工具坐标系标定方法：在机器人附近找一点，使工具中心点对准该点，保持工具中心点不变，变换夹具的姿态，共记录 5 次，即可自动生成工具坐标系的参数。工具中心点标定如图 3-3 所示。

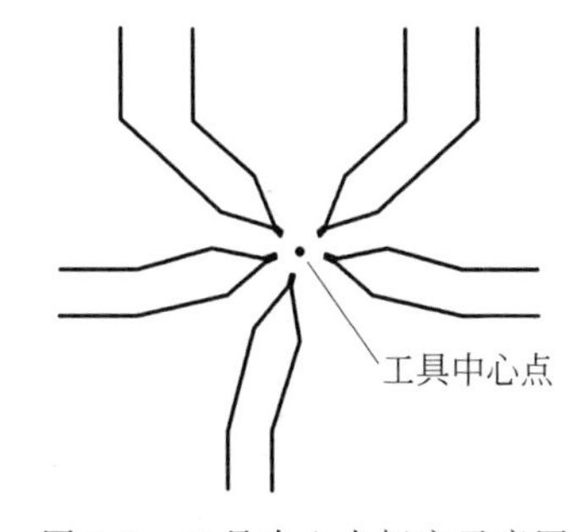


图 3-3　工具中心点标定示意图

## 3.3.3　工具坐标系标定后验证

工具坐标系的参数自动生成后，在工具坐标系或直角坐标系下，变换夹具的姿态，如果工具中心点基本不变，则表明工具坐标系参数生成正确。

### 3.3.4 工具坐标系标定步骤

工具坐标系的具体操作步骤如表 3-4 所示。

表 3-4 工具坐标系标定操作步骤

| 步 骤 | 说 明 |
| --- | --- |
| 1. 路径 | 主菜单→用户→坐标→工具坐标→标定 |
| 2. 进入工具坐标系标定界面 | 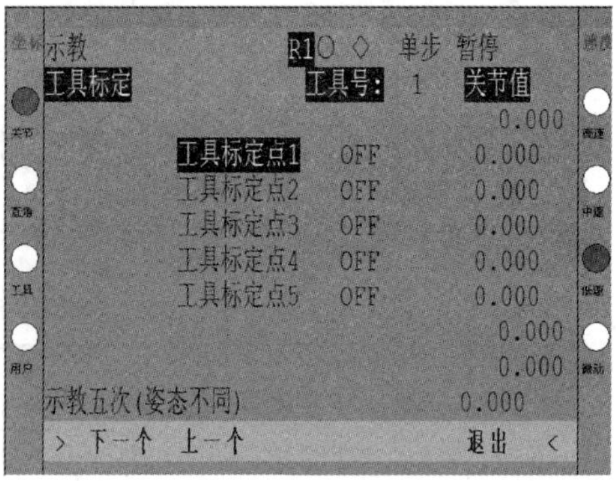 |
| 3. 按轴运动键移动机器人，在工具中心点接近参考点后，按“确认”键记录该点，此时工具标定点的状态切换到 ON | 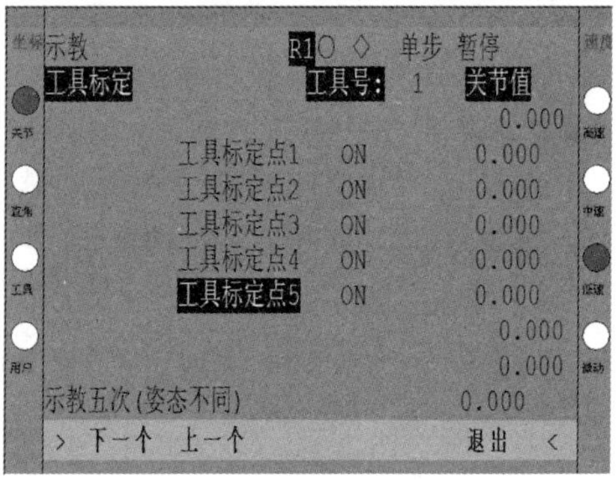 |
| 4. 所有示教点都记录完成后，按“退出”键，工具坐标系被保存 | |

注：标定界面不能显示当前工具号是否被标定过. 如果在已经标定过的工具号中再次标定，新坐标系会覆盖旧坐标系。如需了解工具坐标系是否被标定过，可以到工具坐标系设定中查询。

### 3.3.5 工具坐标系姿态标定

工具坐标系标定时首先通过五点法进行末端姿态的标定，此标定仅仅标定了末端姿态的一点，工具坐标系中的姿态标定进一步标定了工具坐标系的 $X$、$Y$、$Z$ 轴的方向，使得机器人可沿工具坐标系运动（$Z$ 轴方向未发生变化时可不进行姿态标定）。共可标定 8 个工具坐标系，其标定步骤见表 3-5 所示。

**表 3-5　工具坐标系姿态标定步骤**

| 步　　骤 | 说　　明 |
| --- | --- |
| 1. 路径 | 主菜单→用户→坐标→工具坐标→姿态标定 |
| 2. 进入工具坐标系姿态标定界面，共可以设定 8 个工具坐标系。依次标定工具坐标系的原点、*X* 轴正方向、*Z* 轴负方向 | |
| 3. 完成示教点记录后，按“保存”键，工具坐标系被保存 | |

注：在姿态标定前，工具的 *X*、*Y*、*Z* 轴已标定，如果此时 Rx、Ry、Rz 的值不为 0，则在工具坐标系的设定中将它们设置为 0。OO 确定坐标系原点；OX 确定坐标系 *X* 轴正方向；OZ 确定坐标系 *Z* 轴负方向，反方向标定可避免干涉。

### 3.3.6　工具坐标系的设定

机器人要完成特定工作，需安装相应的工具并设立相应的工具坐标系。以弧焊机器人为例，弧焊机器人工具坐标系设定是指将机器人的默认的工具坐标系(法兰坐标系)转化成需要的工具坐标系，其中转化过程需要两组数据：

(1) 新的工具坐标系的机器人控制点在法兰坐标系下的偏移量；

(2) 法兰坐标系与工具坐标系的相对角度数据。

把法兰盘坐标转至与工具坐标一致时所需角度作为输入值，面对箭头的逆时针方向为正方向。以 Rx → Ry → Rz 的顺序输入。工具坐标系的设定示意图如图 3-4 所示。

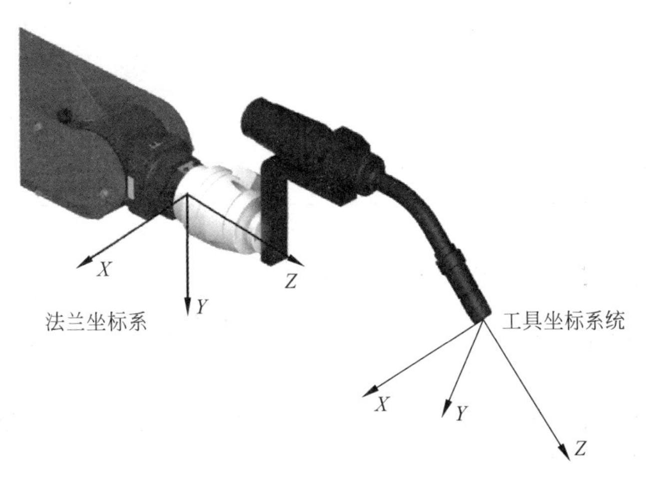


图 3-4　工具坐标系的设定示意图

工具坐标系的设定操作步骤如表 3-6 所示。

表 3-6　工具坐标系的设定操作步骤

| 步　　骤 | 说　　明 |
|---|---|
| 1. 路径 | 主菜单→用户→坐标→工具坐标→设定 |
| 2. 按“确认”键，显示工具坐标系设定界面。共可以设定 8 个工具坐标系 | 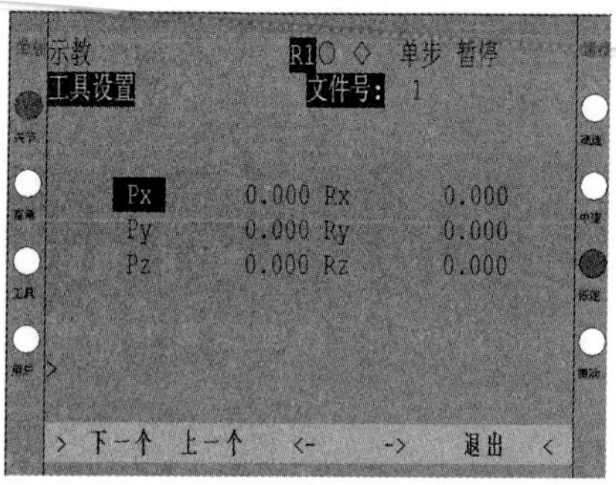 |
| 3. 输入正确的参数，并按“保存”键，工具坐标系被保存 | |

## 3.3.7　工具坐标系的清除

工具坐标系的清除步骤如表 3-7 所示。

表 3-7　工具坐标系的清除步骤

| 步　　骤 | 说　　明 |
|---|---|
| 1. 路径 | 主菜单→用户→坐标→工具坐标→清除 |
| 2. 按“确认”键，弹出提示信息 | 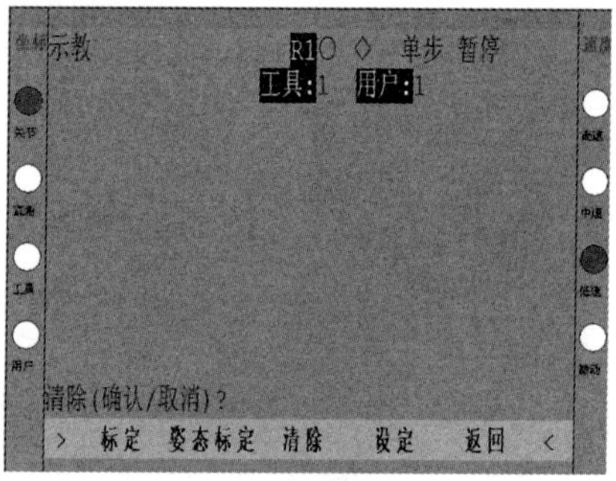 |
| 3. 按“确认”键，工具坐标系被清除 | |

## 3.3.8　作业中的工具坐标系号选择

作业中可以选择工具坐标系号，具体方法为通过指令选择。“SET TF＃<坐标系号>”为工具坐标系选择指令。“SET TF＃<坐标系号>”指令可以出现在作业的顶端，也可以出现在作业的中间和末端。该指令执行后，系统的当前工具坐标系号则被改变，工具坐标系号的改变不仅对自动执行的作业有影响，示教模式下的轴操作使用的也是新设定的工具坐标系。

**注：**

(1) 如果用户使用一个工具坐标系，那么作业中可以没有“SET TF＃<坐标系号>”指令；如果用户使用多个工具坐标系，为了避免工具坐标系的混乱，建议在每个作业的顶端增加 SET TF 指令，使得每个作业的每条指令使用的工具坐标系都在作业的执行过程中得到明确，避免因当前工具坐标系号错误造成执行作业时的机器人轨迹错误。

(2) 在使用多个工具坐标系的情况下，添加和插入指令前需要确定当前工具坐标系号为用户想要使用的工具坐标系号。

(3) 改变作业中的工具坐标系号(即"SET TF＃"后的号时)，需要确认该指令后所有的点是否都使用该工具坐标系文件，并对该指令后使用的新工具坐标系号的所有点使用正向运动进行验证。具体的验证方法为：确认或更改当前工具坐标系号为新设定的工具坐标系号，再使用"正向运动"键验证"SET TF＃"指令后的示教点。

## 3.4 用户坐标系

### 3.4.1 用户坐标系的定义

用户坐标系定义在工件上，由用户自己定义，原点位于机器人抓取的工件上，坐标系的方向根据用户需要任意定义。用户坐标系示意图如图 3-5 所示。

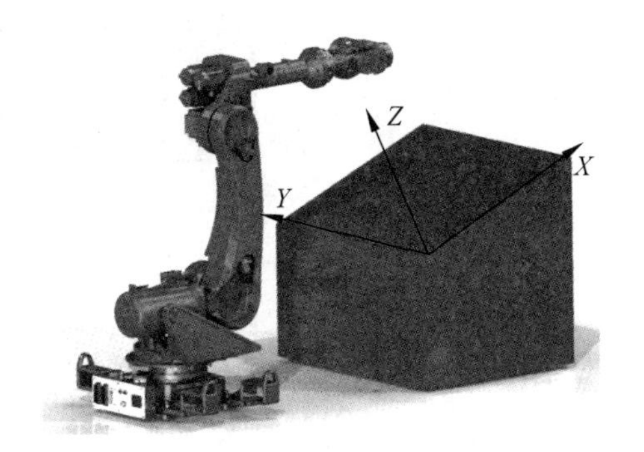


图 3-5　用户坐标系示意图

在用户坐标系下，按示教盒上的轴操作键时控制中心点的动作情况请参照表 3-8。

表 3-8　用户坐标系下轴操作键与动作关系

| 轴操作键 | 动　作 |
|---|---|
| X+ J1 \| X− J1 | 与用户坐标系 $X$ 方向平行的正向运动、反向运动 |
| Y+ J2 \| Y− J2 | 与用户坐标系 $Y$ 方向平行的正向运动、反向运动 |
| Z+ J3 \| Z− J3 | 与用户坐标系 $Z$ 方向平行的正向运动、反向运动 |
| Rx+ J4 \| Rx− J4 | 绕着用户坐标系 $X$ 方向正向转动、反向转动 |
| Ry+ J5 \| Ry− J5 | 绕着用户坐标系 $Y$ 方向正向转动、反向转动 |
| Rz+ J6 \| Rz− J6 | 绕着用户坐标系 $Z$ 方向正向转动、反向转动 |

### 3.4.2 用户坐标系标定方法

用户坐标系一般通过 3 个示教点实现标定：第一个示教点是用户坐标系的原点；第二个示教点在 $X$ 轴上，第一个示教点到第二个示教点的连线所指方向为 $X$ 正方向；第三个示教点在 $Y$ 轴的正方向区域内。$Z$ 轴由右手法则确定。

### 3.4.3 用户坐标系标定

工业机器人用户坐标系的具体标定步骤如表 3-9 所示。

**表 3-9 用户坐标系标定步骤**

| 步　骤 | 说　明 |
| --- | --- |
| 1. 路径 | 主菜单→用户→坐标→用户坐标→标定 |
| 2. 进入用户坐标系标定界面。共可以标定 8 个用户坐标系。按轴运动键移动机器人到参考点，按“确认”键记录机器人当前位置，同时相应的坐标项状态切换到 ON | 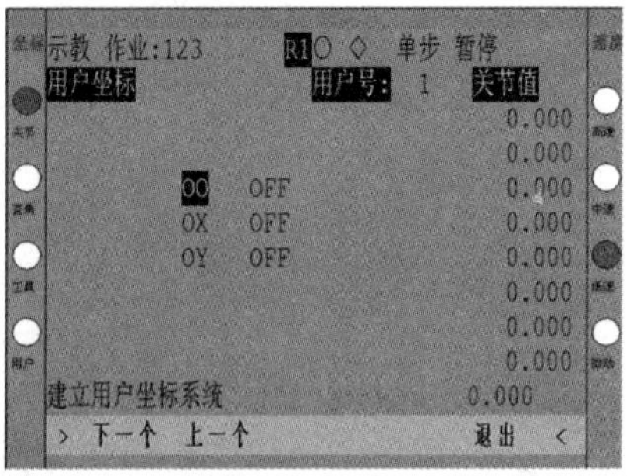 |
| 3. 分别标定 3 个坐标项后，标定后按“退出”键，此用户坐标系被保存 | |

### 3.4.4 用户坐标系的设定

用户坐标系的设定其实是一种对用户坐标系标定的备份。在标定好用户坐标系后，进入对应的用户坐标系设定界面将各参数备份，以便在用户坐标系参数丢失时快速恢复。用户坐标系的设定步骤如表 3-10 所示。

**表 3-10 用户坐标系设定步骤**

| 步　骤 | 说　明 |
| --- | --- |
| 1. 路径 | 主菜单→用户→坐标→用户坐标→设定 |
| 2. 进入用户坐标系设定界面，共可以设定 8 个用户坐标系 | 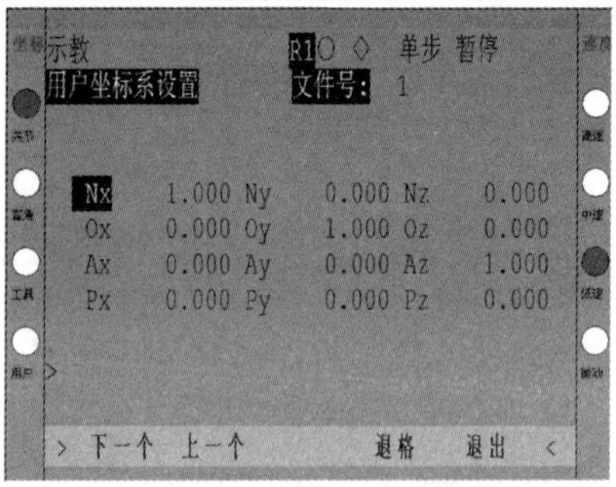 |
| 3. 输入正确的参数后，按“退出”键，用户坐标系被保存 | |

### 3.4.5　作业中的用户坐标系号选择

作业中可以选择用户坐标系号，具体方法为通过指令选择。“SET UF＃<坐标系号>”为用户坐标系选择指令。“SET UF＃<坐标系号>”指令可以出现在作业的顶端，也可以出现在作业的中间和末端。该指令执行后，系统的当前用户坐标系号则被改变，用户坐标系号的改变不仅对自动执行的作业有影响，示教模式下的轴操作使用的也是新设定的用户坐标系。

**注：**

(1) 如果用户使用一个用户坐标系，那么作业中可以没有“SET UF＃<坐标系号>”指令；如果用户使用多个用户坐标系，为了避免用户坐标系的混乱，建议在每个作业的顶端增加 SET UF 指令，使得每个作业的每条指令使用的用户坐标系都在作业的执行过程中得到明确，避免因当前用户坐标系号错误造成执行作业时的机器人轨迹错误。

(2) 在使用多个用户坐标系的情况下，添加和插入指令前需要确定当前用户坐标系号为用户想要使用的用户坐标系号。

(3) 改变作业中的用户坐标系号(即“SET UF＃”后的号)时，需要确认该指令后所有的点是否都使用该用户坐标系文件，并对该指令后使用的新用户坐标系号的所有点使用正向运动进行验证。具体的验证方法为：确认或更改当前用户坐标系号为新设定的用户坐标系号，再使用“正向运动”键验证“SET UF＃”指令后的示教点。

## 3.5　变位机坐标系的标定

机器人外部变位机设备的坐标系的标定，通过五点法确定变位机标定点的姿态值；设定界面用于直接设定变位机的姿态值。机器人外部变位机设备的坐标系的标定步骤如表 3-11 所示。

**表 3-11　变位机坐标系标定步骤**

| 步　　骤 | 说　　明 |
|---|---|
| 1. 路径 | 主菜单→坐标→变位机→标定 |
| 2. 将工具中心点对准变位机上的参考点，按“确认”键标定第一个点，该点的状态随即切换至 ON。改变变位机角度，并使用直角坐标系改变机器人的 $X$、$Y$、$Z$ 坐标值，(不可改变机器人的 Rx、Ry、Rz 坐标值)，使工具中心点仍对准参考点，标定其余 4 点，按“退出”，变位机被标定 | 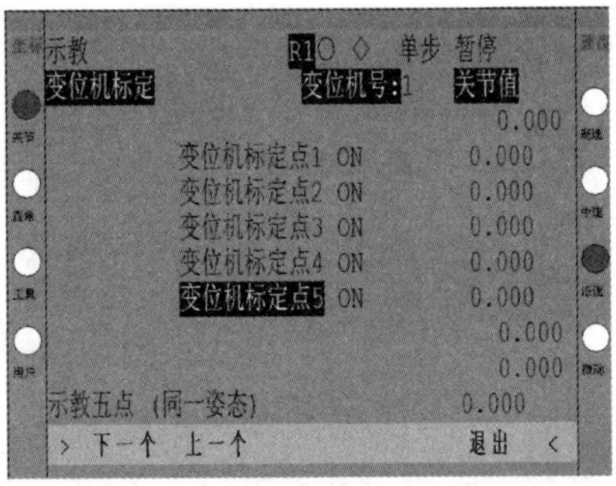 示教　R1　单步　暂停<br>变位机标定　变位机号:1　关节值<br>变位机标定点1 ON<br>变位机标定点2 ON<br>变位机标定点3 ON<br>变位机标定点4 ON<br>变位机标定点5 ON<br>示教五点（同一姿态）<br>下一个　上一个　退出 |

## 3.6 坐标系的切换

机器人默认的运动坐标系为关节坐标系。按下示教盒上的“坐标”键，每按一次该键，机器人运动的坐标系按如图 3-6 所示的顺序进行切换。

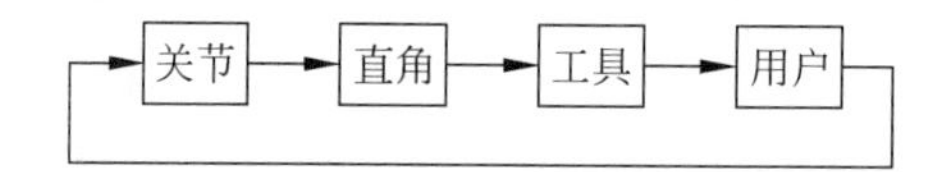


图 3-6 坐标系的切换

当需要在不同的工具坐标系或用户坐标系之间切换时，需要进入菜单栏的当前坐标项切换。具体的操作步骤如表 3-12 所示。

**表 3-12 坐标系号切换步骤**

| 步 骤 | 说 明 |
|---|---|
| 1 路径 | 主菜单→用户→坐标→当前坐标 |
| 2. 进入当前坐标的界面，在对应的参数项处输入要使用的坐标序号后，按“退出”键，坐标系被选定并退出当前界面 | |

注：

(1) 如果用户使用的坐标系与作业示教时使用的坐标系不同，且作业中没有坐标系号选择指令，则在执行作业时位置点会发生改变，可能导致碰撞、报警等问题！

(2) 若更改当前坐标系后仍想使用原有作业，则需要重新示教或在作业中增加坐标系选择指令。

## 3.7 工具坐标系标定任务

当工业机器人更换工具后，工程人员往往需要标定当前工具的工具坐标系。一般工业机器人可以保存 8 个工具坐标系，新标定的坐标系会覆盖已经标定的坐标系，在进行一个复杂的编程作业前，编程人员也需要根据实际需求先标定坐标系，然后在作业中直接调用标定好的坐标系。工具坐标系的标定操作步骤如下。

1. *开机启动*

具体方法为：

(1) 顺时针旋转控制柜上的电源开关。

(2) 等待开机完成的界面。

2. *切换模式*

按下示教盒上的“模式”键，将机器人的运行模式切换到示教模式下。

3. 进入高级用户模式

具体操作方法如下：

(1) 在示教盒上依次按下“功能”→“设置”→“优先级”键，在示教盒上输入高级用户密码(新松机器人的高级用户密码是 00001111)，按“确认”键，进入高级用户界面。

(2) 在示教盒上按“高级用户”键，示教盒上提示当前是高级用户。

(3) 在示教盒上依次按下“<”→“超级用户”键，输入超级用户密码(新松工业机器人的超级用户密码是 12341111)，按“确认”键，进入超级用户界面，示教盒界面有提示信息“当前优先级是超级用户”。

4. 进入工具坐标系标定界面

在示教盒上依次按下“主菜单”→“用户”→“坐标”→“工具坐标系”→“标定”键，进入工具坐标系界面后，按“确认”键。

5. 确定参考点

在机器人周围找一个参考点。参考点的位置任意，但是必须在机器人的运动范围之内。在本案例中，所选的工具参考点如图 3-7 所示。

6. 机器人移动至参考点位置

使机器人工具运动到该参考点并将工具中心对准该参考点。机器人工具的中心点选在机器人工具末端，即焊接枪的焊枪头处。

7. 确认参考点 1 的位置

在示教盒上按“确认”键。

8. 确认参考点 2 的位置

在示教盒上按下光标移动指示箭头，将光标移动到示教盒界面的工具标定点 2。调整机器人工具的姿态，在工具中心点位置不变的情况下，调整工具位姿，第二个示教点的姿态要和第一个示教点的姿态不同，区别越大越好。工具调整后的位姿如图 3-8 所示。

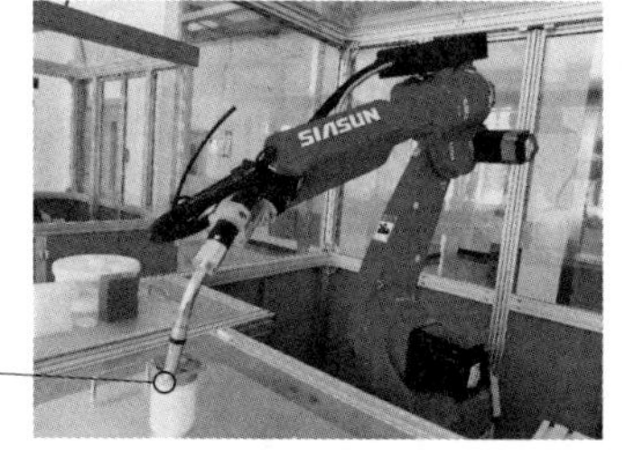


图 3-7 工具坐标系标定选择的任一参考点

图 3-8 工具位姿变化

调整好第二个示教点位姿后，按示教盒上的“确认”键后，将工具标定点 2 的状态置为 ON。

9. 确定其他参考点位置

重复上面的第 6. 步与第 7. 步，保持机器人工具中心点对准参考点，每次工具姿态发生变化，最好 5 次相对参考点姿态差异大，这样标定的工具坐标系更准确。5 次工具示教点的位姿如图 3-3 所示。

10. 保存位置信息

所有示教点都记录完成后，按“退出”键，工具坐标系被保存。

标定界面不能显示当前工具号是否被标定过，如果在已经标定过的工具号中再次标定，新坐标系会覆盖旧坐标系。如需了解工具坐标系是否被标定过，可以到工具坐标系设定中查询。工具坐标系最多可以标定 8 个，按示教盒上屏幕上的“下一个”键，可继续标定新的工具坐标系。

## 3.8 工具坐标系姿态标定操作

工具坐标系标定时首先通过五点法进行末端姿态的标定，此标定仅仅标定了末端姿态的一点，工具坐标系中的姿态标定进一步标定了工具坐标系的 $X$、$Y$、$Z$ 轴的方向，使得机器人可沿工具坐标系运动（$Z$ 轴方向与默认的方向未发生变化时可不进行姿态标定）。

1. 进入超级用户模式

具体操作方法如下：

(1) 在示教盒上依次按下“功能”→“设置”→“优先级”键，在示教盒上输入高级用户密码（新松机器人的高级用户密码是 00001111），按“确认”键，进入高级用户界面。

(2) 在示教盒上按“高级用户”键，示教盒上提示当前是高级用户。

(3) 在示教盒上依次按“<”→“超级用户”键，输入超级用户密码（新松工业机器人的超级用户密码是 12341111），按“确认”键，进入超级用户界面，示教盒界面有提示信息“当前优先级是超级用户”。

2. 进入工具坐标系姿态设定界面

在完成五点法标定完工具的 $X$、$Y$、$Z$ 轴后，才可以进行工具坐标系姿态的设定。在示教盒上依次按“主菜单”→“用户”→“坐标”→“工具坐标系”→“设定”键。

3. 工具坐标系姿态值设置

当五点法标定工具的 $X$、$Y$、$Z$ 轴后，如果此时 Rx、Ry、Rz 的值不为 0，先将其设置为 0 并保存设置。

4. 标定工具坐标系

按“返回”→“姿态标定”键，依次标定工具坐标系的原点、$X$ 轴正方向、$Z$ 轴负方向。

5. 保存信息

标定完成后，按“退出”键，工具坐标被自动保存，再次显示工具完成界面。至此，一个完整的工具坐标系标定完成。

## 3.9 工具坐标系的查看操作

一般工业机器人可以同时标定 8 个不同的工具坐标系和用户坐标系，编程人员在更换工具后，往往需要给当前使用的工具重新标定坐标系，在同一坐标系号下，新标定的坐标系会覆盖已经存在的坐标系。操作人员在标定工具坐标系前，一般会查看当前的坐标系号下是否已经有标定的信息。编程人员在编写程序时，也会调用已经存在的工具坐标系，所以会查看工具坐标系的系号和坐标值就非常必要。其具体操作步骤如下。

1. 开机进入示教模式

具体操作方法如下：

（1）顺时针旋转控制柜上的电源开关。

（2）等待开机完成的界面。

（3）按下示教盒上的“模式”键，将机器人的运行模式切换到示教模式下。

2. 进入超级用户权限

具体操作方法如下：

（1）在示教盒上依次按下“功能”→“设置”→“优先级”键，在示教盒上输入高级用户密码（新松机器人的高级用户密码是00001111），按“确认”键，进入高级用户界面。

（2）在示教盒上按“高级用户”键，示教盒上提示当前是高级用户。

（3）在示教盒上依次按“<”→“超级用户”键，输入超级用户密码（新松工业机器人的超级用户密码是：12341111），按“确认”键，进入超级用户界面，示教盒界面有提示信息“当前优先级是超级用户”。

3. 进入工具坐标系查看界面

依次按“主菜单”→“用户”→“坐标”→“工具坐标”→“设定”键，在坐标系没有标定前，示教盒上6个值都是0，在工具坐标系被标定后，6个值会标定工具的位姿。

## 3.10　用户坐标系的标定操作

在工业机器人工程应用中，一般在做项目前，都需要根据任务需求，重新标定用户坐标系，在程序员编程作业中，往往需要调用已经标定好的用户坐标系来实现自动偏移动作。一般的作业都是在操作者自定义的用户坐标系下运动，因此，用户坐标系的标定非常重要。其具体操作步骤如下。

1. 开机进入示教模式

具体操作方法如下：

（1）顺时针旋转控制柜上的电源开关。

（2）等待开机完成的界面。

（3）按下示教盒上的“模式”键，将机器人的运行模式切换到示教模式下。

2. 进入用户坐标系标定界面

依次按“主菜单”→“用户”→“坐标”→“用户坐标”→“标定”键。

用户坐标系一般通过示教3个示教点实现：第一个示教点是用户坐标系的原点；第二个示教点在 $X$ 轴上，第一个示教点到第二个示教点的连线是 $X$ 轴，所指方向为 $X$ 轴正方向；第三个示教点在 $Y$ 轴的正方向区域内。$Z$ 轴由右手法则确定。用户坐标系的3个示教点如图3-1所示。

3. 确定用户坐标系3点位置

依次使机器人轴运动到用户坐标系的示教点，按“确认”键，按下光标移动键，依次确认

3个示教点。工业机器人的示教点OO点(第一个示教点)的位置如图3-9所示。

工业机器人的示教点OX点(第二个示教点)的位置如图3-10所示。

图3-9 用户坐标系的第一个示教点

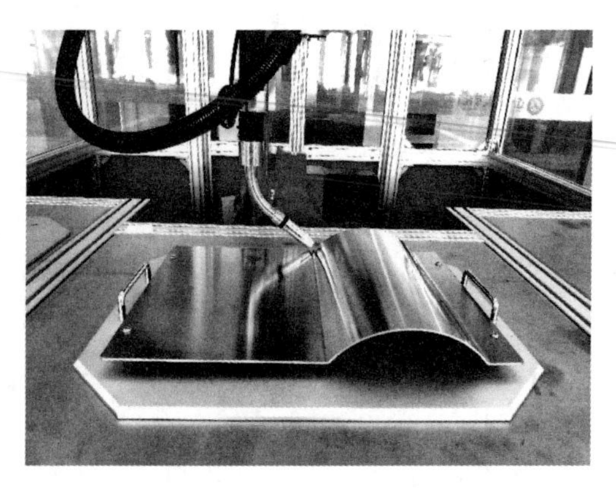

图3-10 用户坐标系的第二个示教点

4. 保存位置信息

按“退出”键后,界面有创建成功提示。

5. 查询

用户坐标系标定完成后的查询过程为:依次按“主菜单”→“用户”→“坐标”→“用户坐标”→“设定”键。

## 3.11 考核评价

能清楚地描述工业机器人示教盒设定一个完整的工具坐标系过程;能在工具坐标系标定后验证所标定的坐标系是否正确;能理解工具坐标系的意义;能清楚地描述工业机器人用户坐标系的创建方法;能清楚地描述用户坐标系设定的意义,并能在标定好用户坐标系后,进入对应的用户坐标系设定界面;能清楚地描述新松机器人在作业中选择用户坐标系的方法。知道用户坐标系选择的指令,能理解用户坐标系选择的意义。能用专业语言正确、顺畅地展示配置的基本步骤,思路清晰、有条理,并能提出一些新的建议。

机器人要完成特定工作,需安装相应的工具并设立相应的工具坐标系。机器人想将默认的工具坐标系(法兰坐标系)转化成需要的工具坐标系,其中转化过程需要两组数据:

(1) 新的工具坐标系的机器人控制点在法兰坐标系下的偏移量;

(2) 法兰坐标系与工具坐标系的相对角度数据。

因此,在工具坐标系的标定过程中,首先要用五点法标定工具坐标系的$X$、$Y$、$Z$轴,然后再用工具坐标系下姿态的标定方法来标定工具的方向。请查阅资料,理解工业机器人坐标变换的理论基础知识。

# 第4章

# 工业机器人I/O

在编写机器人任务作业前，编程操作人员必须知道机器人输入信号与输出信号的端口号，因为在大部分的作业中，都需要在程序中使用这些端口号。这些端口号就是本章学习的内容机器人 I/O。获得机器人的端口号有两种方式：一种是生产厂商提供的机器人的输入/输出端口配置表；另一种是通过示教盒的操作及系统 I/O 板或者用户 I/O 板上的 LED 灯来确认。一般工业机器人提供 16 路输入、16 路输出的用户 I/O，其输入/输出口是可扩展的。用户可以进行对用户 I/O 的校验和强制输出。查看用户 I/O 接口板上的 LED 灯也可以知道 I/O 的状态。本章主要了解关于工业机器人的 I/O，包含很多配置环节，学生可以按照本章所讲的配置步骤同步操作，为后续学习更加复杂的内容打下坚实的基础。

**教学目标**

本项目的主要学习内容包括：了解新松机器人 I/O 通信的种类，了解新松用户 I/O 校验方法，了解并配置新松机器人串口通信、DeviceNet 总线 I/O 配置，了解并配置输入/输出信号并与系统输入/输出信号关联，了解用户 I/O 配置的目的等。

## 4.1 显示

用户可以开启显示功能查看机器人的实时信息。在实时显示时，可以显示出机器人运动过程中实时的关节值、码盘值、姿态值、转速和转矩。开启实时显示后，相关数据会显示在屏幕的右侧并实时刷新。

### 4.1.1 关节值

机器人实时显示关节值的操作步骤如表 4-1 所示。

表 4-1　显示关节值操作步骤

| 步　　骤 | 说　　明 |
| --- | --- |
| 1. 路径 | 主菜单→显示→实时显示→关节值 |
| 2. 进入实时显示界面，界面会显示机器人实时的状态 | 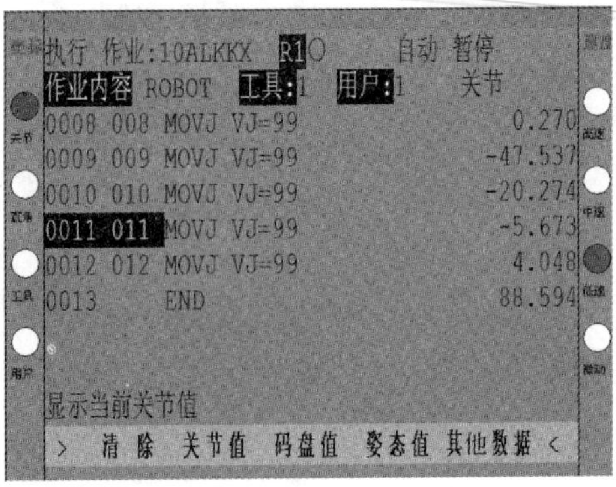 |

### 4.1.2　姿态值

姿态值显示的是机器人控制点在直角坐标系下的位置。当实时显示姿态值时，在屏幕右侧的一列数值中后 3 个分别为控制点在直角坐标系下的 $X$、$Y$、$Z$ 的值。显示姿态值的操作步骤如表 4-2 所示。

表 4-2　显示姿态值操作步骤

| 步　　骤 | 说　　明 |
| --- | --- |
| 1. 路径 | 主菜单→显示→实时显示→姿态值 |
| 2. 进入姿态值实时显示界面，界面会显示机器人实时的姿态值。其中最后 3 行显示的值依次为 TCP 点在当前坐标系下的 $X$、$Y$、$Z$ 值 | 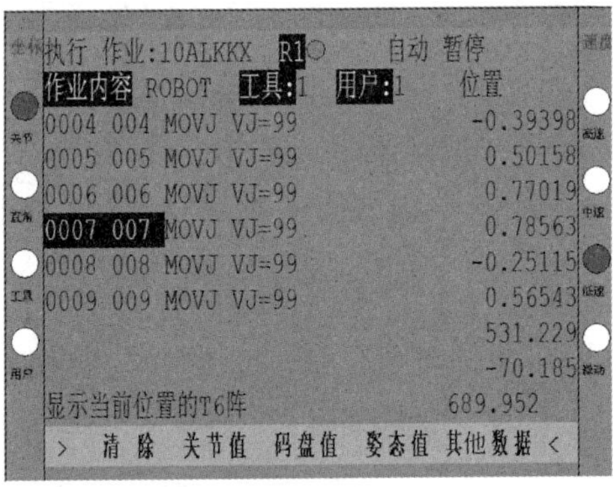 |

### 4.1.3　码盘值

实时显示机器人各轴码盘值的操作步骤如表 4-3 所示。

**表 4-3　显示机器人码盘值操作步骤**

| 步　　骤 | 说　　明 |
| --- | --- |
| 1. 路径 | 主菜单→显示→实时显示→码盘值 |
| 2. 进入码盘值实时显示界面，界面会显示机器人实时的码盘值，按“码盘值”键可以在码盘输入、码盘输出、码盘差码之间切换 | 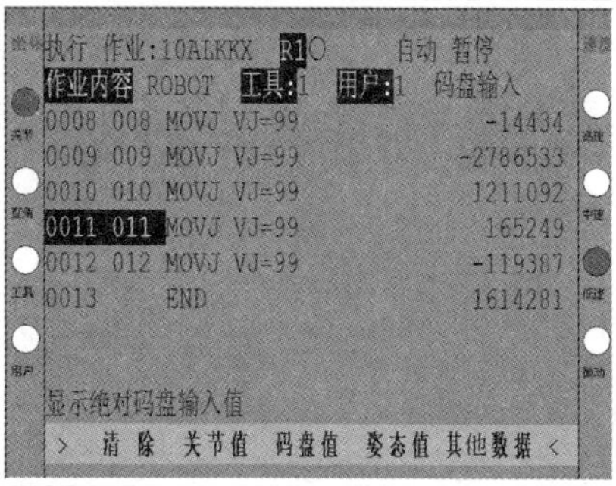 执行 作业:10ALKKX R1 自动 暂停<br>作业内容 ROBOT 工具:1 用户:1 码盘输入<br>0008 008 MOVJ VJ=99 -14434<br>0009 009 MOVJ VJ=99 -2786533<br>0010 010 MOVJ VJ=99 1211092<br>0011 011 MOVJ VJ=99 165249<br>0012 012 MOVJ VJ=99 -119387<br>0013 END 1614281<br>显示绝对码盘输入值<br>> 清 除 关节值 码盘值 姿态值 其他数据 < |

## 4.1.4　其他数据

机器人显示其他数据的操作步骤如表 4-4 所示。

**表 4-4　显示其他数据操作步骤**

| 步骤 | 说明 |
| --- | --- |
| 1. 路径 | 主菜单→显示→实时显示→其他数据 |
| 2. 进入其他数据实时显示界面，界面会显示机器运动的实时转速和转矩。按“其他数据”键可以在转速与转矩之间切换 | 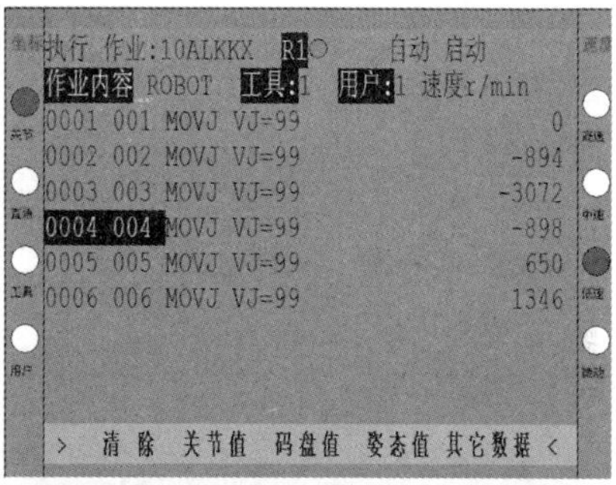 执行 作业:10ALKKX R1 自动 启动<br>作业内容 ROBOT 工具:1 用户:1 速度r/min<br>0001 001 MOVJ VJ=99 0<br>0002 002 MOVJ VJ=99 -894<br>0003 003 MOVJ VJ=99 -3072<br>0004 004 MOVJ VJ=99 -898<br>0005 005 MOVJ VJ=99 650<br>0006 006 MOVJ VJ=99 1346<br>> 清 除 关节值 码盘值 姿态值 其它数据 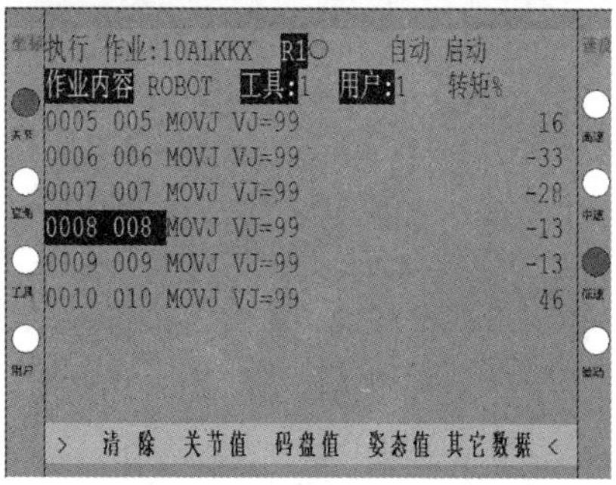 <<br><br>执行 作业:10ALKKX R1 自动 启动<br>作业内容 ROBOT 工具:1 用户:1 转矩%<br>0005 005 MOVJ VJ=99 16<br>0006 006 MOVJ VJ=99 -33<br>0007 007 MOVJ VJ=99 -28<br>0008 008 MOVJ VJ=99 -13<br>0009 009 MOVJ VJ=99 -13<br>0010 010 MOVJ VJ=99 46<br>> 清 除 关节值 码盘值 姿态值 其它数据 < |

## 4.1.5　清除

当用户不需要在右侧显示机器人运动的实时数据时，可以按“清除”键将右侧的实时数据关闭。

## 4.2 详细

按“详细”键后，实时显示区域显示的姿态值是示教过程中记录的位置点，显示的姿态值是光标所在运动指令相对应的示教位置点。再次按“详细”键，可以关闭详细信息显示。

## 4.3 I/O 状态

在 I/O 状态界面可以查看机器人当前的 I/O 状态。

### 4.3.1 用户 I/O

查看用户 I/O 状态的操作步骤如表 4-5 所示。

表 4-5 显示用户 I/O 状态操作步骤

| 步　　骤 | 说　　明 |
| --- | --- |
| 1. 路径 | 主菜单→显示→信息→用户 I/O |
| 2. 进入用户 I/O 界面，界面会显示实时的用户 I/O 状态 | 示教 R1O ◇J 单步 停止<br>用户I/O状态<br>D15 D8-D7 D0<br>DIN01 0 0 0 0 0 0 0 0-0 0 0 0 0 0 0 0<br>DIN02 0 0 0 0 0 0 0 0-0 0 0 0 0 0 0 0<br>D15 D8-D7 D0<br>OUT01 0 0 0 0 0 0 0 0-0 0 0 0 0 0 0 0<br>OUT02 0 0 1 1 0 0 0 0-0 1 0 1 0 0 0 0<br>> 下一页 上一页 退出 < |

### 4.3.2 系统 I/O

查看系统 I/O 的操作步骤如表 4-6 所示。

表 4-6 显示系统 I/O 状态操作步骤

| 步　　骤 | 说　　明 |
| --- | --- |
| 1. 路径 | 主菜单→显示→信息→系统 I/O |
| 2. 进入系统 I/O 界面，界面会显示实时的系统 I/O 状态 | 示教 R1O ◇J 单步 停止<br>系统I/O状态<br>D15 D8-D7 D0<br>DIN01 0 0 0 0 0 0 0 0-0 0 0 0 0 0 0 0<br>DIN02 0 0 0 0 0 0 0 0-0 0 0 0 0 0 0 0<br>D15 D8-D7 D0<br>OUT01 0 0 0 0 0 0 0 0-0 0 0 0 0 1 0 0<br>OUT02 0 1 0 1 0 0 0 0-0 1 0 1 0 0 1 0<br>> 下一页 上一页 退出 < |

# 4.4　信息

版本信息包括机器人示教盒版本和机器人控制版本。

## 4.4.1　系统版本

机器人的版本信息的操作步骤如表 4-7 所示。

表 4-7　查看版本信息操作步骤

| 步　　骤 | 说　　明 |
| --- | --- |
| 1. 路径 | 主菜单→显示→信息→版本信息→版本信息 |
| 2. 进入版本信息界面，界面会显示机器人控制器版本 | 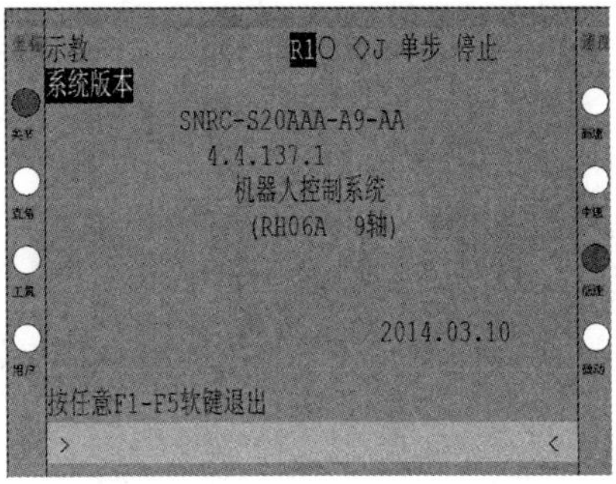 |

## 4.4.2　系统库

查看机器人的系统库信息的操作步骤如表 4-8 所示。

表 4-8　查看系统库操作步骤

| 步　　骤 | 说　　明 |
| --- | --- |
| 1. 路径 | 主菜单→显示→信息→版本信息→系统库 |
| 2. 进入系统库界面，界面会显示系统各类库的组成版本 | 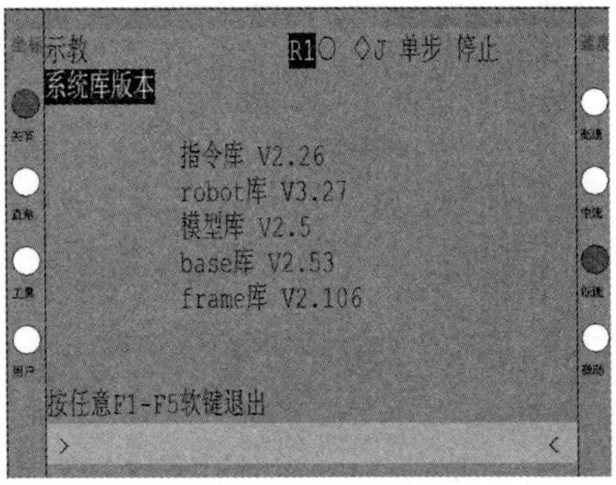 |

## 4.4.3　用户名

查看机器人的用户名信息的操作步骤如表 4-9 所示。

表 4-9 查看用户名操作步骤

| 步　　骤 | 说　　明 |
| --- | --- |
| 1. 路径 | 主菜单→显示→信息→用户名 |
| 2. 进入界面会显示用户名 | 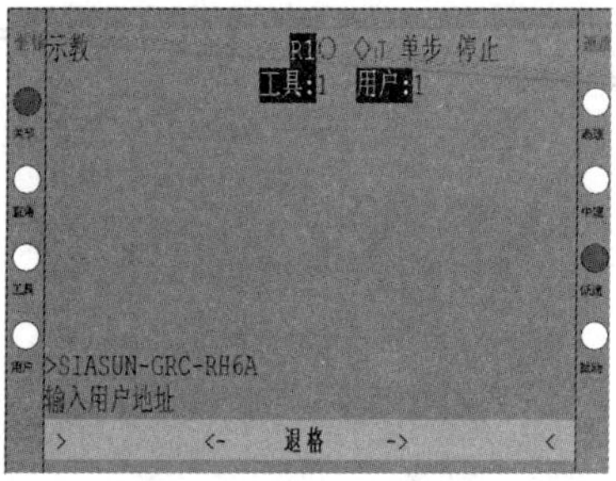 |

### 4.4.4 出错信息

出错信息只能保留从开机到当前状态的最多 30 条报警，关闭电源后信息不保存。一旦机器人发生严重故障需要重启，应先记录下出错信息再关闭电源。查看机器人出错信息的操作步骤如表 4-10 所示。

表 4-10 查看出错信息操作步骤

| 步　　骤 | 说　　明 |
| --- | --- |
| 1. 路径 | 主菜单→显示→信息→出错信息 |
| 2. 进入界面会显示最新一条的报警信息。按“上一条”键可以查看之前的报警信息。按“清除”键可以将所有的报警清除，退出后报警被清空 | 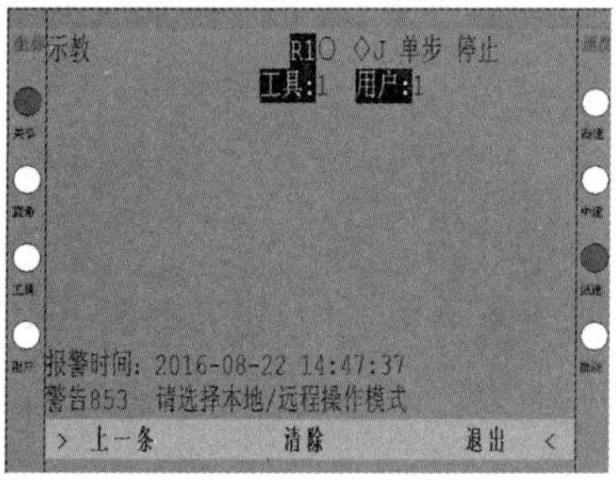 |

## 4.5 预约

预约启动是指通过每个工位上的启动按钮盒，按照预约的顺序启动登记在各工位上的作业的功能。

例如，现场有 3 个工位：

(1) 在工位 1 上登记作业 111；

(2) 在工位 2 上登记作业 222；

(3) 在工位 3 上登记作业 333。

再现时，准备好工件 1 后，按下工位 1 上的启动按钮，机器人执行作业 111，在执行作业 1 时，准备好工件 2 和工件 3，然后依次按工位 2 上的启动按钮。此时，即使作业 111 还在运行中，由于已按了启动按钮，作业 222 和作业 333 就会进入预约状态，待作业 111 执行完后，机器人会按照预约的顺序自动执行作业 222 和作业 333。

### 4.5.1　预约设置

机器人作业预约设置的操作步骤如表 4-11 所示。

表 4-11　预约设置操作步骤

| 步　　骤 | 说　　明 |
| --- | --- |
| 1. 路径 | 主菜单→用户→预约→设置 |
| 2. 进入预约设置界面,输入所需的预约配置 | 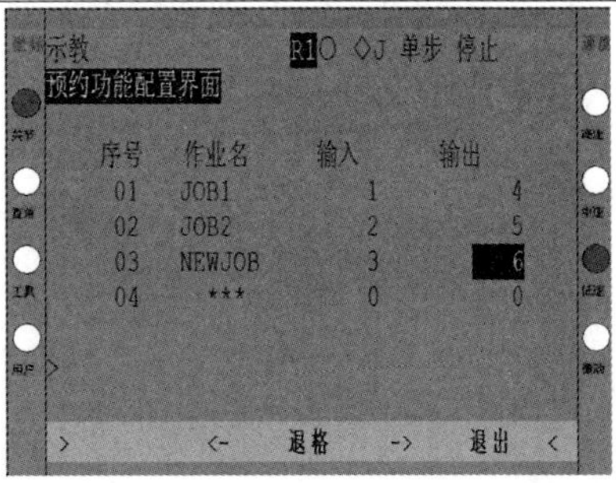 参数含义:<br>(1) 序号——工位号,1～8,最多 8 个工位<br>(2) 作业名——各工位对应作业的作业名。作业须事先示教好<br>(3) 输入——触发各工位作业的 I/O 地址,范围:1～1024。可根据用户需求映射到通信总线上,须定制<br>(4) 输出——输入 I/O 触发成功后,给出反馈的 I/O 地址。范围:1～1024。可根据用户需求映射到通信总线上,须定制 |

### 4.5.2　预约状态

查看机器人预约状态的操作步骤如表 4-12 所示。

表 4-12　查看预约状态操作步骤

| 步　　骤 | 说　　明 |
| --- | --- |
| 1. 路径 | 主菜单→用户→预约→预约状态 |
| 2. 进入预约状态界面,可以查看实时的作业状态 | 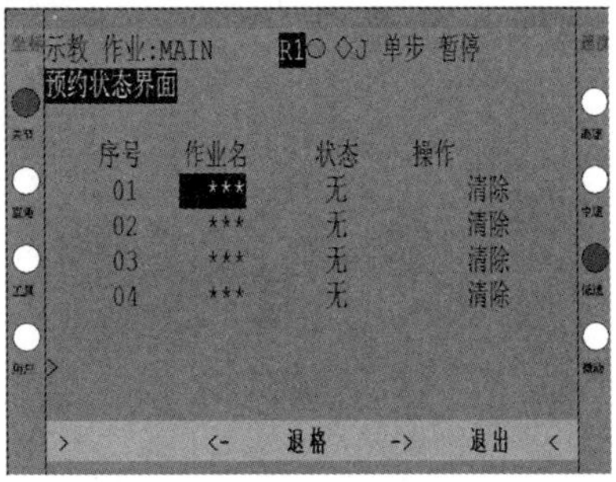 参数含义:<br>(1) 序号——预约启动的先后顺序<br>(2) 作业名——显示已经预约成功的作业<br>(3) 状态——预约作业的当前状态,状态分为“暂停”和“预约中”<br>(4) 操作——只有状态为“预约中”的作业可执行“清除”操作。执行步骤:使用方向键将光标移动到“清除”上,按“确认”键即可 |

# 4.6 变量赋值

用户变量用于作业的数值存储、变量算术和逻辑运算等功能，变量分为字节型、整型、浮点型、位置变量 4 类，同一变量在任意作业可用，并且掉电不丢失。通过对用户变量 I/O 赋值及 IF 语句判断，用户可以实现对机器人更加柔性的控制。用户变量有以下几种赋值方式：变量界面赋值、SET 指令赋值、DIN 指令赋值。

（1）整型/实型/字节型变量赋值的操作步骤如表 4-13 所示。

表 4-13 变量界面赋值操作步骤

| 步 骤 | 说 明 |
| --- | --- |
| 1. 路径 | 主菜单→用户→变量→整形/实型/字节型 |
| 2. 根据实际数据的需要选择变量的类型，进入用户变量界面，可以查看整型/实型/字节型变量 | 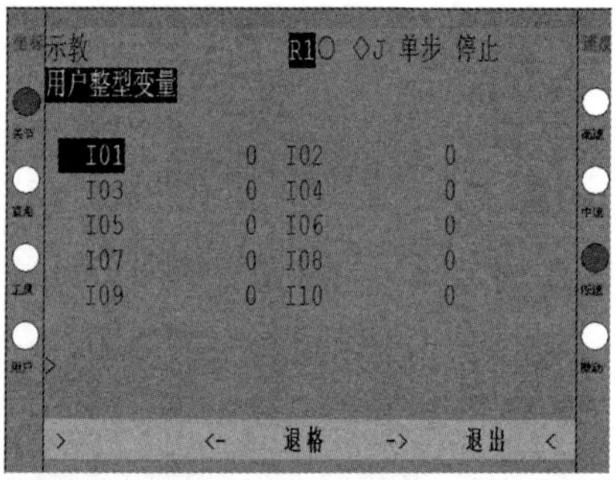 |
| 3. 输入所需的参数，按"确认"键保存 | 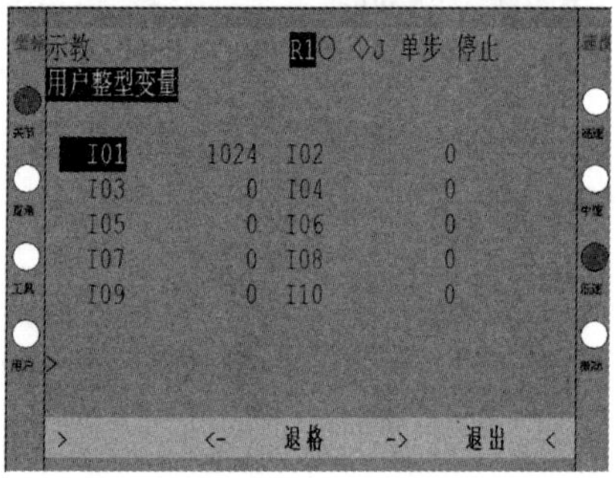 |
| 4. 按"退出"键保存输入的参数并退出该界面 | |

（2）位置变量。位置变量不同于上述 3 种用户变量，其在变量界面只能查看，不能赋值。赋值需要通过指令实现。

# 4.7 用户配置（通信配置）

用户配置界面主要是对通信方式的配置，分为 DeviceNet 和串口两种通信方式。

### 4.7.1 DeviceNet

机器人端的 DeviceNet 的设置必须与 PLC 端的设置保持一致，机器人端的设置操作步骤如表 4-14 所示。

**表 4-14 DeviceNet 配置操作步骤**

| 步　　骤 | 说　　明 |
| --- | --- |
| 1. 路径 | 主菜单→用户配置→外设→DeviceNet→从站 |
| 2. 进入 DeviceNet 配置界面，根据与外界的通信配置，配置各项参数，配置成功后需要重新启动 | 参数含义：<br>(1) 使能状态——使能为 ON，该界面配置的从站进行连接通信；使能为 OFF，配置的从站不进行连接<br>(2) MAC_ID——DeviceNet 从站的 ID，支持 1～64<br>(3) 波特率——与从站的通信速度，支持 125b/s、250b/s、500b/s<br>(4) 触发方式——支持位选通、轮询、多点轮询，一般为轮询<br>(5) 连接方式——UCMM、Group2、Group3<br>(6) 连接状态——无法设置，ON 为连接正常，OFF 为连接异常<br>(7) 输入长度——控制器与 DeviceNet 从站通信的输入长度；输出长度；控制器与 DeviceNet 从站通信的输出长度 |
| 3. 重新启动后，再次进入该界面查看连接状态，连接成功后则连接状态改为 ON | |

注：8 个文件输入长度或输出长度的总和不能超过 62，否则会出现连接几分钟后连接断开的情况。当每个文件或 8 个文件的输入长度或输出长度的总和大于 62 后，退出后会有提示信息“4012：DeviceNet 输入或输出字节总和大于 62”。此时之前的 8 个文件新配置的值不生效，不会存入文件，系统默认还是之前的存储值。

### 4.7.2 串口

1. 串口通信配置

机器人串口通信配置的操作步骤如表 4-15 所示。

2. 串口通信检验

串口协议总长度 20BYTE。命令码(0X01)＋数据包号(0X01)＋数据长度(0X10)＋数据(16B)＋和检验(1B)。其串口通信检验表如表 4-16 所示。

**表 4-15　串口通信配置操作步骤**

| 步　　骤 | 说　　明 |
|---|---|
| 1. 路径 | 主菜单→系统参数→通信配置→串口 |
| 2. 进入串口配置界面，根据与外界的通信配置，配置各项参数，配置成功后需要重新启动 | 参数含义：<br>(1) 使能状态——使能为 ON，该界面配置的串口进行连接、通信；使能为 OFF，配置的串口不进行连接<br>(2) 串口 ID——串口的 ID，COM1 和 COM2 两个 ID<br>(3) 波特率——与串口的通信速度，支持 4800b/s、9600b/s、19200b/s、38400b/s<br>(4) 长度——单位是字节，在 1～64 范围内任意设置<br>(5) 连接状态——连接状态无法设置，ON 为连接正常，OFF 为连接异常 |

**表 4-16　串口通信检验**

| 命令码 | 数据包号 | 数据长度 | 数据 | 和检验 |
|---|---|---|---|---|
| 0X01 | 0X01 | 0X10 | 16B | 1B |

注：和检验为前 19B 求和。

机器人与设备相互收发数据检测操作如下：

(1) 配置完成后需要重新启动机器人控制柜，重新启动后需要对于其连接设备进行配置。

(2) 新松机器人串口通信的串口默认配置：

① 波特率——19200；

② 校验位——N；

③ 数据位——8；

④ 停止位——1。

如果想要修改，那么只能通过软件工程师进行重新写入，所以在进行串口通信与电气人员进行沟通的时候，要确认以上数据是否一致。

**注**：由于西门子 PLC 串口通信最高波特率为 9600b/s，所以如果是西门子 PLC 与新松工业机器人进行通信的时候，需要改机器人的串口通信波特率。新松机器人串口调试软件界面如图 4-1 所示。

通过观察串口调试助手与外设串口收发协议发送和接收数据，检查通信是否正常。

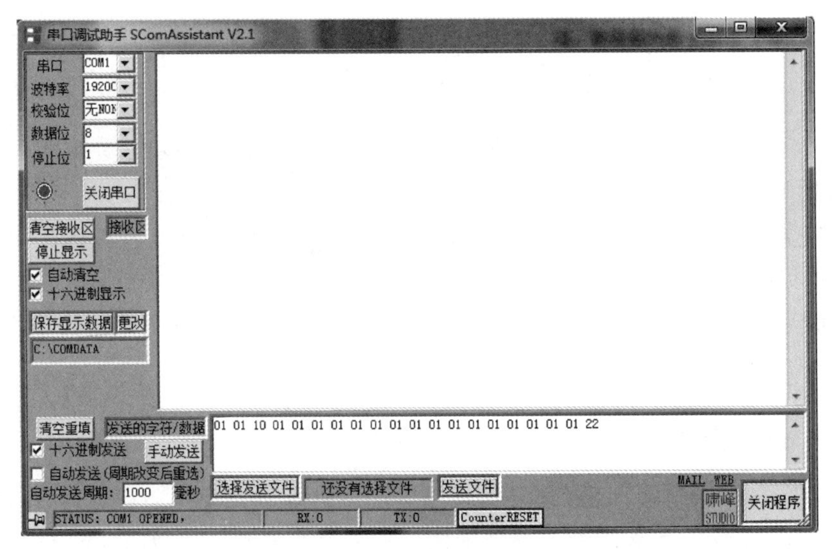


图 4-1 串口调试软件界面

## 4.8 零位

机器人零位是机器人操作模型的初始位置。当零位不正确时，机器人不能正确运动。在下列情况下必须再次进行零位校准。

(1) 改变机器人与控制柜的组合后；

(2) 存储内存被删除后；

(3) 驱动器码盘报警清零后；

(4) 拆装、更换电机、减速机、机械传动部件后；

(5) 当机器人发生碰撞后；

(6) 其他需要校零的时候。

零位校准有两种方法：校零和零位设定。零位姿态为各轴关节值为 0 的姿态，零位校准实际上是校准系统默认的零位姿态与机器人实际的零位姿态。校零姿态指的是在执行校零动作时机器人应该处于的姿态。对于 SR35、SR50、SR80、SR120、SR165、SR210 系列机器人，零位姿态与校零姿态重合；对于 SR6、SR10 系列机器人，零位姿态和校零姿态的 5 轴位置不同，校零姿态 5 轴为 $-90°$(关节值为 $-90$)，垂直向下位置。

| 本体号 | |
|---|---|
| 控制柜号 | |
| 零位码盘数值 | |
| 1轴 | |
| 2轴 | |
| 3轴 | |
| 4轴 | |
| 5轴 | |
| 6轴 | |

图 4-2 零位码盘标签

对于新松机器人的校零姿态，出厂前设置有零位标签，将各轴运动到零位标签对齐的位置，即为校零姿态。出厂的工业机器人已经经过零位校准，且提供零位码盘标签。零位码盘标签贴于控制门的内侧。零位码盘标签的格式如图 4-2 所示。

零位设定时需要使用零位码盘数值，零位码盘数值与本体相对应,在控制柜内记录。

### 4.8.1 零位校准方法选择

由于改变机器人与控制柜的组合或存储内存被删除后的零位校准,宜采用零位设定的方法,校准的零位与原零位理论上没有偏差。

由于驱动器码盘报警清零造成的零位校准,需要采用零位设定与零位标签相结合的方法进行零位校准。校准的零位与原零位理论上没有偏差。

由于拆装、更换电机、减速机、机械传动部件造成的零位校准,只能采用校零的方法进行零位校准。校准的零位与原零位有少许偏差。

### 4.8.2 零位标定

在进行校零时,用户等级不能低于高级用户,伺服驱动器为下电状态。拆装、更换电机、减速机、机械传动部件后,需要在当前位置执行一次校零,校零操作如下：移动机器人到校零姿态,寻找零位标签,将零位标签对齐。

**注**：对于 SR6、SR10 系列机器人,移动 4 轴前需要确定旋转 4 轴的方向,4 轴应该向"使零位标签对齐且旋转角度不超过 180°"的方向旋转。零位标定操作步骤如表 4-17 所示。

表 4-17 零位标定操作步骤

| 步　　骤 | 说　　明 |
|---|---|
| 1. 路径 | 主菜单→功能→设置→零位 |
| 2. 进入校零界面 | 示教 R1○ ◇J 单步 停止<br>工具:1 用户:1<br>> 校零 使能 零位设定 返回 < |
| 3. 按"使能"键,将校零使能 | 示教 R1○ ◇J 单步 停止<br>工具:1 用户:1<br>提示9023 零位初始化使能<br>> 校零 使能 零位设定 返回 < |

续表

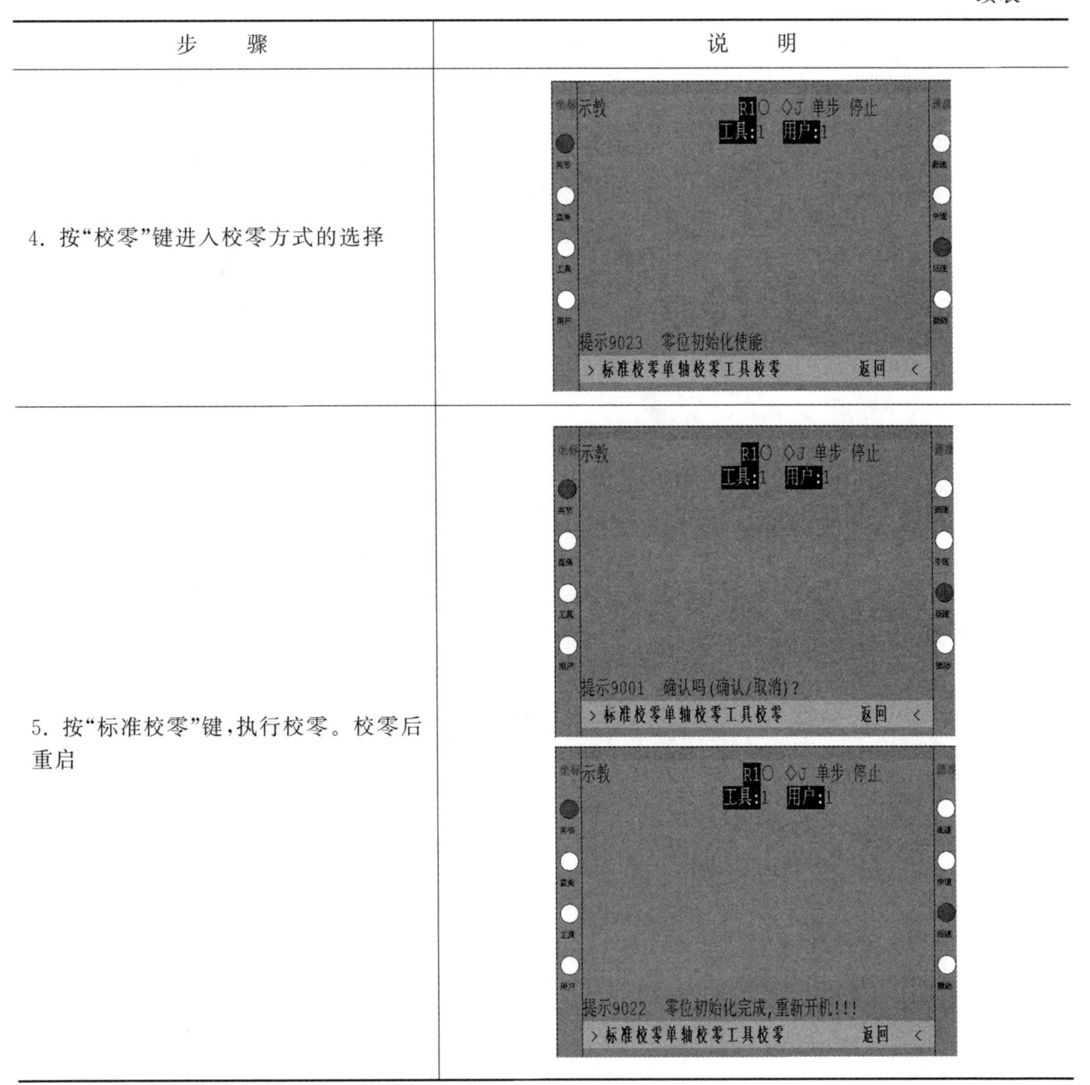

| 步骤 | 说明 |
| --- | --- |
| 4. 按“校零”键进入校零方式的选择 | 示教 R1 ◇J 单步 停止<br>工具:1 用户:1<br>提示9023 零位初始化使能<br>>标准校零单轴校零工具校零 返回 < |
| 5. 按“标准校零”键，执行校零。校零后重启 | 示教 R1 ◇J 单步 停止<br>工具:1 用户:1<br>提示9001 确认吗(确认/取消)?<br>>标准校零单轴校零工具校零 返回 <<br>示教 R1 ◇J 单步 停止<br>工具:1 用户:1<br>提示9022 零位初始化完成，重新开机!!!<br>>标准校零单轴校零工具校零 返回 < |

校零后重新开机，检查机器人的当前关节值，对于SR35、SR50、SR80、SR120、SR165、SR210系列机器人，各轴关节值应该为0；对于SR6、SR10系列机器人，5轴关节值为−90，其余各轴关节值为0。如果不是上述数值，则说明校零未成功，需要重新校零，在校零姿态重新按步骤1～5执行一次校零动作。

重新开机后进入零位设定，记录下零位码盘值，方便下次进行零位设定，按“取消”键退出。记录的零位码盘值可以在零位标签上记录。

### 4.8.3 单轴校零

由于机器人部分结构采用的是随动结构，所以在单轴校零的时候要按从小到大的顺序单轴校零，例如，需要对4轴、5轴、6轴进行单轴校零，则需先对4轴单轴校零，再对5轴进行校零，最后对6轴进行校零，不按照从小到大的顺序单轴校零，可能造成零位不准。单轴校零的操作步骤如表4-18所示。

**表 4-18 单轴校零操作步骤**

| 步　　骤 | 说　　明 |
|---|---|
| 1. 路径 | 主菜单→功能→设置→零位 |
| 2. 进入校零界面 | |
| 3. 按"使能"键，将校零使能 | 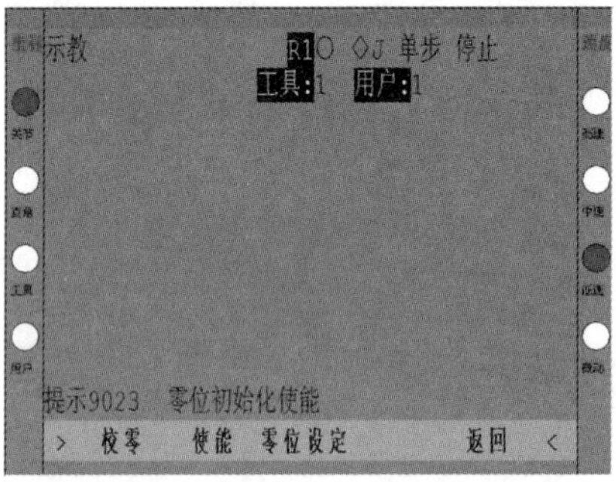 |
| 4. 按"校零"键，进行校零方式的选择 | 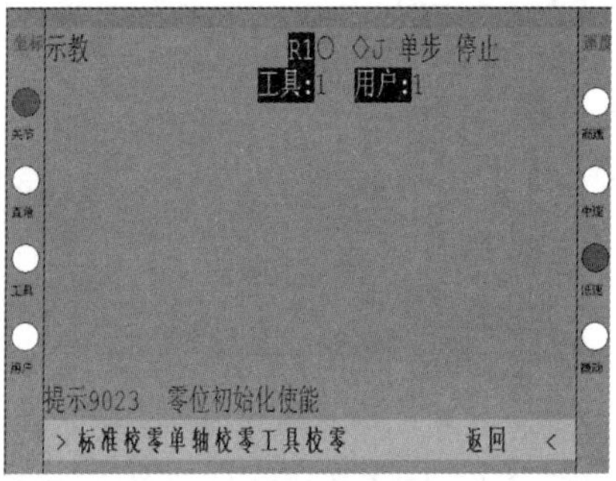 |
| 5. 按"单轴校零"键，选择要校零的轴，输入 1，按"确认"键后按"退出"键(可多选)。校零后重启 | 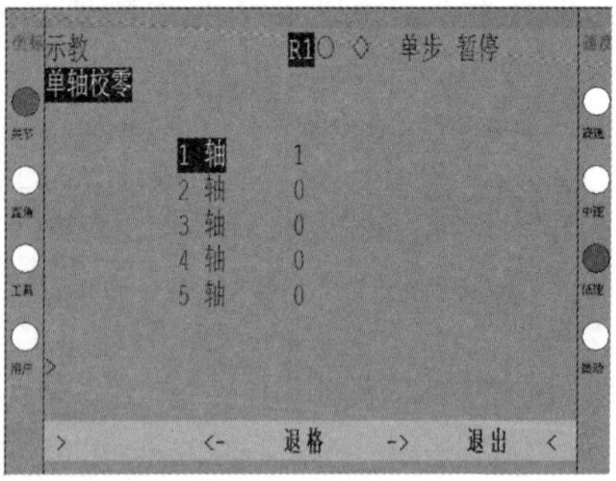 |

续表

| 步　　骤 | 说　　明 |
| --- | --- |
| 5. 按“单轴校零”键，选择要校零的轴，输入 1，按“确认”键后按“退出”键（可多选）。校零后重启 | 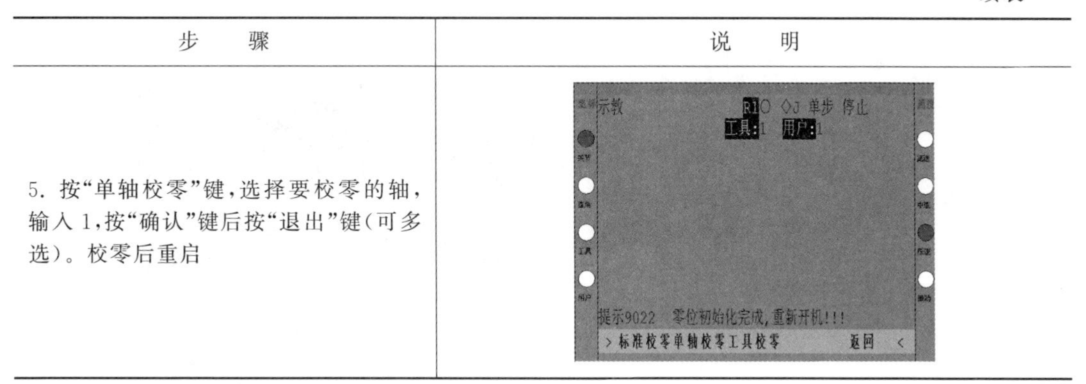 |

校零后重新开机，检查机器人的当前关节值，对于 SR35、SR50、SR80、SR120、SR165、SR210 系列机器人，各轴关节值应该为 0；对于 SR6、SR10 系列机器人，5 轴关节值为 −90，其余各轴关节值为 0。如果不是上述数值，则说明校零未成功，需要重新校零，在校零姿态重新按步骤 1～5 执行一次校零动作。

重新开机后进入零位设定，记录下零位码盘值，方便下次进行零位设定，按“取消”键退出。记录的零位码盘值可以在零位标签上记录。

### 4.8.4 零位设定

零位设定需要已经之前记录的零位码盘数值，请在控制柜门内侧寻找零位码盘标签。零位设定操作步骤如表 4-19 所示。

表 4-19 零位设定操作步骤

| 步　　骤 | 说　　明 |
| --- | --- |
| 1. 路径 | 主菜单→功能→设置→零位→零位设定 |
| 2. 进入界面 |  |
| 3. 对照零位码盘标签，输入各轴的记录值 |  |

续表

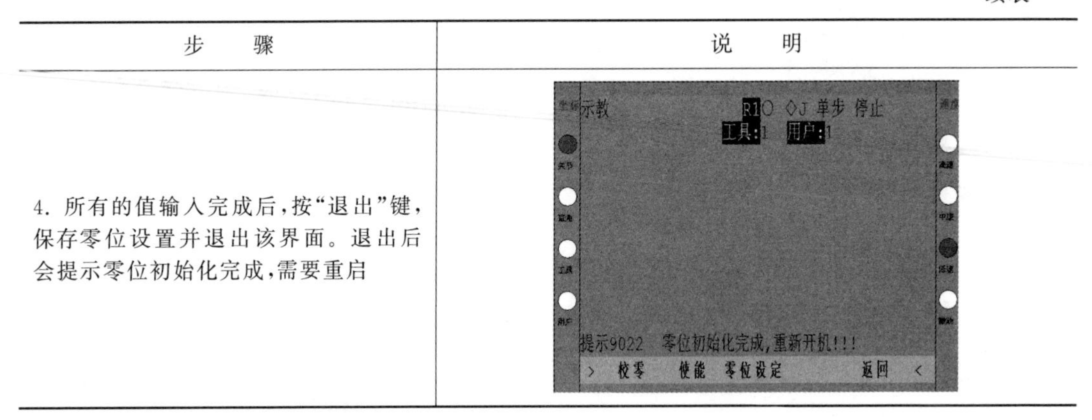

| 步　　骤 | 说　　明 |
| --- | --- |
| 4. 所有的值输入完成后，按“退出”键，保存零位设置并退出该界面。退出后会提示零位初始化完成，需要重启 | |



## 4.8.5 工具校零

首先将各轴销孔上的盖板拆下，安装各轴相应的校零块，使用机械校零块精确校零，使用校零块将6个轴的位置都对正后，下伺服电，按照清除驱动器报警AL10.0的方法操作清除各轴码盘圈数。清除各轴码盘圈数后，再进行校零操作，然后重启控制柜。控制柜重新启动后，进入零位设定界面，各轴零位码盘值为0～131 072，否则须重新清除码盘圈数和校零。数值满足要求后，在调试零位标签记录上记录各轴的零位码盘值。校零结束后将各轴销孔的盖板安装回原位置。如需各轴相应校零块的安装方法，请联系新松售后服务人员。因一些项目对机器人精度要求较高，校零方式须选用精度较高的激光跟踪仪。产品配置表中要求轨迹精度的机器人必须使用激光跟踪仪校零。激光跟踪仪校零前，须用机械校零工具对1轴精确校零，以用作激光跟踪仪校零时的参考点。如需要激光跟踪仪校零，请联系售后服务人员。

## 4.8.6 零位校准

造成驱动器码盘报警的原因可能为本体码盘电池没电、不正确地更换电池等，在这种情况下，需要结合零位标签、零位设定等多种方法，恢复机器人的原来零位。首先需要将机器人运行到各轴零位标签对齐的位置，按照下面的方法清除电机的码盘圈数。零位校准的操作步骤如表4-20所示。

**表4-20　零位校准操作步骤**

| 步　　骤 | 说　　明 |
| --- | --- |
| 1. 路径 | 主菜单→功能→诊断→(翻页)清除码盘 |
| 2. 选择需要清除的轴或全部，按“确认”键清除码盘值，并退出该界面。系统会提示码盘清除中，该过程需要等待一段时间 | 示教 R1 ◇J 单步 停止<br>选择需要清除的选项<br>全部<br>轴 1<br>轴 2<br>轴 3<br>轴 4<br>> 退出 < |

续表

| 步　　骤 | 说　　明 |
| --- | --- |
| 2. 选择需要清除的轴或全部,按“确认”键清除码盘值,并退出该界面。系统会提示码盘清除中,该过程需要等待一段时间 | 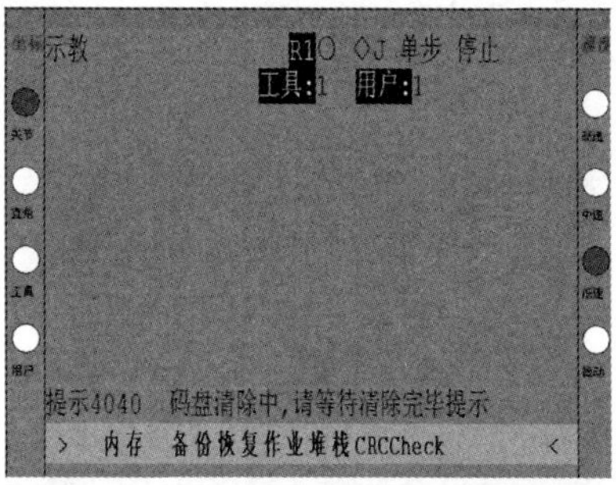 |
| 3. 清除完成后,系统提示清除完毕,需要重启 | 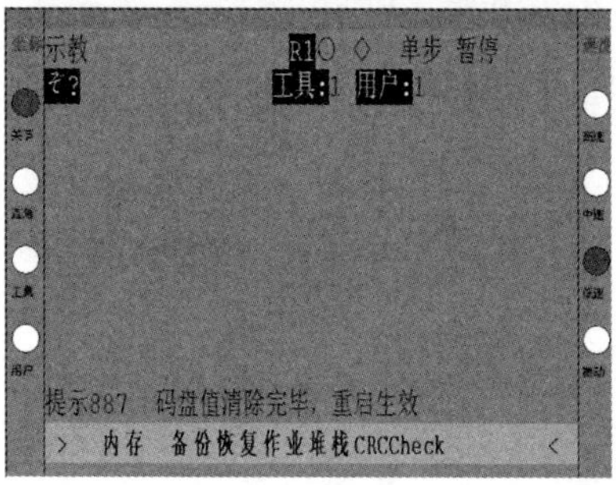 |
| 4. 码盘清除后重启控制柜,系统零位恢复 | |

# 4.9 原位

机器人原位是指机器人准备运行时所处的安全位置。原位可以设置到机器人运行范围中的任意一点,但要注意所设置的原位必须保证机器人与夹具和工件没有干涉。

## 4.9.1 原位标定

原位标定即将当前位置记录为原位。原位标定操作步骤如表 4-21 所示。

表 4-21　原位标定操作步骤

| 步　　骤 | 说　　明 |
| --- | --- |
| 1. 路径 | 主菜单→功能→设置→原位 |
| 2. 按“记录”键,原位被记录 | 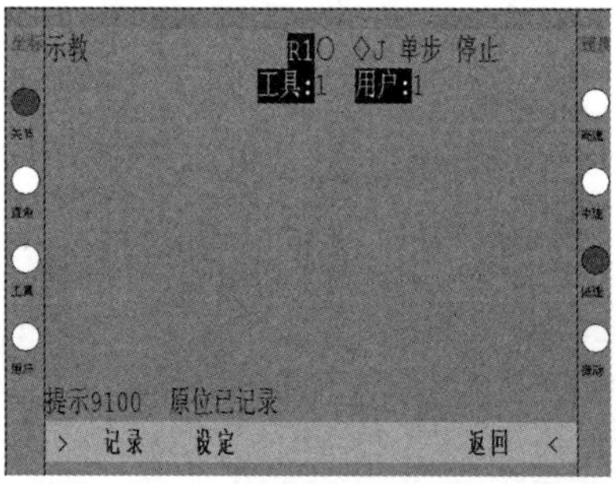 |

### 4.9.2 原位设定

原位设定操作步骤如表 4-22 所示。

**表 4-22 原位设定操作步骤**

| 步　骤 | 说　明 |
| --- | --- |
| 1. 路径 | 主菜单→功能→设置→原位 |
| 2. 按“设定”键，进入原位设定界面，将所需要的原位点的各轴关节值输入，退出后保存 | 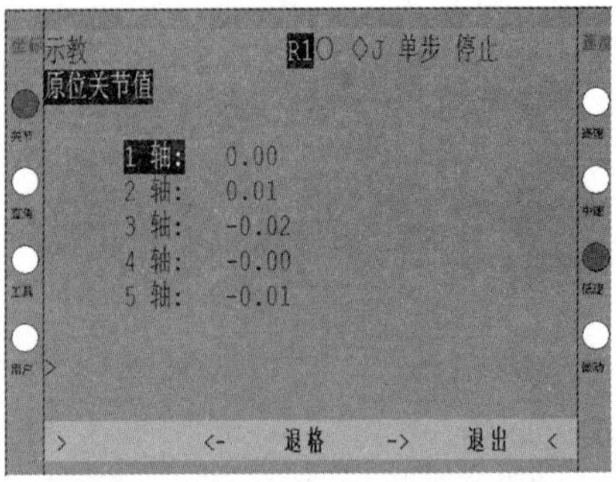 |
| 3. 分别输入所有轴的参数值，输入完成后，按“退出”键，退出该界面 | 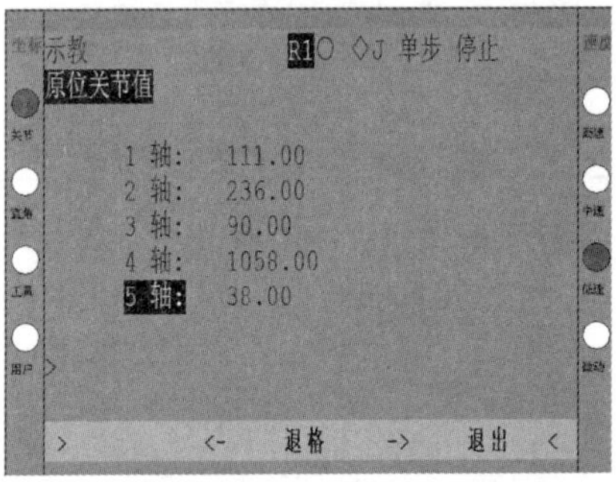 |
| 4. 系统会提示是否保存原位设置，按“确认”键保存原位设置 | 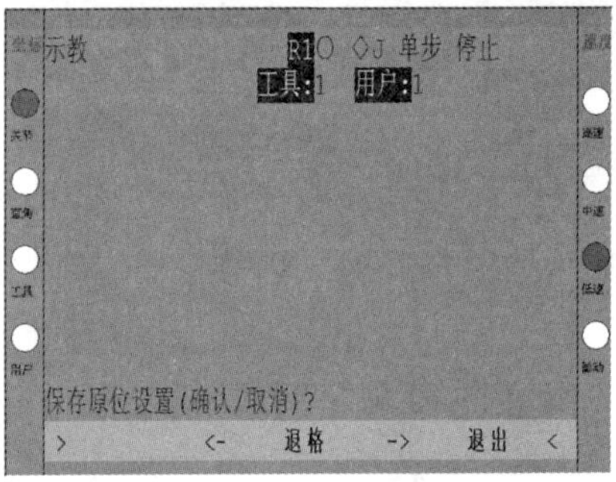 |

## 4.10 优先级

新松机器人的用户等级分 3 级：普通用户、高级用户、超级用户。系统第一次启动起来时默认为普通用户。越高级别的用户拥有的权限越高，对应的菜单项越多。

### 4.10.1　进入高级用户

进入高级用户的操作步骤如表 4-23 所示。

表 4-23　进入高级用户操作步骤

| 步　　骤 | 说　　明 |
|---|---|
| 1. 路径 | 主菜单→功能→设置→优先级 |
| 2. 信息提示行提示“请输入密码” | 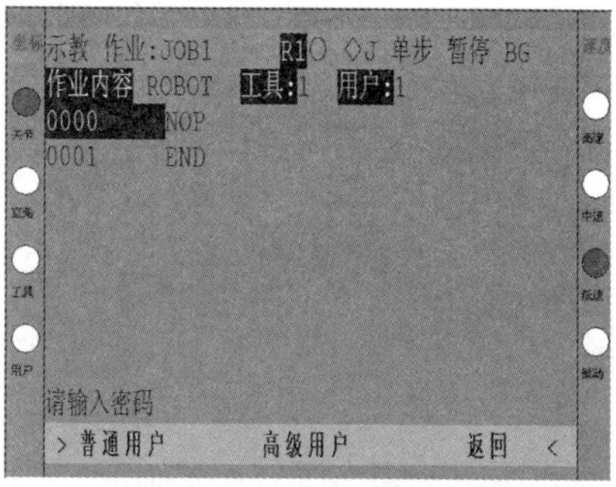 |
| 3. 输入口令 00001111，按“确认”键，选择高级用户权限 | 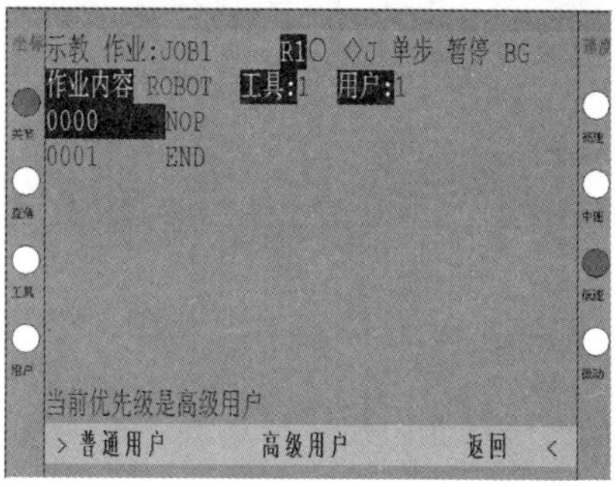 |

### 4.10.2　进入超级用户

进入超级用户前用户级别必须为高级用户。假如当前为高级用户，进入超级用户也要重复进入高级用户的操作。进入超级用户的操作步骤如表 4-24 所示。

表 4-24　进入超级用户操作步骤

| 步　　骤 | 说　　明 |
|---|---|
| 1. 路径 | 主菜单→功能→设置→优先级 |
| 2. 在信息提示行提示“当前优先级是高级用户”后，方可继续 | 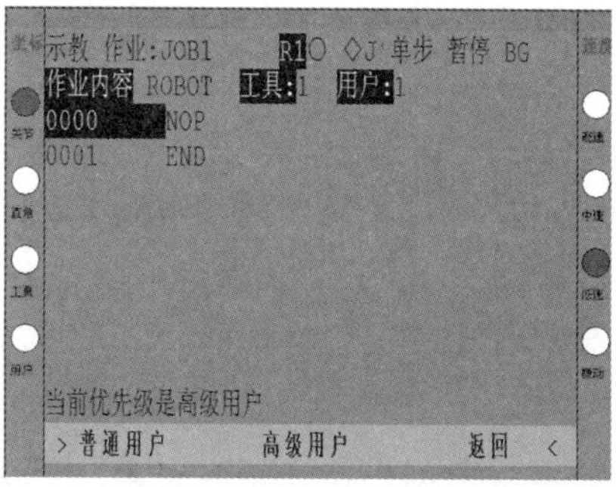 |

续表

| 步　　骤 | 说　　明 |
| --- | --- |
| 3. 按“<”键翻页，选择超级用户，提示“请输入密码” | 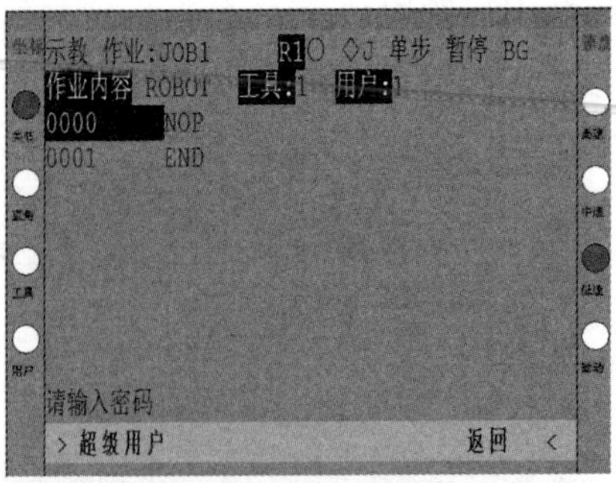 示教 作业:JOB1 R1○ ◇J 单步 暂停 BG<br>作业内容 ROBOT 工具:1 用户:1<br>0000 NOP<br>0001 END<br>请输入密码<br>> 超级用户 返回 < |
| 4. 输入口令 12341111，按“确认”键，进入超级用户权限 | 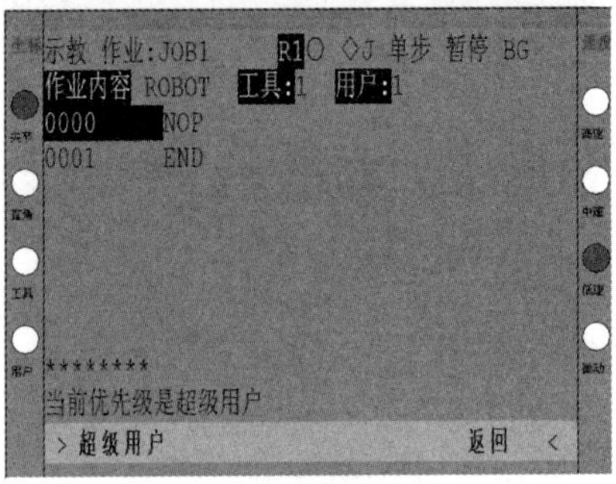 示教 作业:JOB1 R1○ ◇J 单步 暂停 BG<br>作业内容 ROBOT 工具:1 用户:1<br>0000 NOP<br>0001 END<br>********<br>当前优先级是超级用户<br>> 超级用户 返回 < |

### 4.10.3 进入普通用户

进入普通用户的操作步骤如表 4-25 所示。

**表 4-25　进入普通用户操作步骤**

| 步　　骤 | 说　　明 |
| --- | --- |
| 1. 路径 | 主菜单→功能→设置→优先级 |
| 2. 输入口令 00001111，按“确认”键，选择普通用户权限 | 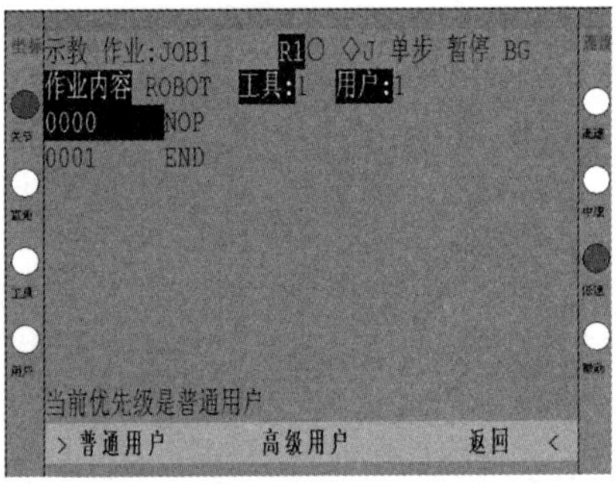 示教 作业:JOB1 R1○ ◇J 单步 暂停 BG<br>作业内容 ROBOT 工具:1 用户:1<br>0000 NOP<br>0001 END<br>当前优先级是普通用户<br>> 普通用户 高级用户 返回 < |

## 4.11 设置 IP

设置机器人 IP 的操作步骤如表 4-26 所示。

表 4-26　设置 IP 操作步骤

| 步　　骤 | 说　　明 |
| --- | --- |
| 1. 路径 | 主菜单→功能→设置→优先级 |
| 2. 进入设置 IP 界面，将正确的 IP 地址输入，完成输入后按“退出”键，退出该界面，再按“确认”键保存 IP 设置 | 示教 作业:JOB1 R1○ ◇J 单步 暂停<br>IP设置<br>IP: 192. 168. 3. 150<br>> <- 退格 -> 退出 <<br><br>示教 作业:JOB1 R1○ ◇J 单步 暂停<br>作业内容 ROBOT 工具:1 用户:1<br>0000 NOP<br>0001 END<br>保存IP设置(确认/取消)?<br>> <- 退格 -> 退出 < |

## 4.12　安全门

进入安全门设置界面的操作如表 4-27 所示。

表 4-27　安全门设置操作步骤

| 步　　骤 | 说　　明 |
| --- | --- |
| 1. 路径 | 主菜单→功能→设置→(翻页)安全门 |
| 2. 进入界面，可以输入有关控制安全门的参数，输入所需的参数后，按“退出”键保存该组参数后并退出该界面 | 示教 R1○ ◇J 单步 停止<br>安全门参数配置<br>延迟判断时间 260<br>驱动器报闸延时 5<br>位置脉冲偏差 9600<br>延时急停时间 20<br>> <- 退格 -> 退出 < |

# 4.13 I/O

## 4.13.1 I/O 设定

I/O 设定界面可查看输出信号并强制改变输出状态。I/O 设定操作步骤如表 4-28 所示。

**表 4-28 I/O 设定操作步骤**

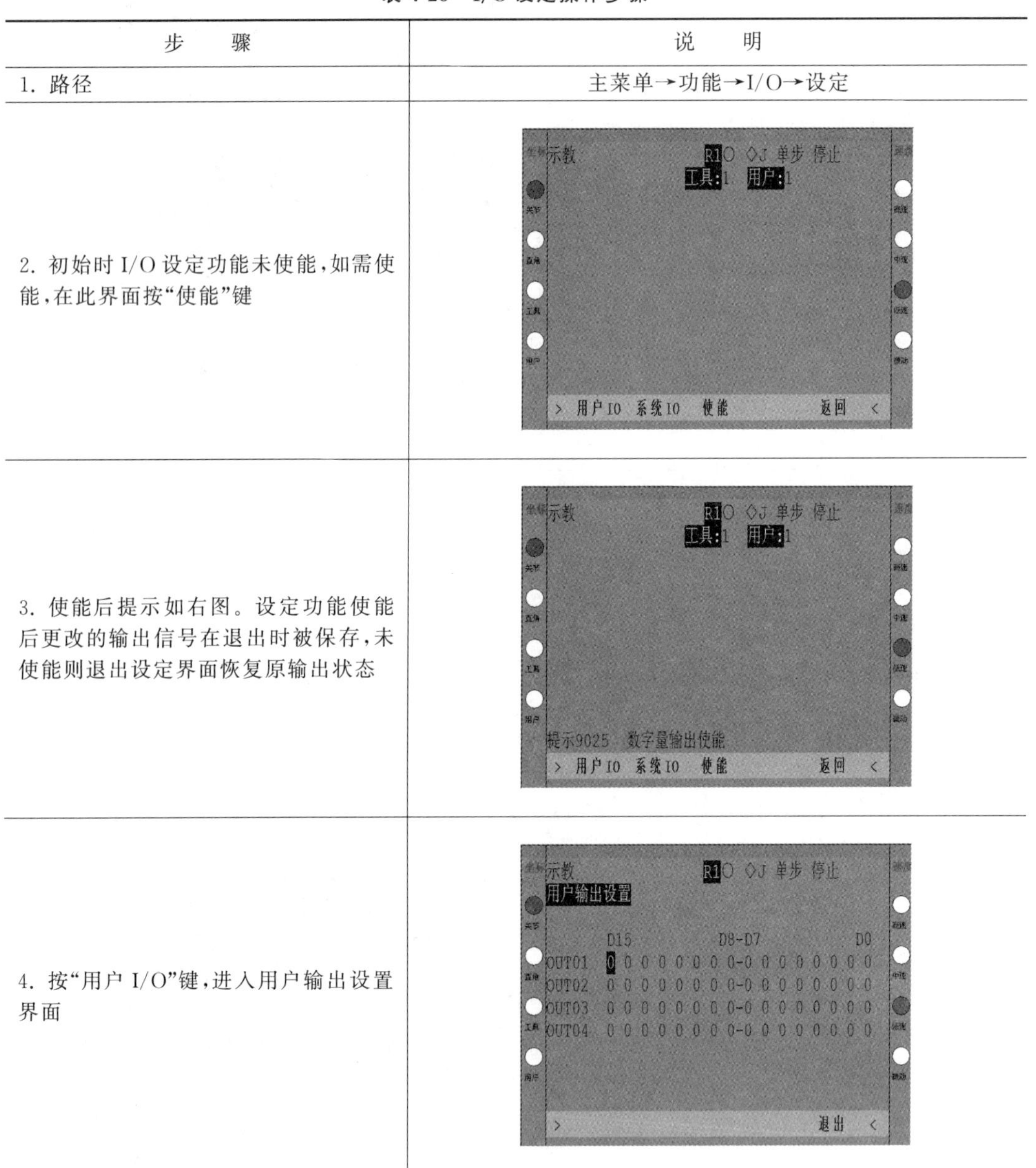

| 步 骤 | 说 明 |
| --- | --- |
| 1. 路径 | 主菜单→功能→I/O→设定 |
| 2. 初始时 I/O 设定功能未使能，如需使能，在此界面按“使能”键 | |
| 3. 使能后提示如右图。设定功能使能后更改的输出信号在退出时被保存，未使能则退出设定界面恢复原输出状态 | |
| 4. 按“用户 I/O”键，进入用户输出设置界面 | |

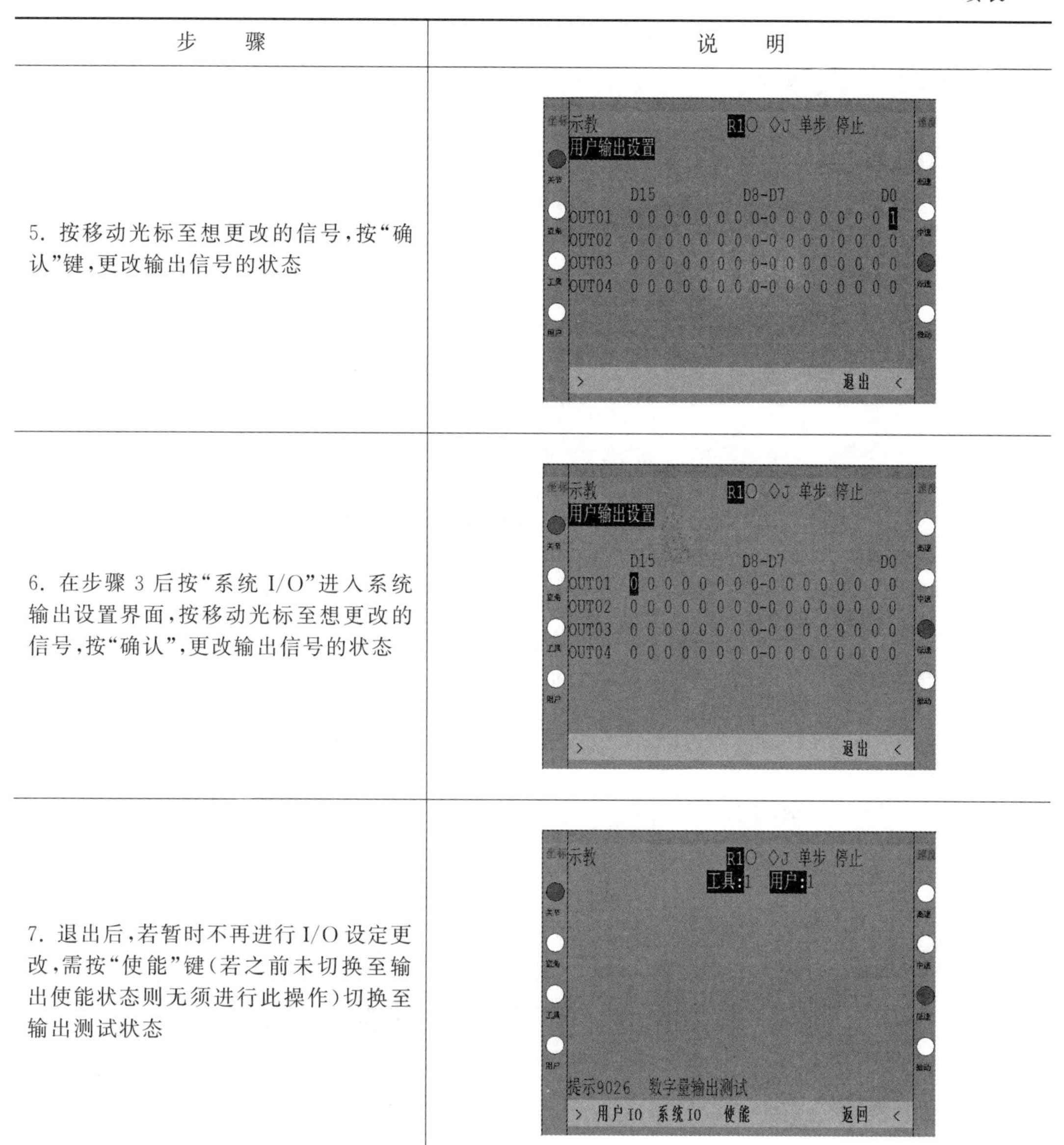

续表

| 步　　骤 | 说　　明 |
|---|---|
| 5. 按移动光标至想更改的信号，按“确认”键，更改输出信号的状态 | |
| 6. 在步骤 3 后按“系统 I/O”进入系统输出设置界面，按移动光标至想更改的信号，按“确认”，更改输出信号的状态 | |
| 7. 退出后，若暂时不再进行 I/O 设定更改，需按“使能”键（若之前未切换至输出使能状态则无须进行此操作）切换至输出测试状态 | |

### 4.13.2　远程 I/O

机器人自动运行过程不仅可以通过控制柜的按钮和示教盒按键实现，还可以通过外围设备控制实现。这就是控制器的远程功能。机器人控制柜上有远程/本地旋转开关，只有当旋转到远程时，远程功能才有效。处于远程模式时示教盒按键只有取消键有效，其他按键都无效。远程输入/输出默认配置在 1041～1056 这 16 位 I/O 上，用户也可以根据自己的需要进行重新配置。1041～1056 是 I/O 的 map 索引，不同的 map 索引指向不同的硬件地址。例如，外部启动默认是输入 1053(1053 是系统 I/O 接口板的一个接口的 Map 索引)，如果用户需要输入 10(10 是用户 I/O 接口板的一个接口的 Map 索引)为外部启动信号时，可以进入远程输入界面，将外部启动信号改为 10，退出界面后，系统检测到 1053 的上升沿，不再进行启动程序的处理，而是在检测信号 10 的上升沿后，才进行启动程序处理；用户可以对信号 1053 进行其他功能的处理，系统不再使用。配置远程 I/O 需要高级用户权限。

**注**：配置到远程功能上的 I/O 被看成系统 I/O，禁止用户在示教程序中操作，禁止配置到组 I/O 中。如果用户进行了以上操作，那么在程序执行时将报警。

### 4.13.3 远程 I/O 输入

远程 I/O 输入的操作步骤如表 4-29 所示。

表 4-29 远程 I/O 输入设置操作步骤

| 步　骤 | 说　明 |
| --- | --- |
| 1. 路径 | 主菜单→功能→I/O→远程 I/O→输入 |
| 2. 远程输入配置界面中的默认配置如右图所示 | 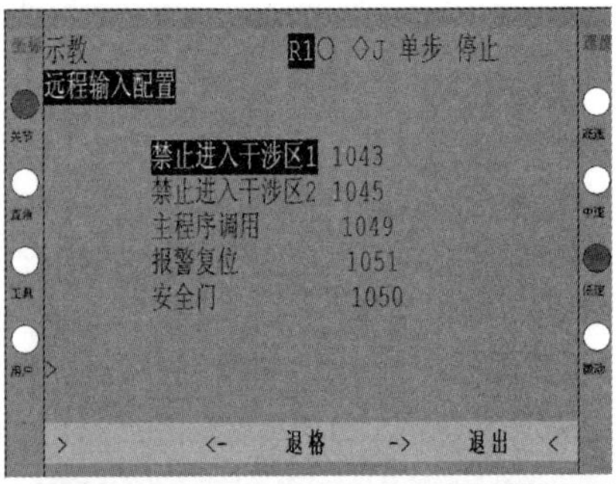 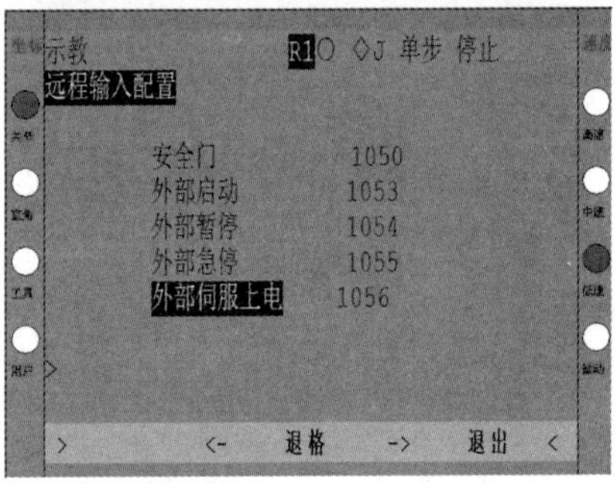 |
| 3. 项目调试初期部分远程输入信号包括：外部急停，外部暂停，安全门可能无法正常输入，需要屏蔽，否则机器人无法正常工作。移动光标至想要更改的输入项，通过数字键输入 1281，按“确认”键更改 | 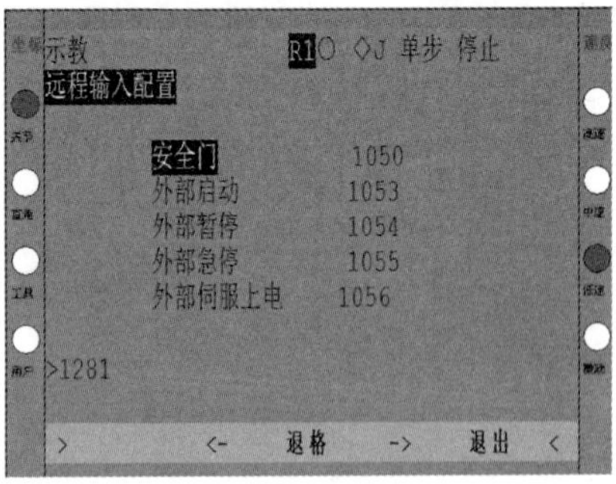 |

续表

| 步　　骤 | 说　　明 |
| --- | --- |
| 4. 更改后结果如右图所示，按“退出”键保存更改。1281 为软件预留的常一信号，用来屏蔽外部安全信号。远程输入信号可正常输入时需改为正确配置 | 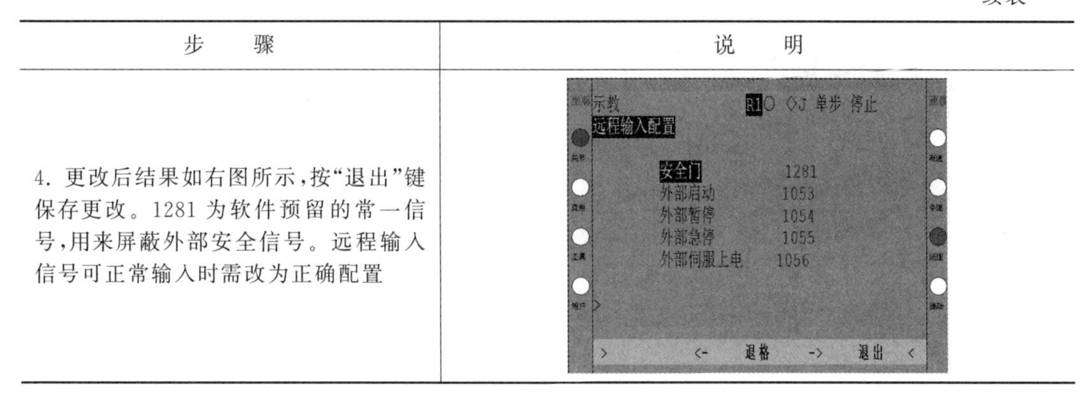 |

## 4.13.4　远程 I/O 输出

远程 I/O 输出设置操作步骤如表 4-30 所示。

**表 4-30　远程 I/O 输出设置操作步骤**

| 步　　骤 | 说　　明 |
| --- | --- |
| 1. 路径 | 主菜单→功能→I/O→远程 I/O→输出 |
| 2. 远程输出配置界面中的默认配置如右图所示，配置可按照实际需求更改，更改方式与远程输入配置相同 | 示教<br>R1O ◇J 单步 停止<br>远程输出配置<br>主作业打开确认 1041<br>急停中 1042<br>安全门 1043<br>在路径上 1044<br>原点位置1 1045<br>> <- 退格 -> 退出 <<br><br>示教<br>R1O ◇J 单步 停止<br>远程输出配置<br>原点位置1 1045<br>原点位置2 1046<br>报警中 1047<br>远程模式 1048<br>运行中 1049<br>> <- 退格 -> 退出 <<br><br>示教<br>R1O ◇J 单步 停止<br>远程输出配置<br>运行中 1049<br>伺服上电确认 1050<br>执行模式 1051<br>主作业执行中 1052<br>示教模式 1053<br>> <- 退格 -> 退出 < |

# 4.14 外部轴

新松机器人控制软件最多支持 6 个外部轴系统，每个外部轴的使用，都是基于外部轴系统的。每个使用的外部轴系统最少由一个外部轴节点、最多由 3 个外部轴节点组成，每个滑台外部轴系统只能包含一个外部轴节点，变位机外部轴系统可以包含 1～3 个外部轴节点。支持的最多外部轴数与机器人本体轴数有关，比如，机器人本体为 6 轴本体，则外部轴最多支持 12－6＝6 个；机器人本体为 4 轴本体，则外部轴最多支持 12－4＝8 个。需要解释的是，最多外部轴数＝12－本体轴数，但实际的外部轴数不一定配成最多数目，根据实际情况进行配置。

进入外部轴系统设置的步骤如表 4-31 所示。

**表 4-31　外部轴设置操作步骤**

| 步　　骤 | 说　　明 |
| --- | --- |
| 1. 路径 | 主菜单→功能→下一屏→外部轴 |
| 2. 界面如右图所示 | |

## 4.14.1 轴配置

进入轴配置的操作步骤如表 4-32 所示。

**表 4-32　轴配置操作步骤**

| 步　　骤 | 说　　明 |
| --- | --- |
| 1. 路径 | 主菜单→功能→下一屏→外部轴→轴配置 |
| 2. 界面如右图所示 | 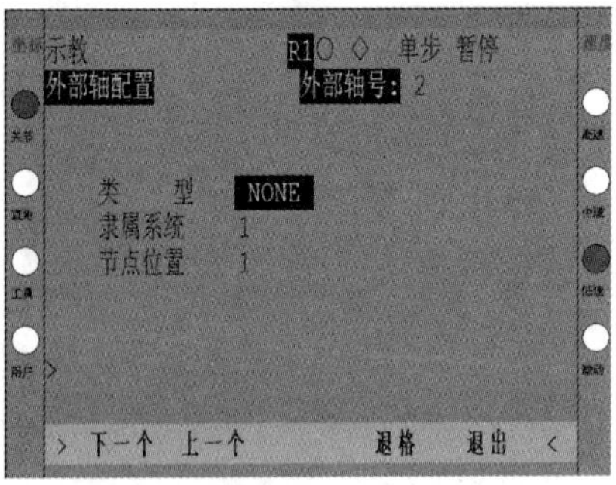 |

参数说明：

（1）外部轴号——从 1 开始编号，如果本体轴为 6 轴系统，则编号 1 代表第 7 轴的轴属性；如果本体轴为 4 轴系统，则编号 1 代表第 5 轴的轴属性；编号 2 以此类推。

（2）类型——外部轴分为 NONE、“滑台”和“变位机”3 种类型，类型配置成 NONE 时，意义为独立外部轴使用。按“确认键”进行三者之间的切换。

（3）隶属系统——需要区分外部轴系统和外部轴的概念，一个外部轴系统可以由一个或多个外部轴组成。该参数描述的是该外部轴属于哪个外部轴系统。需要注意的是，一个外部轴号不允许在多个外部轴系统内出现。

（4）节点位置——该外部轴在某外部轴系统中所处的连接位置。如果一个外部轴系统由多于一个外部轴组成，比如一个变位机的外部轴系统 2 由外部轴 4、5、6 组成，且轴的连接顺序为：外部轴 4 为该变位机系统的第 1 个轴，外部轴 5 为该变位机系统的第 2 个轴，外部轴 6 为该变位机系统的第 3 个轴，则外部轴 4 的“隶属系统”值为 2，“节点位置”值为 1；外部轴 5 的“隶属系统”值为 2，“节点位置”值为 2；外部轴 6 的“隶属系统”值为 2，“节点位置”值为 3。

### 4.14.2　系统配置

每个外部轴的使用，都是基于外部轴系统的，也就是说，在使用外部轴时，除了进行“轴配置”外，还需要进行系统配置，两者缺一不可。

### 4.14.3　系统属性

进入系统属性的操作步骤如表 4-33 所示。

**表 4-33　进入系统属性操作步骤**

| 步　　骤 | 说　　明 |
| --- | --- |
| 1. 路径 | 主菜单→功能→下一屏→外部轴→系统配置→系统属性 |
| 2. 界面如右图所示 | 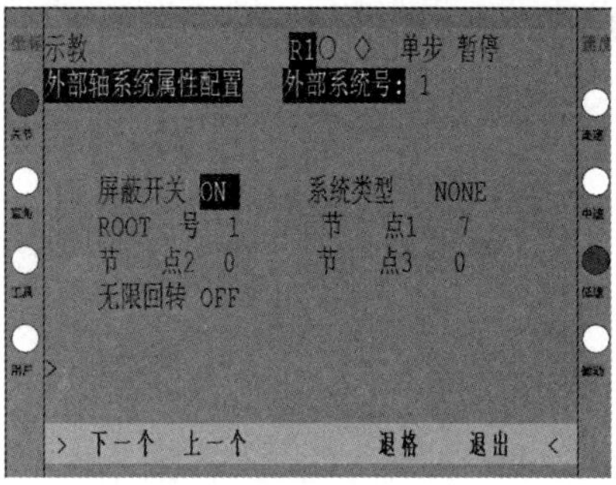 |

参数说明：

（1）外部系统号——从 1 开始编号，最多为 6 个外部轴系统。

（2）使能状态——开关作用。ON 表示使用该外部轴系统。OFF 表示禁止使用该外部轴系统。

（3）系统类型——外部轴系统分为 NONE、“滑台”和“变位机”3 种类型，按“确认”键进行三者之间的切换。

(4) ROOT 号——配置滑台或变位机系统时,需要对滑台或变位机进行标定。ROOT 号的值为标定滑台或标定变位机时使用的文件号。

(5) 节点 1——由于一个外部轴系统可能最多由 3 个外部轴节点组成,该值表示该外部轴系统处于节点 1 位置的轴号。节点 2、节点 3 的定义同节点 1。例如,一个变位机外部轴系统由轴 7 和轴 8 两个外部轴组成,则节点 1 的值为 7,节点 2 的值为 8。由于该外部轴系统只由 2 个轴组成,所以节点 3 的值为 0。

### 4.14.4 变换矩阵

该组值都是根据理论模型设置的,具体数值由专业人员来给出。进入变换矩阵的步骤如表 4-34 所示。

表 4-34 进入变换矩阵操作步骤

| 步 骤 | 说 明 |
| --- | --- |
| 1. 路径 | 主菜单→功能→下一屏→外部轴→系统配置→系统属性 |
| 2. 界面如右图所示 | 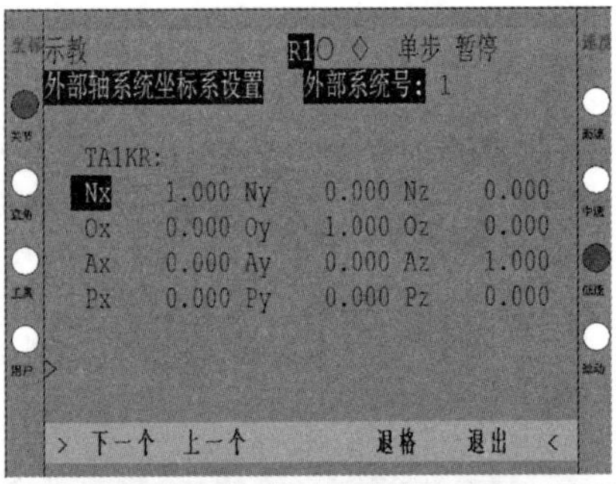 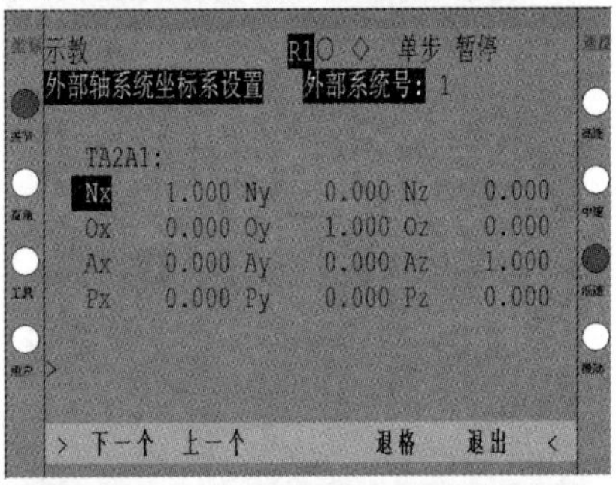 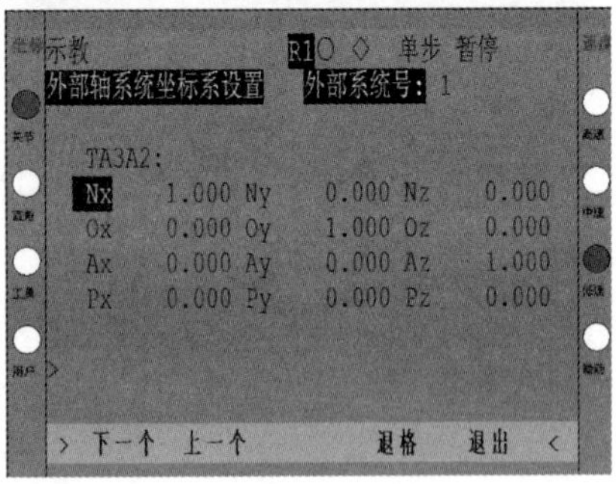 |

续表

| 步 骤 | 说 明 |
| --- | --- |
| 2. 界面如右图所示 | 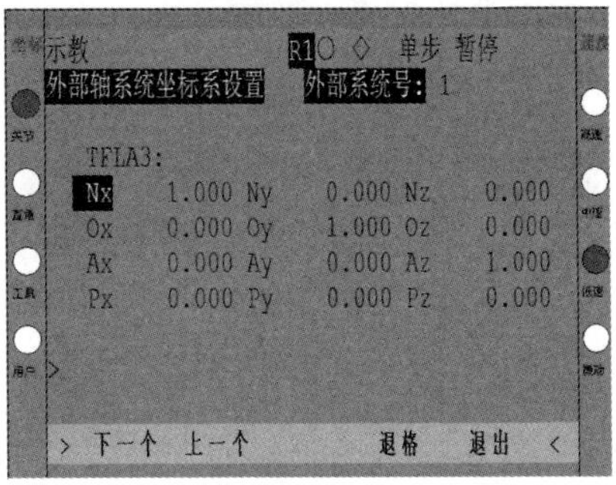 示教 R1○ ◇ 单步 暂停<br>外部轴系统坐标系设置 外部系统号: 1<br>TFLA3:<br>Nx 1.000 Ny 0.000 Nz 0.000<br>Ox 0.000 Oy 1.000 Oz 0.000<br>Ax 0.000 Ay 0.000 Az 1.000<br>Px 0.000 Py 0.000 Pz 0.000<br>> 下一个 上一个 退格 退出 < |

说明：

(1) 由于显示屏大小限制，默认为 TA1KR 设置，按导航键（↑ ↓ ← →），完成 TA1KR→TA2A1→TA3A2→TFLA3→TPINFL 的切换。

(2) TA1KR——外部轴系统 1 号节点轴相对于外部轴系统根节点坐标系位置和方向。

(3) TA2A1——外部轴系统 2 号节点轴相对于 1 号节点轴坐标系位置和方向。

(4) TA3A2——外部轴系统 3 号节点轴相对于 2 号节点轴坐标系位置和方向。

(5) TFLA3——外部轴系统的外部轴法兰中心相对于 3 号节点轴坐标系的位置和方向。

(6) TPINFL——外部轴系统法兰上的参考点相对于法兰中心坐标系的位置和方向。

## 4.15 变位机

### 4.15.1 变位机标定

进入变位机坐标标定的步骤如表 4-35 所示。

**表 4-35 变位机标定操作步骤**

| 步 骤 | 说 明 |
| --- | --- |
| 1. 路径 | 主菜单→功能→下一屏→外部轴→PostRoot→标定 |
| 2. 将工具中心点对准变位机上的参考点，按“确认”键标定第一个点，该点的状态随即切换至 ON。改变变位机角度，并使用直角坐标改变机器人 XYZ 坐标值（不可改变机器人的 Rx、Ry、Rz 坐标值），使工具中心点仍对准参考点，标定其余 4 点，按“退出”键，变位机被标定 | 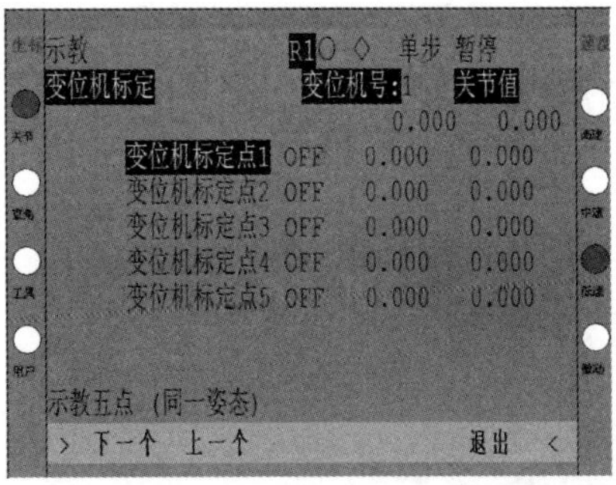 示教 R1○ ◇ 单步 暂停<br>变位机标定 变位机号: 1 关节值<br>0.000 0.000<br>变位机标定点1 OFF 0.000 0.000<br>变位机标定点2 OFF 0.000 0.000<br>变位机标定点3 OFF 0.000 0.000<br>变位机标定点4 OFF 0.000 0.000<br>变位机标定点5 OFF 0.000 0.000<br>示教五点（同一姿态）<br>> 下一个 上一个 退出 < |

### 4.15.2 变位机坐标设定

进入变位机坐标设定的步骤如表 4-36 所示。

表 4-36 变位机坐标设定操作步骤

| 步　　骤 | 说　　明 |
| --- | --- |
| 1. 路径 | 主菜单→功能→下一屏→外部轴→PostRoot→标定 |
| 2. 具体数值由专业人员给出，界面如右图所示 | 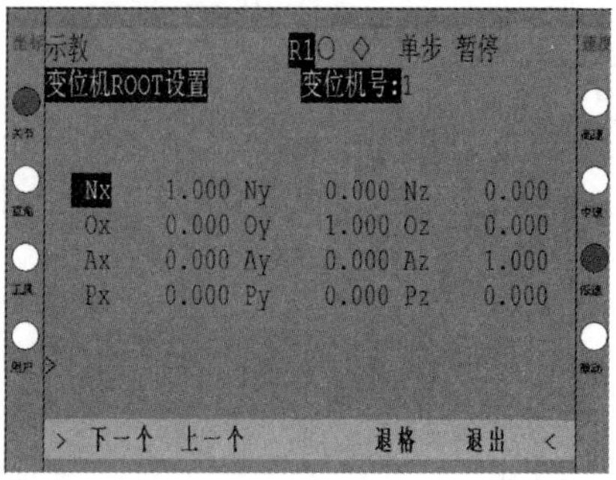 |

## 4.16 滑台

### 4.16.1 滑台标定

进入滑台标定的操作方法如表 4-37 所示。

表 4-37 滑台标定操作步骤

| 步　　骤 | 说　　明 |
| --- | --- |
| 1. 路径 | 主菜单→功能→下一屏→外部轴→LinRoot→标定 |
| 2. 将工具中心点对准滑台外部的参考点，按“确认”键标定第一点，该点的状态随即切换至 ON。改变变位机角度，并使用直角坐标改变机器人 *XYZ* 坐标值（不可改变机器人的 Rx、Ry、Rz 坐标值），使工具中心点仍对准参考点，标定其余 4 点，按“退出”键，滑台被标定 | 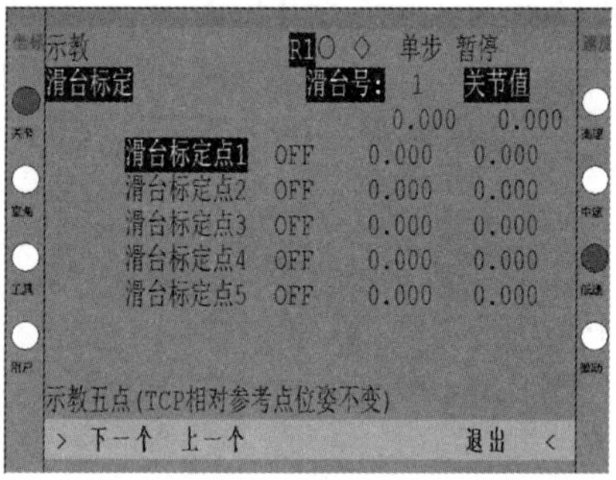 |

### 4.16.2 滑台坐标设定

进入滑台坐标设定的步骤如表 4-38 所示。

表 4-38　滑台坐标设定操作步骤

| 步　　骤 | 说　　明 |
|---|---|
| 1. 路径 | 菜单→功能→下一屏→外部轴→LinRoot→设定 |
| 2. 具体数值由专业人员来给出，界面如右图所示 | 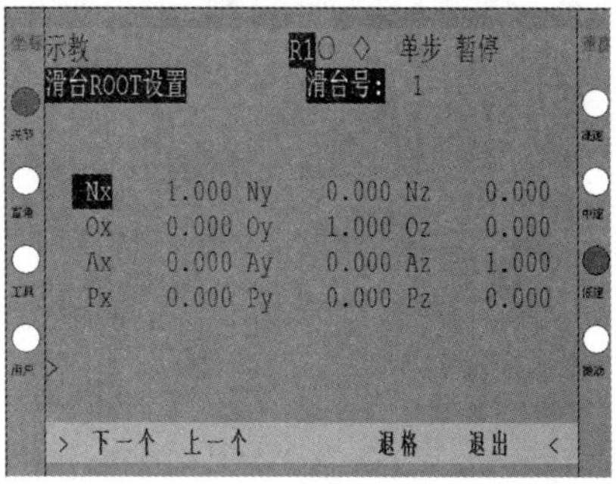 示教　R1 ◇ 单步 暂停<br>滑台ROOT设置　滑台号: 1<br>Nx 1.000 Ny 0.000 Nz 0.000<br>Ox 0.000 Oy 1.000 Oz 0.000<br>Ax 0.000 Ay 0.000 Az 1.000<br>Px 0.000 Py 0.000 Pz 0.000<br>> 下一个 上一个　退格 退出 < |

## 4.17　作业轴组

新建作业时，首先需要设置作业的轴组属性，通过示教盒上的“确认”键切换 ON/OFF 开关，Robot1 表示机器人本体 1，Robot2 表示机器人本体 2（暂时不支持，双机机器人使用），ExSys1 外部轴系统 1，ExSys6 外部轴系统 6。例如，建立 1 个本体和 3 个外部轴系统的作业配置如图 4-39 所示。配置好作业轴组后，按示教盒上的“退出”键，会自动进入新建作业菜单。输入作业名就可以新建作业了。

表 4-39　作业轴组操作步骤

| 步　　骤 | 说　　明 |
|---|---|
| 1. 路径 | 主菜单→作业→示教程序→新作业 |
| 2. 界面如右图所示。例如，建立 1 个本体和 3 个外部轴系统的作业配置如右图所示。配置好作业轴组后，按示教盒上的“退出”键，会自动进入新建作业菜单。输入作业名就可以新建作业了 | 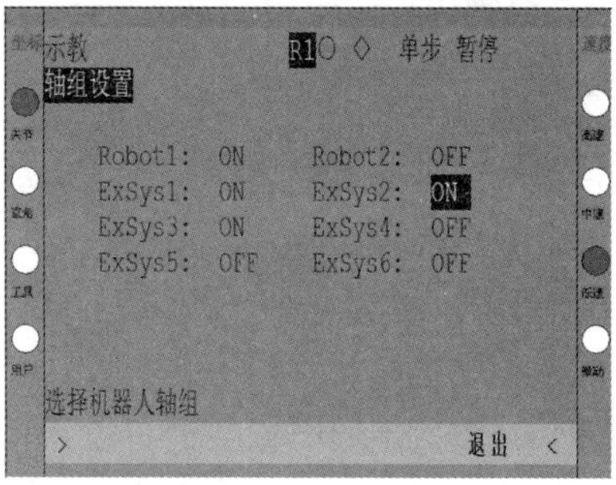 示教　R1 ◇ 单步 暂停<br>轴组设置<br>Robot1: ON　Robot2: OFF<br>ExSys1: ON　ExSys2: ON<br>ExSys3: ON　ExSys4: OFF<br>ExSys5: OFF　ExSys6: OFF<br>选择机器人轴组<br>>　退出 < |

## 4.18　机器人用户 I/O 配置校验任务

工业机器人编程工程师在操作机器人执行任务时，大多数情况需要知道机器人 I/O（信号输入/输出端口号）配置情况，只有知道了机器用户 I/O 的配置，才能在任务中调用，所以，机器人操作者在编写任务前，一般会先做好两件事：一是工具坐标系和用户坐标系的标定；二是机器人 I/O 接口的校验。正常情况下，机器人在出厂时会随说明书提供用户 I/O 的配置表。但是，很多情况下，我们会现场直接对机器人 I/O 接口配置进行校验。下面介绍具体的现场校验 I/O 接口的操作方法。本次任务以确定输出信号来控制宽型抓手地张开和夹紧两个状态来说明现场校验 I/O 接口的方法。

1. 开机

具体操作方法如下：

(1) 顺时针旋转控制柜上的电源开关。

(2) 等待开机完成的界面。

2. 切换模式

将机器人模式切换至示教模式。示教盒上按“模式”键，将机器人运动状态切换至示教模式。

3. 进入机器超级模式

具体操作方法如下：

(1) 在示教盒上依次按如下“功能”→“设置”→“优先级”键，在示教盒上输入高级用户密码(新松机器人的高级用户密码是 00001111)，按“确认”键，进入高级用户界面。

(2) 在示教盒上按“高级用户”键，示教盒上提示当前是高级用户。

(3) 在示教盒上按“<”→“超级用户”键，输入超级用户密码(新松工业机器人的超级用户密码是 12341111)，按“确认”键，进入超级用户界面，示教盒界面有提示信息“当前优先级是超级用户”。

4. 进入用户 I/O 接口界面

在示教盒上依次按“主菜单”→“功能”→I/O→“设定”→“用户 I/O”键，用户 I/O 接口界面。

5. 观察输出信号变化

示教盒上移动光标位置，光标所在位置按下示教盒上的“确认”键，光标所在位置会被强制输出 1；再次按“确认”键，光标所在位置会被强制输出 0，光标所在位置被置 1，这说明此用户 I/O 系统有输出，此时应该观察机器人输入或者输出信号是否有变化，比如手部工具是否有动作，或者听是否有继电器吸合的声音，如果有，则说明此接口接有输出设备，此时应记下用户输出号(D0-D1024)，在后续的程序编写时，必须调用此输出号。根据用户输出设备的不同，可能一个用户输出设备需要多个输出口配合，才能使输出设备有动作，比如本次使用校验的输出设备是二位五通电磁阀，需要 5 个用户输出口配合，才可以使设备有不同状态。机器人宽型抓手工具打开的状态如图 4-3 所示。通过观察，可以看出，当 D0、D2 置 1 时，机器人的宽型抓手是打开状态。

通过机器人宽型抓手状态，我们可以得出结论，即当 DO 和 D3 置 1 时，其他输出信号置 0 时，机器人宽型抓手是夹紧的。机器人手部宽型抓手夹紧的状态如图 4-4 所示。

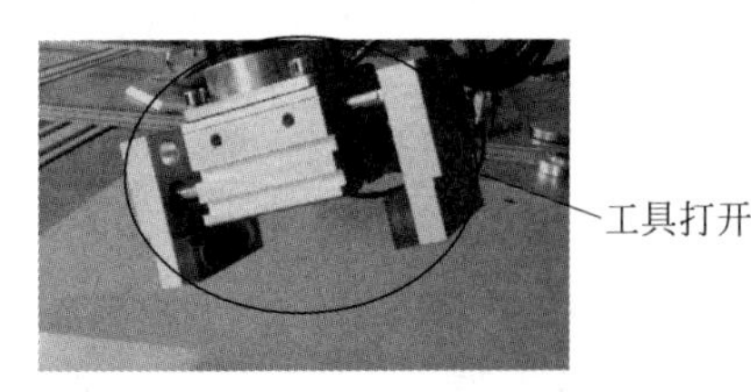


图 4-3 宽型手抓工具打开状态

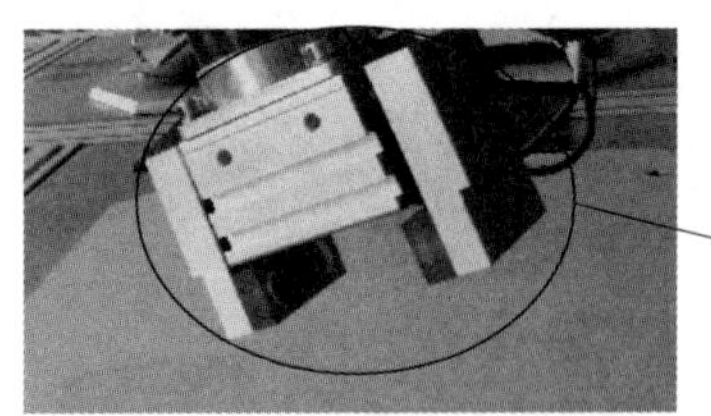


图 4-4 宽型手抓工具夹紧状态

## 4.19 用户I/O的接线任务

用户I/O供电为24V直流电。用户I/O正常工作前,必须接入用户电源的24V和0V。用户电源出厂时已接好。用户I/O接口板的外形布局如图4-5所示。

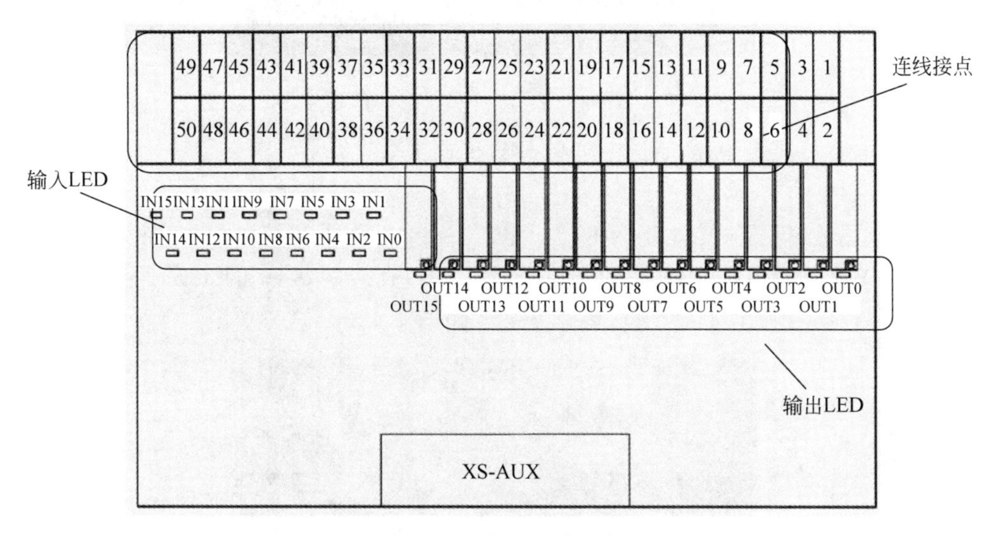


图4-5 用户I/O接口板

第9～24引脚为I/O输出点。用户I/O输出点输出的电压为0V用户电。

第31～46引脚为输入点。用户I/O输入点为低电平有效,即0V有效。

用户I/O接法示例如下。

1. 方案1

外部总控柜(如PLC)有独立供电,并且不改变机器人控制柜供电情况下的信号交互方案。方案1的用户I/O接法如图4-6所示。

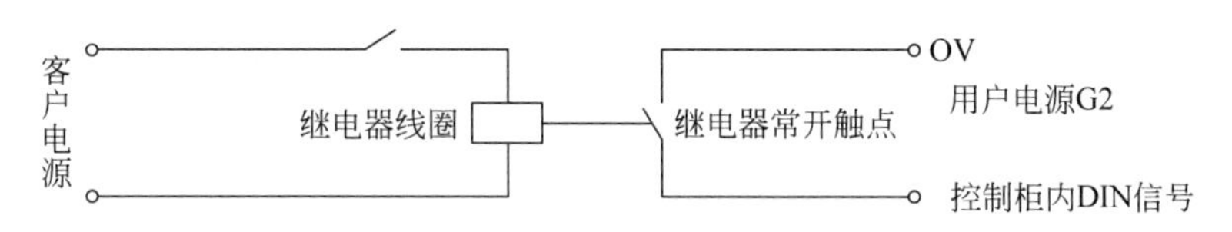


图4-6 用户I/O接法方案1

图4-6反映的是接入机器人控制柜的输入信号,如接机器人控制柜输出信号,则相反控制即可,即:用机器人控制柜控制继电器线圈,用户信号接继电器常开触点。

2. 方案2

舍弃机器人控制柜内的用户电源G2,改用用户电源统一供电。

(1) 将机器人控制柜柜门内侧下面的用户电源G2上的24V和0V断开,并用绝缘胶带包好,防止短接。用户I/O接法方案2如图4-7所示。

(2) 将电源(如PLC的供电电源)的24V和0V接入XT5端子排(位于用户I/O接口板右侧)的对应接口上,1或2孔位均可接24V,3或4孔位均可接0V。0V和24V严禁接

图 4-7　用户 I/O 接法方案 2

反,接反后通电将造成 I/O 板(AP2)损坏,导致输出失效,

3. 方案 3

无独立电源,用机器人控制柜内的用户电源 G2 给外围设备统一供电(注意,G2 电源负载能力为 150W)。在不改变控制柜供电布局情况下,直接从 XT5 的 1 或 2 孔位即可引出 24V,3 或 4 孔位即可引出 0V。用户接法方案 3 如图 4-8 所示。

图 4-8　用户 I/O 接法方案 3

## 4.20　DeviceNet 总线 I/O 配置任务

DeviceNet 配置包含两个方面配置:一个是硬件配置;另一个是软件配置(I/O 映射配置)目前支持 8 个 DeviceNet 从站,用户可以通过 PLC 对机器人的用户 I/O 进行通信。需要进入超级用户模式,才能进行软硬件配置。设置完毕后需重启系统,才能使配置生效。

1. 硬件连线

DeviceNet 总线 I/O 的机器人端接线接口为主板的 Can1 口,引脚定义如表 4-40 所示。

表 4-40　引脚定义

| CAN1 接口引脚号 | 引 脚 定 义 |
|---|---|
| 1 | CAN_H |
| 2 | CAN_L |
| 3 | CAN_0 |

RJ-45 连接器引脚如图 4-9 所示。

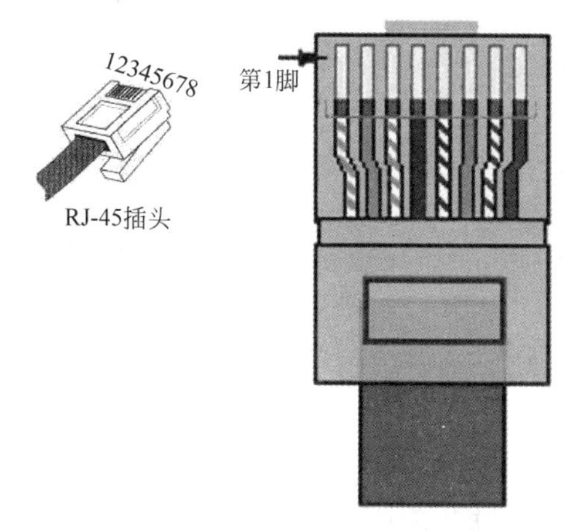


图 4-9 RJ-45 连接器引脚号说明

2. Device 硬件配置方法

在示教盒上的操作步骤如下。

1）进入串口界面

首先进入超级用户模式。对于串口界面，依次在示教盒上按“主菜单”→“用户”→“配置”→“外设”→DeviceNet→“从站”界面如图 4-10 所示。

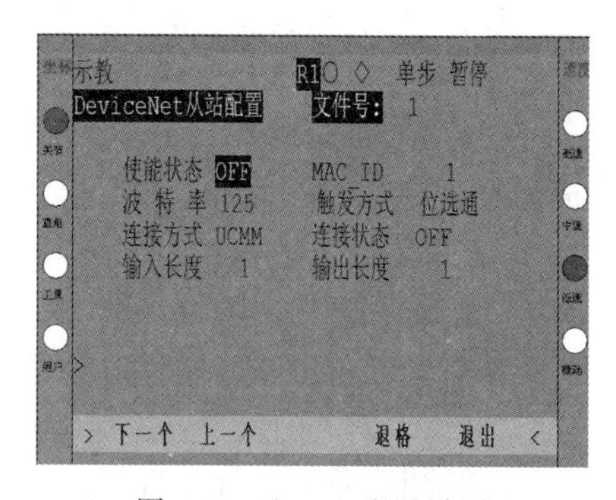


图 4-10 Device 配置界面

2）保存设置

在完成配置后，按“退出”键，保存配置并退出。

① 使能状态：使能为 ON，该界面配置的从站进行连接、通信；使能为 OFF，配置的从站不进行连接；

② MAC_ID：DeviceNet 从站的 ID，支持 1～64；

③ 波特率：与从站的通信速度，支持 125kb/s、250kb/s、500kb/s；

④ 触发方式：支持位选通、轮询、多点轮询，一般为轮询；

⑤ 连接方式：UCMM、Group2、Group3；

⑥ 连接状态：无法设置，ON 为连接正常，OFF 为连接异常；

⑦ 输入长度：控制器与 DeviceNet 从站通信的输入长度，单位为字节；

⑧ 输出长度：控制器与 DeviceNet 从站通信的输出长度，单位为字节。

3）确认 Device 配置是否配置成功

配置完成后需要重新启动机器人控制柜，重新启动后判断硬件是否连接成功的方法有两种：一种是查看主控板 Can1 口的指示灯是否闪烁，另一种是查看上述配置界面中的连接状态是否为 ON。如果配置后机器人硬件连接不成功，需要确认 MAC_ID 与从站的设置是否相符，波特率与从站的设置是否相符；尝试更改连接方式后重启看是否连接成功。

## 4.21 总线 I/O 映射任务

进入总线 I/O 映射操作步骤如下。

1. 进入总线 I/O 映射界面

在示教盒上依次按“主菜单”→“功能”→I/O→“映射”→“总线 I/O”→DevNet 键。进入总线 I/O 映射界面，如图 4-11 所示。

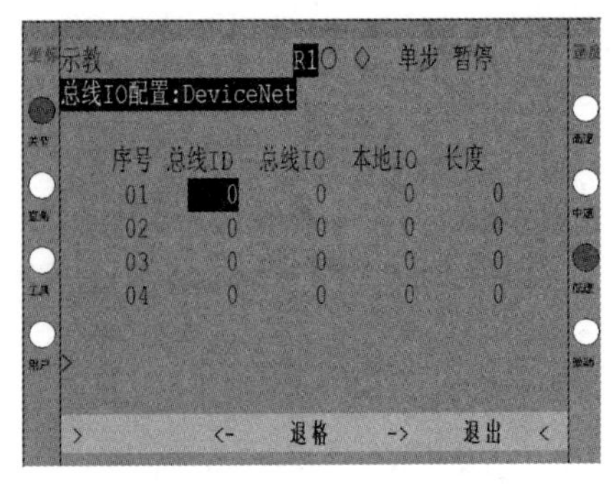


图 4-11 总线 I/O 映射界面

2. 保存设置

配置后，按“退出”键，保存配置并退出。

(1) 总线 ID：一个系统带多个相同类型的总线时，用于区分这些总线。一般硬件配置时已经设置好 ID 号。设置值与 MAC_ID 相同。

(2) 总线 I/O 组号：设置值是相同总线 ID 的子组号，总线 I/O 数组从该下标对应的数据开始映射到机器人的用户 I/O 数组中。若不需要配置，则可直接设为 0。

(3) 本地(机器人)I/O 组号：设置值时用户 I/O 数组的下标(16 位 I/O 为一组)。设置值范围为 2～63。

(4) 长度：以当前行设置的配置方式进行配置的长度，单位为“字”。

3. I/O 校验不通的处理方法

硬件连接成功后经过软件的映射配置，接下来需要进行机器人的总线 I/O 的输入/输出校验，测试机器人的输出对方通信端是否收到，与机器人通信的电气设备通信端的输出机器人是否收到。如果上面的测试不通，则尝试更改机器人 DeviceNet 配置界面中的触发方式、尝试更改对方通信端的信号处理方式(如整包读取、按位读取等)、尝试在机器人 DeviceNet 配置界面中缩短输入/输出长度。

## 4.22 串口总线 I/O 通信任务

串口通信的特点是数据位传送按位顺序进行，最少只需一根串口通信线即可完成。当现场机器人与 PLC 或其他控制设备通信的时候，对于成本控制较为严格，且对于传输速度要求不高，在数据并不是很多的时候，可以考虑使用串口通信。

1. 硬件连线

准备一根串口通信线，一端连接到机器人 COM1 口，一端连接到与机器人通信的设备 COM 口(如果没有配置应用，那么机器人只接收串口数据而不发送)。

2. 进入串口通信界面

在示教盒上依次按“主菜单”→“用户”→“用户配置”→“外设”→“串口”键，进入串口通信界面，如图 4-12 所示。

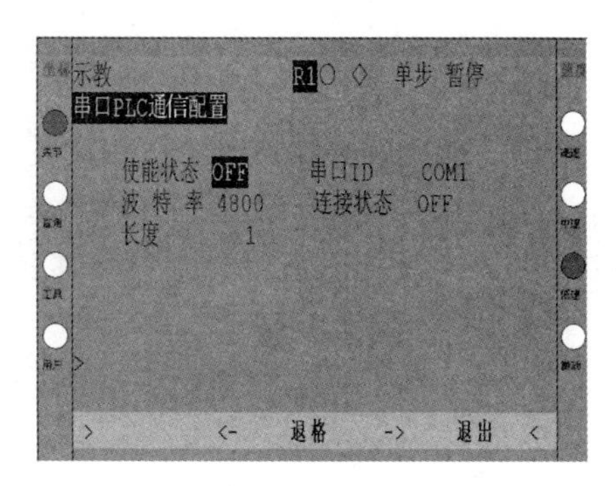


图 4-12　串口通信界面

参数说明：

(1) 使能状态——使能为 ON，该界面配置的串口进行连接、通信；使能为 OFF，配置的串口不进行连接。

(2) 串口 ID——串口的 ID，COM1 和 COM2 两个 ID。

(3) 波特率——与串口的通信速度，支持 4800b/s、9600b/s、19200b/s、38400b/s。

3. 确定通信状态

连接状态无法设置，ON 为连接正常，OFF 为连接异常。确定硬件是否连接成功。在“连接状态”一项中，若显示状态为 ON，则为连接成功；若状态为 OFF，则为连接异常，请重新检查硬件连接方式和波特率连接信息。

## 4.23　考核评价

要求：能清楚描述新松机器人常用 I/O 板的种类及适用范围，能通过示教盒熟练地配置新松机器人标准 I/O 板，并定义 I/O 信号，能通过示教盒熟练地调用 I/O 单元界面，并对 I/O 信号进行监控与操作，外接一个指示灯，要求能够使用示教盒对其进行强制“点亮”和“熄灭”；能够通过示教盒将机器人系统输入/输出与 I/O 信号进行关联，通过一个外部按钮将机器人的程序复位，即程序从程序 NOP 处执行；能用专业语言正确、顺畅地展示配置的基本步骤，思路清晰、有条理，并能提出一些新的建议。

第5章

# 工业机器人绘图任务

工业机器人是面向工业领域的多关节机械手或多自由度的机器装置，它能自动执行工作，它可以接受人类指挥，也可以按照预先编排的程序自动运行，现代的工业机器人还可以根据人工智能技术制定的原则纲领行动。本项目利用坐标系练习模块和写字绘图模块帮助初学者轻松入门，通过将绘画笔安装在机器人的法兰盘上来设定好相关的工具坐标系和用户坐标系。写字或者绘图非常考验坐标系的标定能力。可以通过在自己标定好的坐标系下运行来测试坐标系是否符合要求，然后通过机器人示教盒将相应字的点位保存，多次手动慢速运行机器人，确认无误后再自动运行。

**教学目标**

通过本项目的学习让学生了解新松机器人的工具坐标系的设定、用户坐标系的设定过程，并掌握设定的方法及意义。掌握各条运动指令的用法及其应用场合，熟练地掌握新松机器人的手动操作方法，通过示教盒正确地操作机器人，并对机器人进行示教。本项目内容为新松机器人基础知识及手动操作，会出现大量的点位示教环节，可以按照本项目介绍的操作方法同步操作，为后续编写复杂程序等打下坚实的基础。

## 5.1 示教前准备

### 5.1.1 模式选择

将控制柜上的钥匙开关选择到本地，防止操作过程中外围信号的输入引起机器人在操作者不知道的情况下进行误动作。按示教盒的“模式”键，选择示教模式，示教盒的状态行显示示教。在示教模式下可以示教位置点、编辑作业、添加指令和正向运动/反向运动验证作业。

### 5.1.2 确认急停键

急停是操作机器人时安全的重要保证。当伺服驱动器上动力电后，按下急停(控制柜或示教盒)后,伺服驱动器应该立刻下动力电,并且接触器动作断开,再次上电均正常。按下急停键后,机器人状态如表 5-1 所示。

**表 5-1　急停状态**

| 操作步骤 | 说　明 |
| --- | --- |
| 1 按示教盒上的上电按钮 | 给伺服驱动器上电,上电状态图标变为● |
| 2 按控制柜急停或示教盒急停 | 伺服驱动器下电,图标变为○ |
| 3 再按控制柜上的上电按钮 | 伺服驱动器能再次上电 |

### 5.1.3　手动速度选择

机器人默认的运动速度为低速。按下示教盒上的“速度+”键,每按一次该键,机器人运动的速度按如图 5-1 所示的顺序切换。

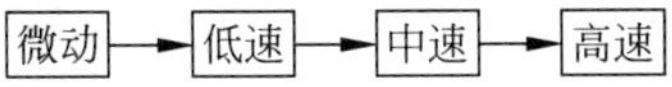

微动→低速→中速→高速

图 5-1　速度切换

按下示教盒上的“速度-”键,每按一次该键,机器人运动的速度按与“速度+”相反的顺序切换。

**注:**

(1) 切换至高速后再按“速度+”键,速度不再更改,切换至微动后再按“速度-”键,速度也不再更改。

(2) 当示教中的手动速度选项为 OFF 时,所设定的手动速度,除了示教时按轴操作键有效以外,正向运动/反向运动操作时也有效。

### 5.1.4　设立示教锁

在示教锁状态,工作模式只能是示教。不能尝试切换到执行模式。在示教前,为安全起见,用户应该设立示教锁。

1. 设置示教锁

设置示教锁操作步骤如表 5-2 所示。

**表 5-2　设置示教锁操作步骤**

| 步　骤 | 说　明 |
| --- | --- |
| 1. 路径 | 主菜单→功能→设置→(翻页)示教锁 |
| 2. 显示界面的左上角提示进入示教锁定状态,此时不能切换到执行模式 | 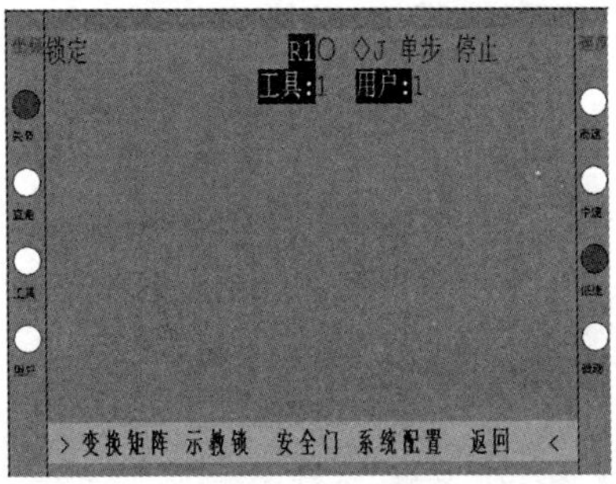 锁定　R1 ◇J 单步 停止　工具:1 用户:1　> 变换矩阵 示教锁 安全门 系统配置 返回 < |

2. 解除示教锁

解除示教锁操作步骤如表 5-3 所示。

**表 5-3 解除示教锁操作步骤**

| 步　　骤 | 说　　明 |
| --- | --- |
| 1. 路径 | 主菜单→功能→设置→(翻页)示教锁 |
| 2. 显示界面的左上角提示示教锁定解除,此时可以切换到执行模式 | 示教 R1 ◇J 单步 停止 工具:1 用户:1 变换矩阵 示教锁 安全门 系统配置 返回 |

## 5.2 运动指令

通常运动指令记录了位置数据、运动类型和运动速度。如果在示教期间不设定运动类型和运动速度,则默认使用上一次的设定值。位置数据记录的是机器人当前的位置信息,记录运动指令的同时,记录位置信息。运动类型指定了在执行时示教点之间的运动轨迹。机器人一般支持 3 种运动类型:关节运动(MOVJ)、直线运动(MOVL)、圆弧运动(MOVC)。运动速度指机器人以何种速度执行在示教点之间的运动。

### 5.2.1 关节运动类型

当机器人不需要以指定路径运动到当前示教点时,采用关节运动类型。关节运动类型对应的运动指令为 MOVJ。一般来说,为安全起见,程序起始点使用关节运动类型。关节运动类型的特点是速度最快、路径不可知,因此,一般此运动类型运用在空间点上,并且在自动运行程序之前,必须低速检查一遍,观察机器人实际运动轨迹是否与周围设备有干涉。

### 5.2.2 直线运动类型

当机器人需要通过直线路径运动到当前示教点时,采用直线运动类型。直线运动类型对应的运动指令为 MOVL。直线运动的起始点是前一运动指令的示教点,结束点是当前指令的示教点。对于直线运动,在运动过程中,机器人运动控制点走直线,夹具姿态自动改变如图 5-2 所示。

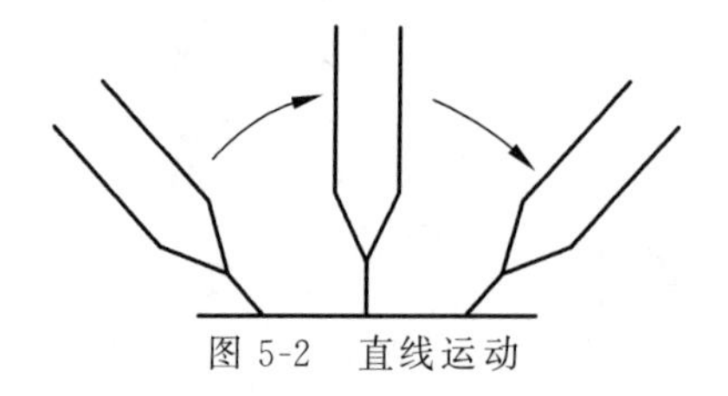

图 5-2　直线运动

### 5.2.3 圆弧运动类型

当机器人需要以圆弧路径运动到当前示教点时，采用圆弧运动类型。圆弧运动类型对应的运动指令为 MOVC。

1. 单个圆弧

3 个点确定唯一的圆弧，因此，圆弧运动时，需要示教 3 个圆弧运动点，即 P1～P3，如图 5-3 所示。

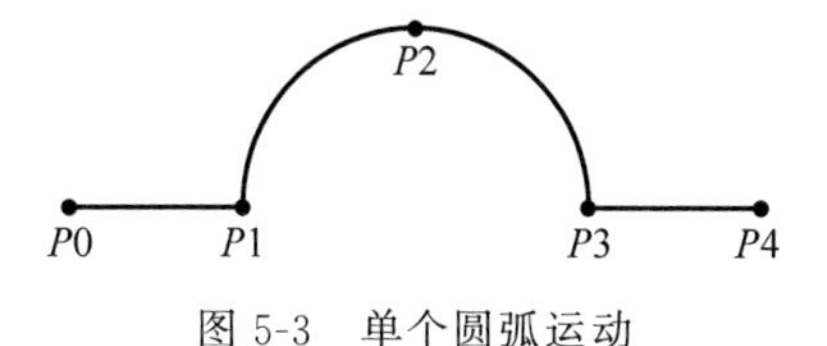

图 5-3 单个圆弧运动

指令如下：

```
NOP
MOVJ   VJ = 1                 //P0 点
MOVJ   VJ = 10                //P1(与圆弧运动起始点相同位置的示教点)
MOVC   VC = 100               //P1(由于示教点相同,该命令机器人不运动)
MOVC   VC = 100               //P2
MOVC   VC = 100               //P3
MOVJ   VJ = 10                //P3
MOVJ   VJ = 10                //P4
END
```

**注**：为了有利于圆弧运动的规划，通常在圆弧运动前后添加相同的示教点。如不添加相同示教点 $P1$，则 $P0$ 以直线运动形式运动到 $P1$。

2. 连续多个圆弧

(1) 当有连续多条 MOVC 指令时，机器人运行轨迹由 3 个连续的示教位置点进行规划获得。当程序中没有间隔点，其路径规划如图 5-4 所示。

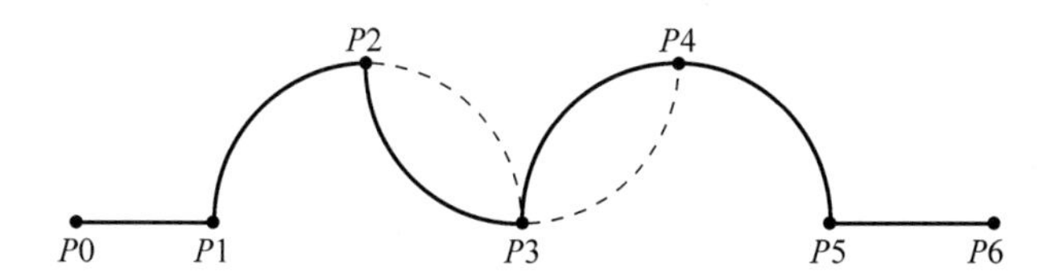

图 5-4 连续多个圆弧运动

指令如下：

```
NOP
MOVJ   VJ = 10                //P0
MOVC   VC = 100               //P1
MOVC   VC = 100               //P2
MOVC   VC = 100               //P3
MOVC   VC = 100               //P4
MOVC   VC = 100               //P5
MOVL   VL = 100               //P6
END
```

起始点 $P0$，因未添加相同示教点 $P1$，故机器人从 $P0$ 以直线运动形式运动到 $P1$。机器人从 $P1$ 点走到 $P2$ 点的轨迹由 $P1$、$P2$、$P3$ 3 个点共同规划获得。由于有连续多条 *MOVC* 轨迹，机器人从 $P2$ 点走到 $P3$ 点的轨迹重新规划，由 $P2$、$P3$、$P4$ 3 个点共同规划获得。机器人最终的运行轨迹如图 5-4 中的实线所示，虚线轨迹为规划过但未执行的轨迹。当需要连续且完整地进行多个圆弧运动时，两段圆弧运动必须由一个关节或直线运动点隔开，且第一段圆弧的终点和第二段圆弧的起点重合。

(2) 当程序中在圆弧运动中有间隔时点，其规划路径如图 5-5 所示。

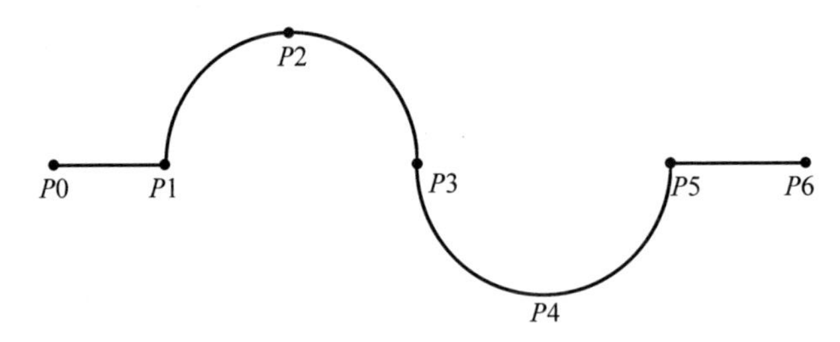


图 5-5　有间隔点的连续多个圆弧运动

指令如下：

```
NOP
MOVJ  VJ = 10          //P0
MOVL  VL = 100         //P1
MOVC  VC = 100         //P1
MOVC  VC = 100         //P2
MOVC  VC = 100         // P3
MOVJ  VJ = 10          //P3(由于示教点相同,该命令机器人不运动)
MOVC  VC = 100         //P3(由于示教点相同,该命令机器人不运动)
MOVC  VC = 100         //P4
MOVC  VC = 100         //P5
MOVL  VL = 100         //P6
END
```

**注**：$P2$ 点运行速度用于 $P1$ 到 $P2$ 的圆弧。$P3$ 点运行速度用于 $P2$ 到 $P3$ 的圆弧。

# 5.3　记录运动点

## 5.3.1　作业内容显示区域

机器人示教盒的显示屏幕上的作业内容显示区域如图 5-6 所示。

(1) 行号。程序的指令行自动记数，如果指令行被插入或删除，则行号重新排列。

(2) 步号。程序的操作步自动记数，记录一个程序中运动点的个数，步号自动显示在运动指令前。如果运动指令被插入或删除，则步号重新排列。

(3) 指令。MOVL VL=110.00。指令标记参数项。指令用于指示当前行机器人实现的功能。如果指令为 MOVL，则在此行机器人实现直线运动功能。如果指令为 OUT，则在此行机器人实现向外输出一个信号的功能。标记：用于提示输入的参数项。记录指令的时候，在指令输入行有标记显示，操作者可以根据标记提示，知道该输入的参数是什么含义，从而能够正确输入。参数项：操作者可以根据需要改变数值。一般为速度和时间，依赖于指令的类型。根据标记的含义，输入与所需相适应的数字数据或文字数据。

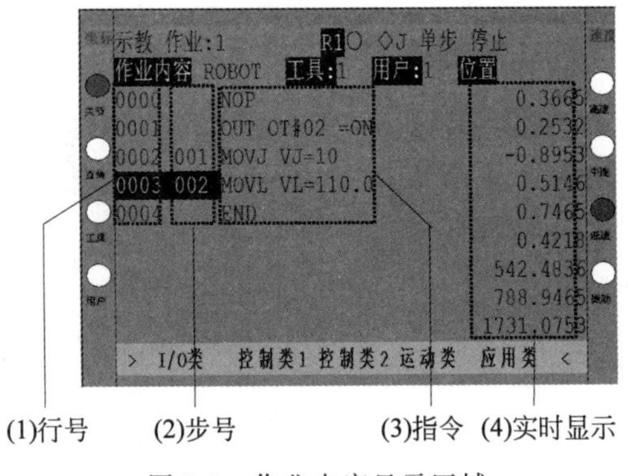


图 5-6　作业内容显示区域

（4）实时显示：根据实际操作实时显示需要查看的数据。

### 5.3.2　记录运动指令

每当示教一个位置点，就要记录一条运动指令。有两种示教方法，即记录位置点和插入位置点。记录位置点就是一步一步按顺序示教位置点，如图 5-7 所示；插入位置点就是新的位置点在已有的位置点之间，如图 5-8 所示。

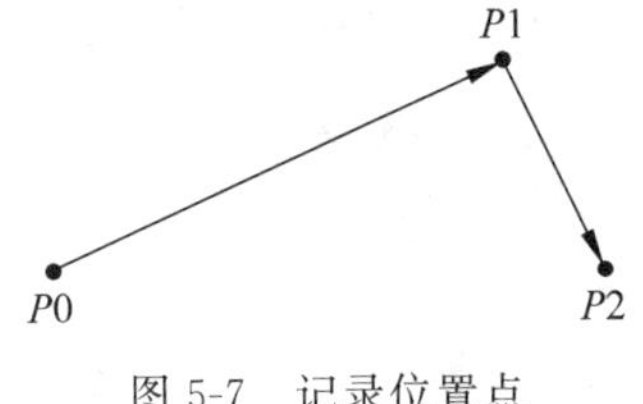


图 5-7　记录位置点

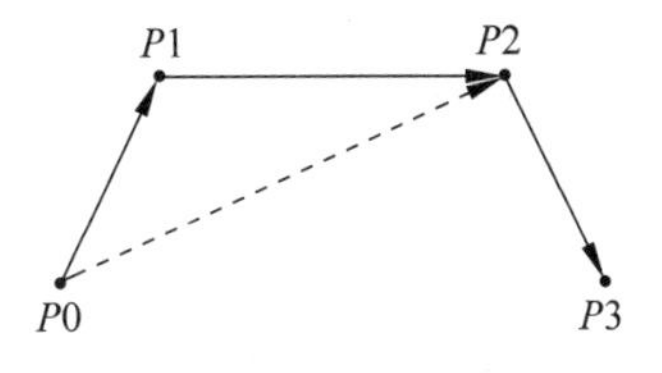


图 5-8　插入位置点

两种示教方法区别在于光标所在的位置，如果光标在最后一行，则直接记录位置点；如果光标在程序的中间行，则需要插入位置点。记录位置点和插入位置点的基本操作是相同的，只是在记录指令时，插入位置点需要按“插入”键。

1. 记录位置点

记录位置点操作步骤如表 5-4 所示。

**表 5-4　记录位置点操作步骤**

| 步　　骤 | 说　　明 |
| --- | --- |
| 1. 打开一个作业。按 servo on 键接通伺服驱动器动力电，再按住 2.3 挡为使能开关，按轴操作键，运动机器人到想要记录的位置 | 示教 作业:1　R1○ ◇J 单步 停止<br>作业内容 ROBOT 工具:1 用户:1 工具<br>0000 NOP 0.00000<br>0001 END 1.00000<br>0.00000<br>0.00000<br>0.00000<br>1.00000<br>0.000<br>0.000<br>0.000<br>> I/O类 控制类1 控制类2 运动类 应用类 < |

续表

| 步　　骤 | 说　　明 |
| --- | --- |
| 2. 选择"编辑"键，弹出指令分类，选择"运动类"键，再选择想要记录的运动类型，按"确认"键 | 示教 作业:1 R1○ ◇J 单步 停止<br>作业内容 ROBOT 工具:1 用户:1 工具<br>0000 NOP 0.00000<br>0001 END 1.00000<br>0.00000<br>0.00000<br>0.00000<br>1.00000<br>=> MOVJ VJ=10 0.000<br>>VJ=10 0.000<br>输入关节速度(%) 0.000<br>> 条件切换 <- 退格 -> < |
| 3. 指令输入行显示所选的运动指令类型，光标停在运动速度参数上，通过数字键可以修改速度。修改完速度后，按"确认"键，完成指令的输入 | 示教 作业:1 R1○ ◇J 单步 停止<br>作业内容 ROBOT 工具:1 用户:1 工具<br>0000 NOP 0.00000<br>0001 END 1.00000<br>0.00000<br>0.00000<br>0.00000<br>1.00000<br>=> MOVJ VJ=20 0.000<br>0.000<br>输入关节速度(%) 0.000<br>> I/O类 控制类1 控制类2 运动类 应用类 < |
| 4. 再按机器人"确认"键，运动点被记录到光标所在下一行 | 示教 作业:1 R1○ ◇J 单步 停止<br>作业内容 ROBOT 工具:1 用户:1 工具<br>0000 NOP 0.00000<br>0001 001 MOVJ VJ=20 1.00000<br>0002 END 0.00000<br>0.00000<br>0.00000<br>1.00000<br>0.000<br>0.000<br>0.000<br>> I/O类 控制类1 控制类2 运动类 应用类 < |

2. 插入位置点

插入位置点操作步骤如表5-5所示。

**表5-5　插入位置点操作步骤**

| 步　　骤 | 说　　明 |
| --- | --- |
| 1. 打开一个作业。按 servo on 键接通伺服驱动器动力电，再按住2.3挡使能开关，按轴操作键，运动机器人到想要记录的位置 | 示教 作业:1 R1○ ◇J 单步 暂停<br>作业内容 ROBOT 工具:1 用户:1<br>0000 NOP<br>0001 001 MOVL VL=50.0<br>0002 002 MOVL VL=50.0<br>0003 END<br>> I/O类 控制类1 控制类2 运动类 应用类 < |

续表

| 步　　骤 | 说　　明 |
| --- | --- |
| 2. 选择“运动类”键，再选择想要记录的运动类型，按“确认”键 | 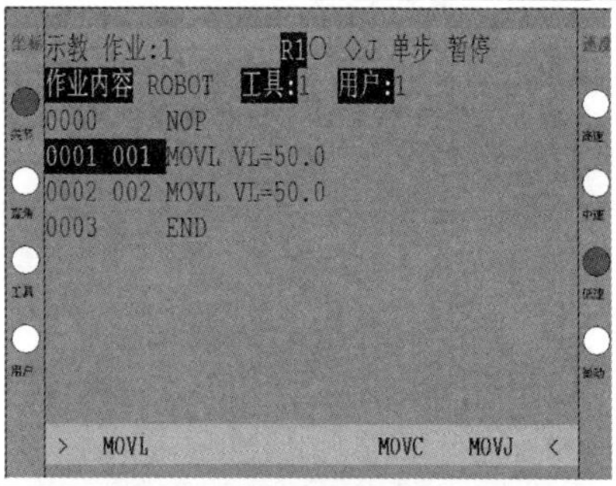 示教 作业:1 R1 ◇J 单步 暂停<br>作业内容 ROBOT 工具:1 用户:1<br>0000 NOP<br>0001 001 MOVL VL=50.0<br>0002 002 MOVL VL=50.0<br>0003 END<br>> MOVL MOVC MOVJ < |
| 3. 输入所需的速度参数，按“确认”键完成参数的输入 | 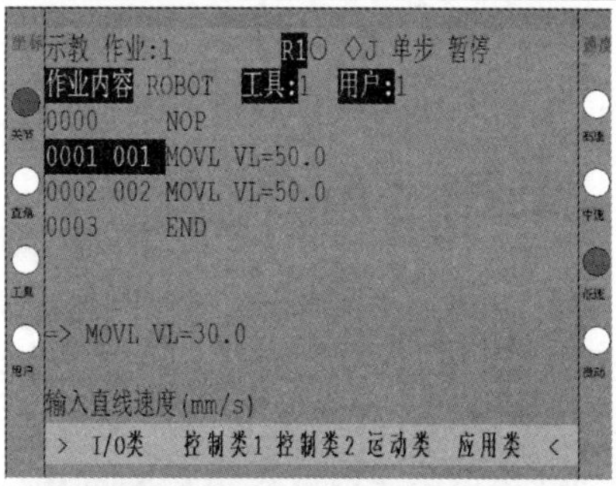 示教 作业:1 R1 ◇J 单步 暂停<br>作业内容 ROBOT 工具:1 用户:1<br>0000 NOP<br>0001 001 MOVL VL=50.0<br>0002 002 MOVL VL=50.0<br>0003 END<br>=> MOVL VL=30.0<br>输入直线速度(mm/s)<br>> I/O类 控制类1 控制类2 运动类 应用类 < |
| 4. 按“插入”键，再按“确认”键，指令插入到光标所在行的下一行 | 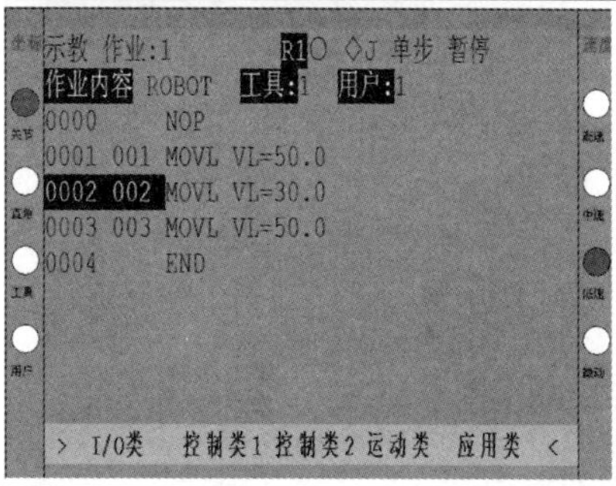 示教 作业:1 R1 ◇J 单步 暂停<br>作业内容 ROBOT 工具:1 用户:1<br>0000 NOP<br>0001 001 MOVL VL=50.0<br>0002 002 MOVL VL=30.0<br>0003 003 MOVL VL=50.0<br>0004 END<br>> I/O类 控制类1 控制类2 运动类 应用类 < |

3. 修改运动点

修改运动点的操作步骤如表 5-6 所示。

**表 5-6　修改运动点操作步骤**

| 步　　骤 | 说　　明 |
| --- | --- |
| 1. 选择一个作业，把光标移到要修改的运动点 | 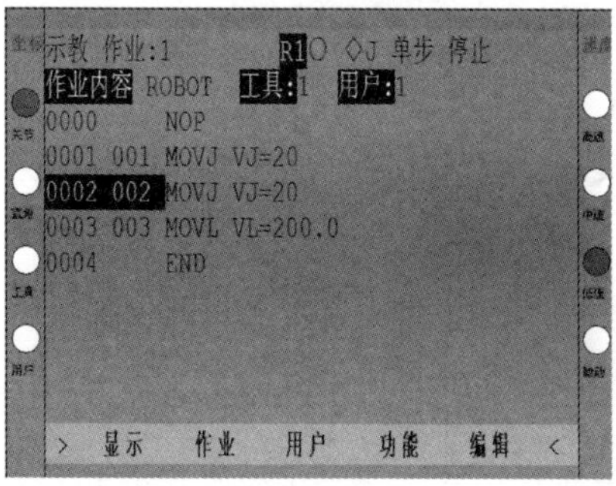 示教 作业:1 R1 ◇J 单步 停止<br>作业内容 ROBOT 工具:1 用户:1<br>0000 NOP<br>0001 001 MOVJ VJ=20<br>0002 002 MOVJ VJ=20<br>0003 003 MOVL VL=200.0<br>0004 END<br>> 显示 作业 用户 功能 编辑 < |

续表

| 步　　骤 | 说　　明 |
| --- | --- |
| 2. 按轴操作键运动机器人到需要的位置,按“修改”键,按“确认”键,位置被记录 | 示教 作业:1 R1 ◇J 单步 停止<br>作业内容 ROBOT 工具:1 用户:1<br>0000 NOP<br>0001 001 MOVJ VJ=20<br>0002 002 MOVJ VJ=20<br>0003 003 MOVL VL=200.0<br>0004 END<br>提示9800 修改完成<br>> I/O类 控制类1 控制类2 运动类 应用类 < |

## 5.4　奇异点说明

在标准 6 轴工业机器人运动学系统中,需要区别对待机器人的 3 个奇异点位置。它们分别是顶部奇异点、延伸奇异点、腕部奇异点。奇异点的特性为无法正确地进行规划运动,基于坐标的规划运动无法明确地反向转化为各轴的关节运动。坐标上的微小运动可能会带来巨大的关节值改变。机器人在奇异点附近进行规划运动(直线、圆弧等,不包括关节运动)时会报警停止,所以示教时应尽量避开奇异点或以关节运动通过奇异点。

### 5.4.1　顶部奇异点

腕关节中心点为 4、5、6 轴交点,当其位于一轴轴线上方时机器人处于顶部奇异点。机器人顶部奇异点如图 5-9 所示。

### 5.4.2　延伸奇异点

当 J2-J3 延长线经过腕关节中心点时机器人处于延伸奇异点。机器人延伸奇异点如图 5-10 所示。

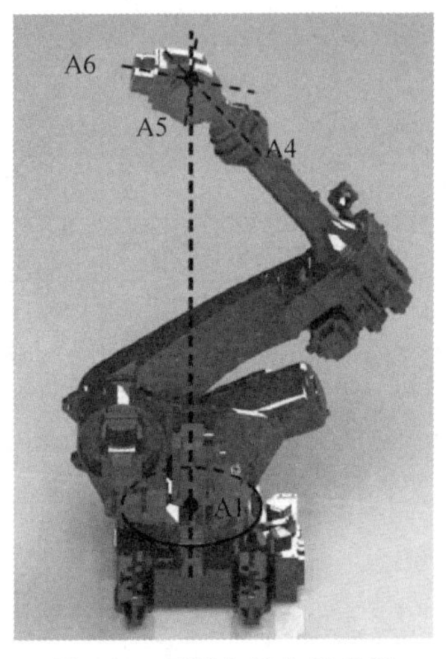


图 5-9　顶部奇异点示意图

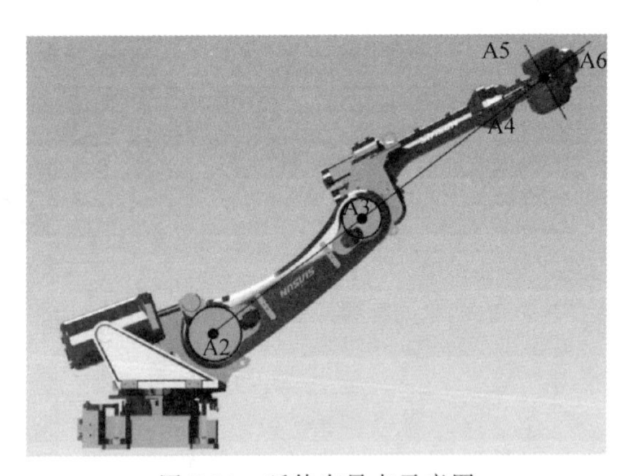


图 5-10　延伸奇异点示意图

### 5.4.3　腕部奇异点

当 4 轴与 6 轴平行，即 5 轴关节值为 0 附近时机器人处于腕部奇异点。机器人腕部奇异点如图 5-11 所示。

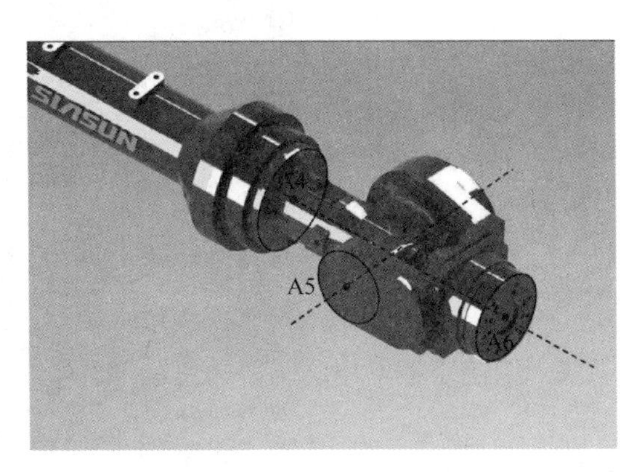


图 5-11　腕部奇异点示意图

## 5.5　其他指令编辑

### 5.5.1　指令记录

指令记录的操作步骤如表 5-7 所示。

表 5-7　指令记录操作步骤

| 步　　骤 | 说　　明 |
| --- | --- |
| 1. 在编辑状态下，移动光标到要记录指令的位置 | 示教 作业:1　R1 ◇J 单步 停止<br>作业内容 ROBOT 工具:1 用户:1<br>0000　NOP<br>0001 001 MOVJ VJ=30<br>0002 002 MOVJ VJ=30<br>0003 003 MOVL VL=200.0<br>0004　END<br>> I/O类 控制类1 控制类2 运动类 应用类 < |
| 2. 选择需要的命令类型，弹出相应的命令菜单 | 示教 作业:1　R1 ◇J 单步 停止<br>作业内容 ROBOT 工具:1 用户:1<br>0000　NOP<br>0001 001 MOVJ VJ=30<br>0002 002 MOVJ VJ=30<br>0003 003 MOVL VL=200.0<br>0004　END<br>> OT# OG OGH PATH_OUT < |

续表

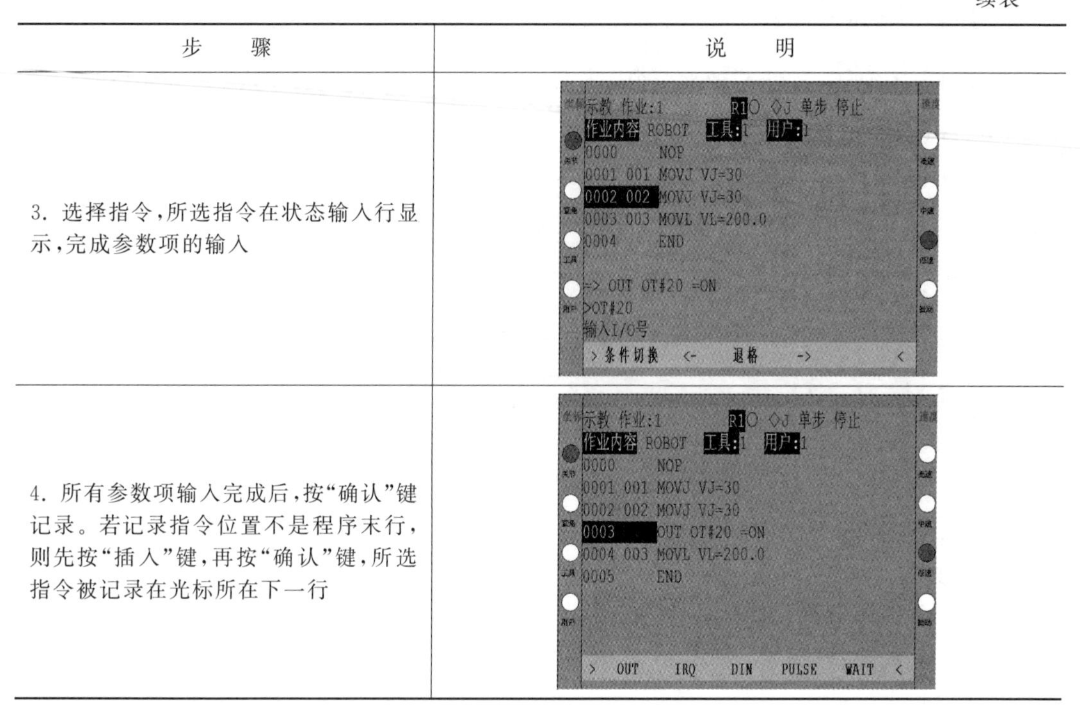

| 步　　骤 | 说　　明 |
| --- | --- |
| 3. 选择指令，所选指令在状态输入行显示，完成参数项的输入 | |
| 4. 所有参数项输入完成后，按“确认”键记录。若记录指令位置不是程序末行，则先按“插入”键，再按“确认”键，所选指令被记录在光标所在下一行 | |

## 5.5.2 指令的删除

指令删除的操作步骤如表 5-8 所示。

表 5-8 指令删除操作步骤

| 步　　骤 | 说　　明 |
| --- | --- |
| 1. 选择一个作业，把光标移到要删除的指令上 | |
| 2. 按“删除”键，再按“确认”键，指令被删除 | |

## 5.5.3 指令的修改

指令的修改支持修改运动速度、修改运动类型和修改计算类指令的常数项。

1. 修改运动速度

修改运动速度的操作步骤如表 5-9 所示。

**表 5-9 修改运动速度操作步骤**

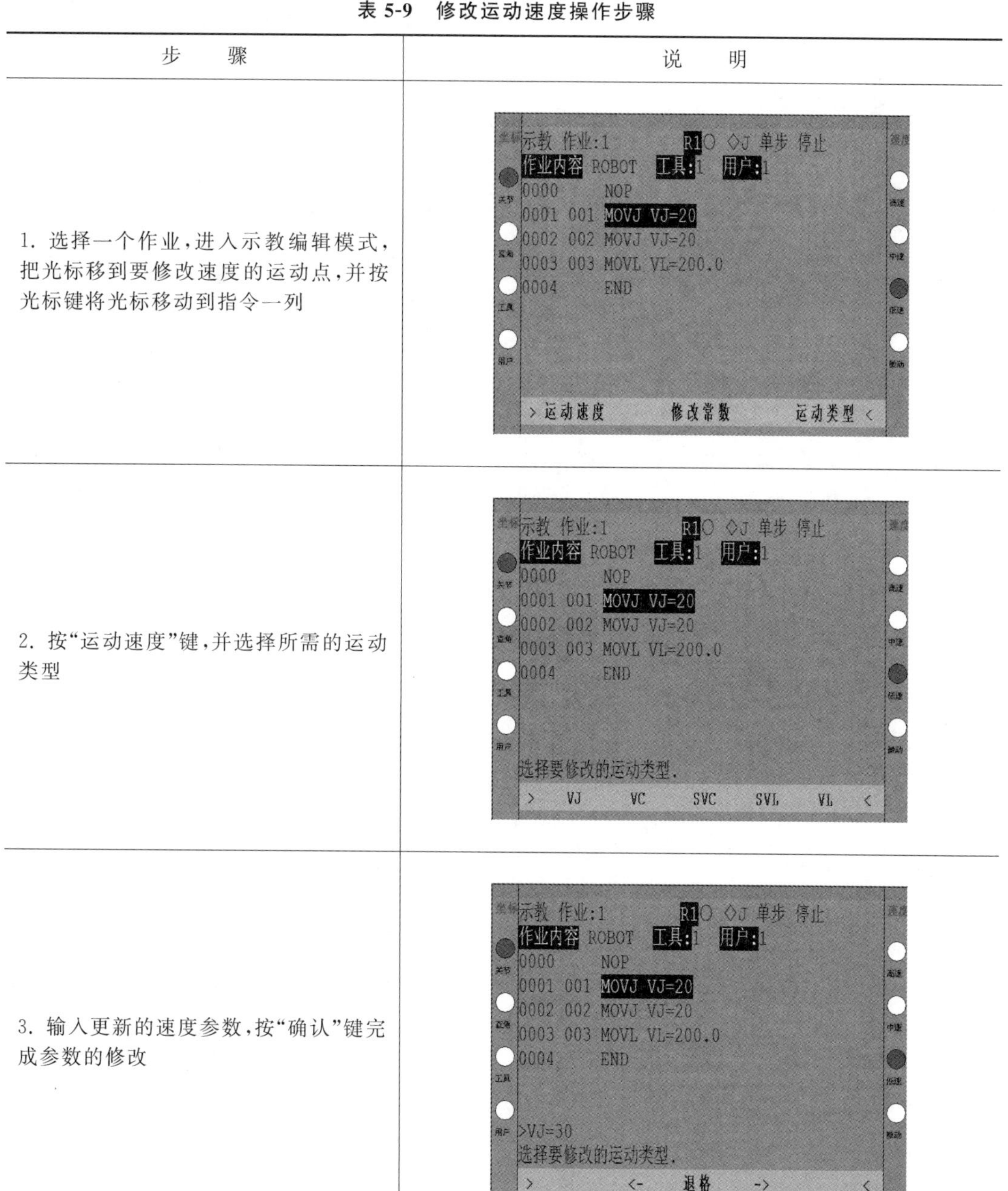

| 步　　骤 | 说　　明 |
| --- | --- |
| 1. 选择一个作业，进入示教编辑模式，把光标移到要修改速度的运动点，并按光标键将光标移动到指令一列 | |
| 2. 按"运动速度"键，并选择所需的运动类型 | |
| 3. 输入更新的速度参数，按"确认"键完成参数的修改 | |

续表

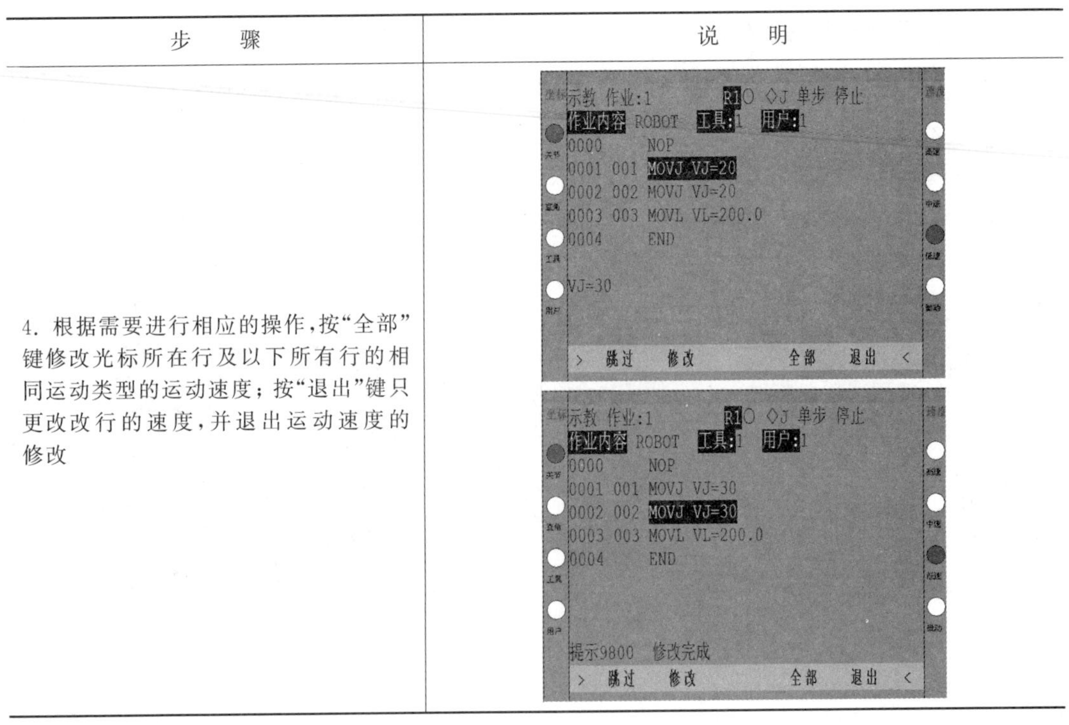

| 步　　骤 | 说　　明 |
| --- | --- |
| 4. 根据需要进行相应的操作，按“全部”键修改光标所在行及以下所有行的相同运动类型的运动速度；按“退出”键只更改改行的速度，并退出运动速度的修改 | 示教 作业:1 R1 ◇J 单步 停止<br>作业内容 ROBOT 工具:1 用户:1<br>0000 NOP<br>0001 001 MOVJ VJ=20<br>0002 002 MOVJ VJ=20<br>0003 003 MOVL VL=200.0<br>0004 END<br>VJ=30<br>> 跳过 修改 全部 退出 <<br><br>示教 作业:1 R1 ◇J 单步 停止<br>作业内容 ROBOT 工具:1 用户:1<br>0000 NOP<br>0001 001 MOVJ VJ=30<br>0002 002 MOVJ VJ=30<br>0003 003 MOVL VL=200.0<br>0004 END<br>提示9800 修改完成<br>> 跳过 修改 全部 退出 < |

注：修改运动速度只能修改已存在的运动指令的速度。

2. 修改运动类型

修改运动类型的操作步骤如表 5-10 所示。

**表 5-10　修改运动类型操作步骤**

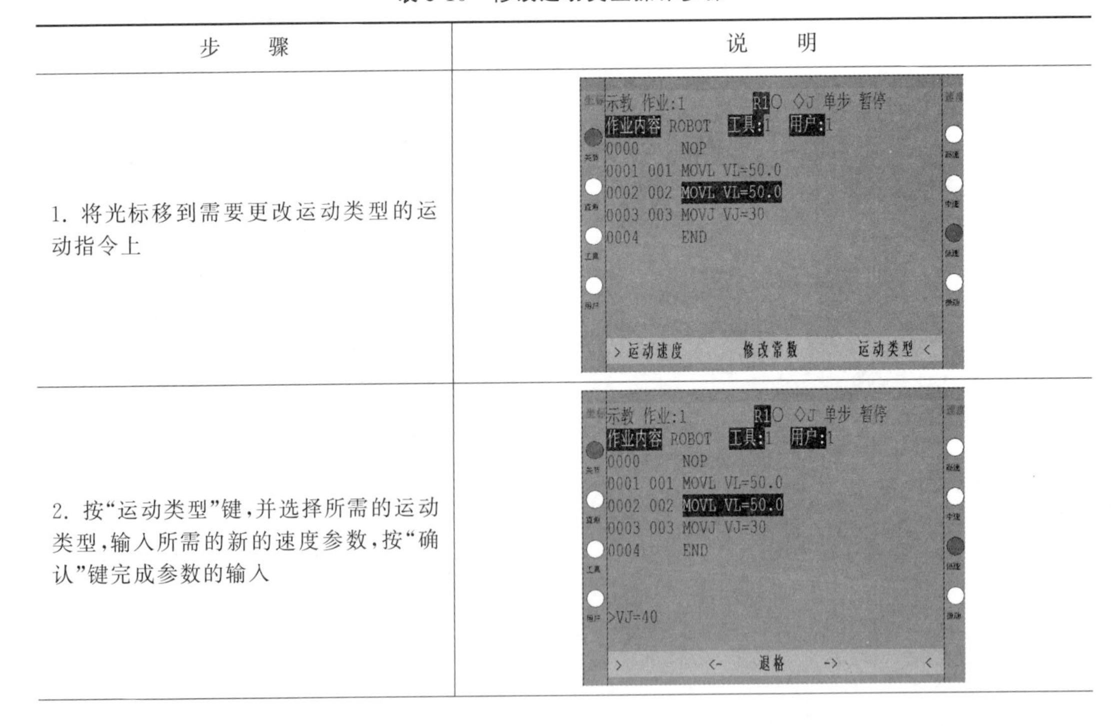

| 步　　骤 | 说　　明 |
| --- | --- |
| 1. 将光标移到需要更改运动类型的运动指令上 | 示教 作业:1 R1 ◇J 单步 暂停<br>作业内容 ROBOT 工具:1 用户:1<br>0000 NOP<br>0001 001 MOVL VL=50.0<br>0002 002 MOVL VL=50.0<br>0003 003 MOVJ VJ=30<br>0004 END<br>> 运动速度 修改常数 运动类型 < |
| 2. 按“运动类型”键，并选择所需的运动类型，输入所需的新的速度参数，按“确认”键完成参数的输入 | 示教 作业:1 R1 ◇J 单步 暂停<br>作业内容 ROBOT 工具:1 用户:1<br>0000 NOP<br>0001 001 MOVL VL=50.0<br>0002 002 MOVL VL=50.0<br>0003 003 MOVJ VJ=30<br>0004 END<br>>VJ=40<br>> <- 退格 -> < |

续表

| 步　　骤 | 说　　明 |
|---|---|
| 3. 按“确认”键完成运动类型的修改 | 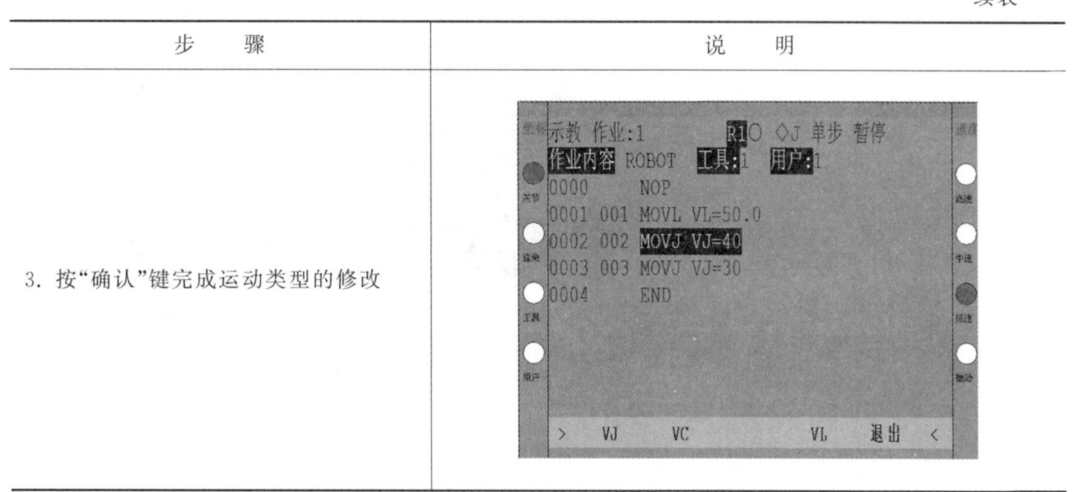 |

3. 修改计算类指令的常数项

修改计算类指令的操作步骤如表 5-11 所示。

**表 5-11　修改计算类指令操作步骤**

| 步　　骤 | 说　　明 |
|---|---|
| 1. 将光标移到需要更改常数的计算类指令上 | 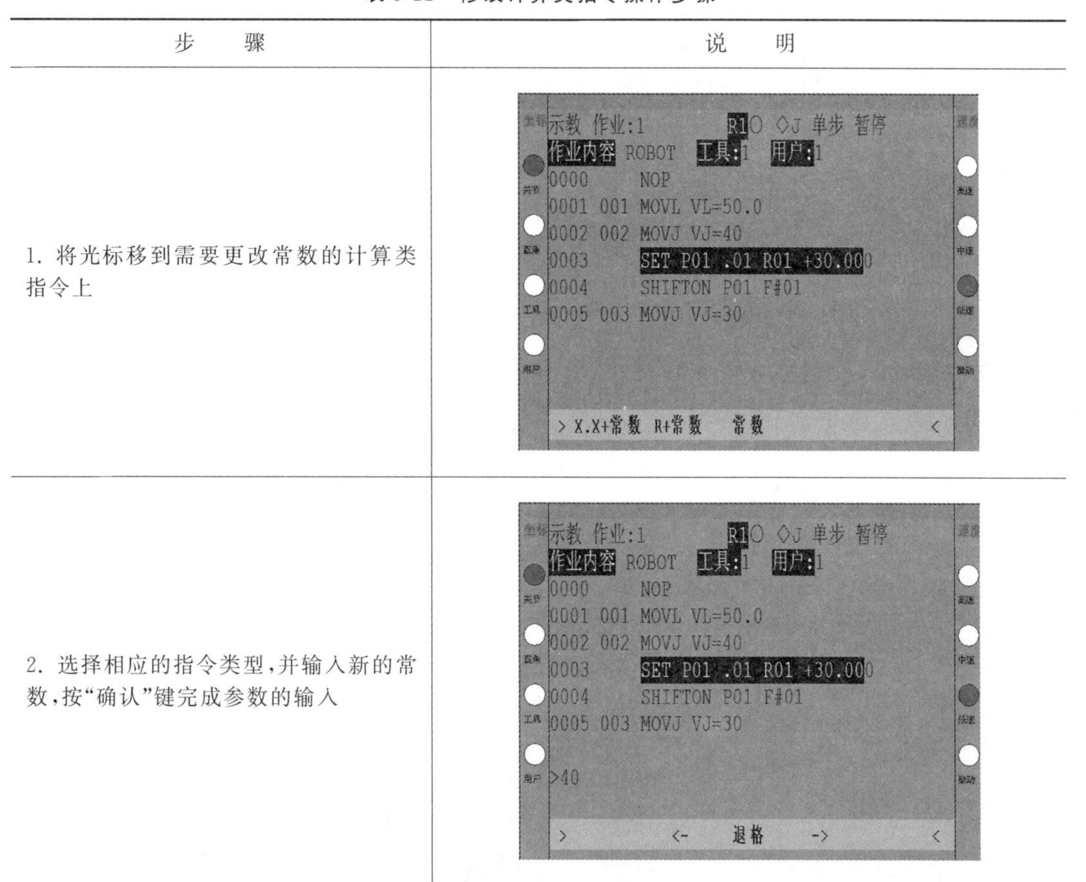 |
| 2. 选择相应的指令类型，并输入新的常数，按“确认”键完成参数的输入 |  |

续表

| 步　　骤 | 说　　明 |
|---|---|
| 3. 按“确认”键完成常数的修改 | 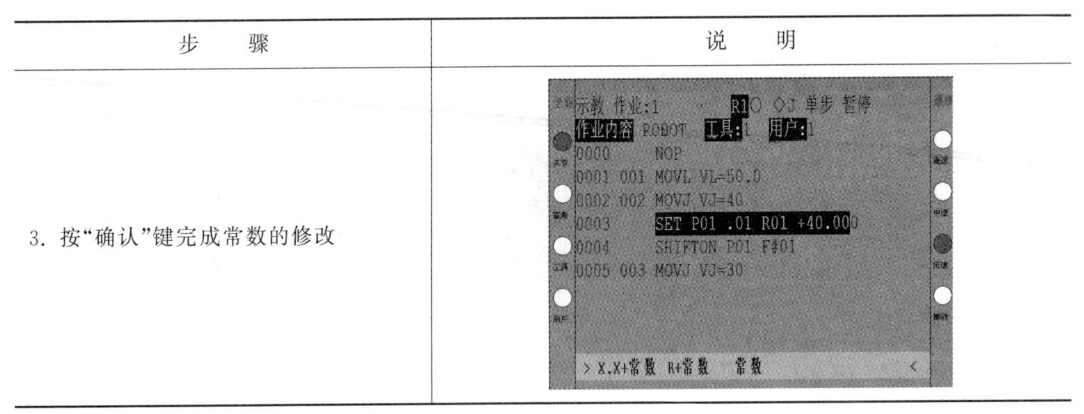  |

# 5.6 打开作业

## 5.6.1 新建作业

前台作业(示教作业)和后台作业(程序)的新建方法相同,只是菜单位置不同。作业名支持大写字母和数字,名字长度不能超过 8 个字符。新建前台作业的菜单位置及操作步骤如表 5-12 所示。

表 5-12 新建作业操作步骤

| 步　　骤 | 说　　明 |
|---|---|
| 1. 路径 | 主菜单→作业→示教程序→新作业 |
| 2. 进入文件列表界面,按翻页键并按[字母]键,在字母输入界面输入新的作业的文件名 | 示教 作业:1 R1 ◇J 单步 停止<br>文件列表<br>1 2 JOB1 JOB2<br>JOBNAME<br>><br>输入作业名<br>> <- 退格 -> <<br><br>示教 作业:1 R1 ◇J 单步 停止<br>属性<br>A B C D E F G<br>H I J K L M N<br>O P Q R S T U<br>V W X Y Z<br>>NEWJOB<br>输入作业名<br>> <- 退格 -> 退出 < |

续表

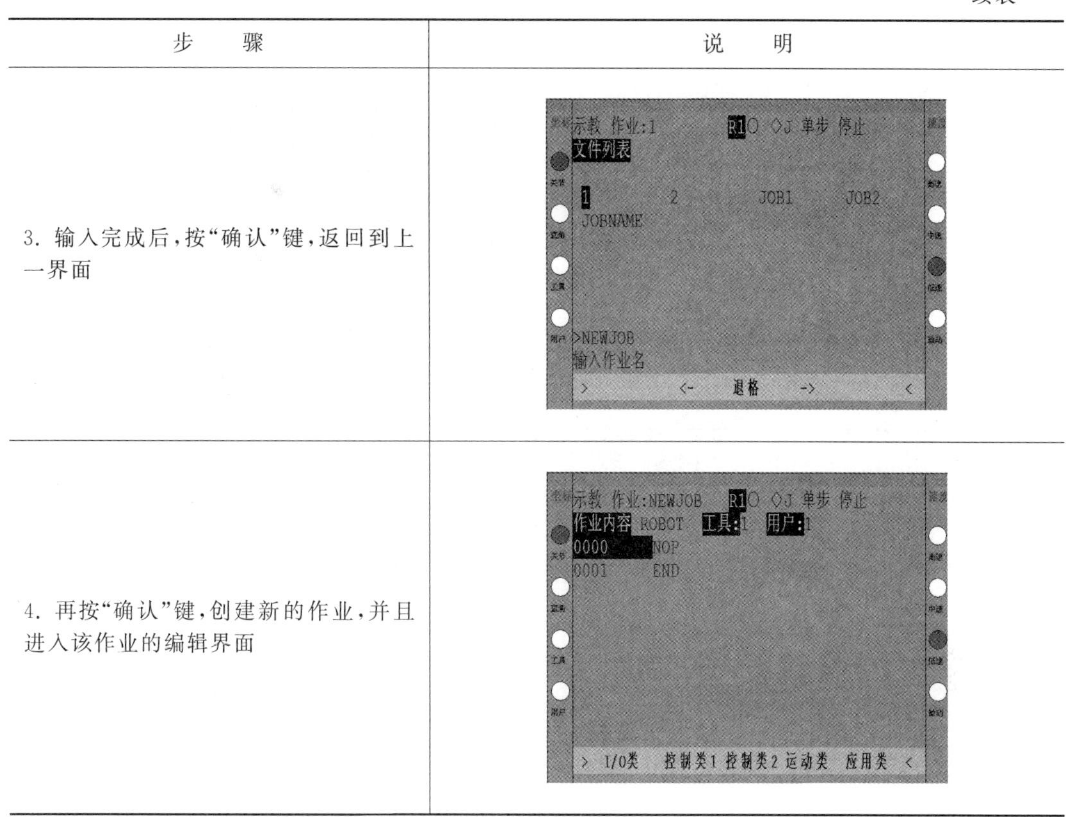

| 步　　骤 | 说　　明 |
|---|---|
| 3. 输入完成后，按“确认”键，返回到上一界面 | 示教 作业:1 R1○ ◇J 单步 停止<br>文件列表<br>1 2 JOB1 JOB2<br>JOBNAME<br>>NEWJOB<br>输入作业名<br>> <- 退格 -> < |
| 4. 再按“确认”键，创建新的作业，并且进入该作业的编辑界面 | 示教 作业:NEWJOB R1○ ◇J 单步 停止<br>作业内容 ROBOT 工具:1 用户:1<br>0000 NOP<br>0001 END<br>> I/O类 控制类1 控制类2 运动类 应用类 < |

## 5.6.2　选择作业

前台作业(示教作业)和后台作业(程序)的选择方法相同，只是菜单位置不同。前台作业的选择作业的菜单位置及操作步骤如表 5-13 所示。

**表 5-13　选择作业操作步骤**

| 步　　骤 | 说　　明 |
|---|---|
| 1. 路径 | 主菜单→作业→示教程序→选作业 |
| 2. 进入文件列表界面，移动光标到所要选择的作业 | 示教 作业:NEWJOB R1○ ◇J 单步 停止<br>文件列表<br>1 2 JOB1 JOB2<br>JOBNAME NEWJOB<br>> 退出 < |

续表

| 步　　骤 | 说　　明 |
| --- | --- |
| 3. 按“确认”键进入作业编辑界面 | 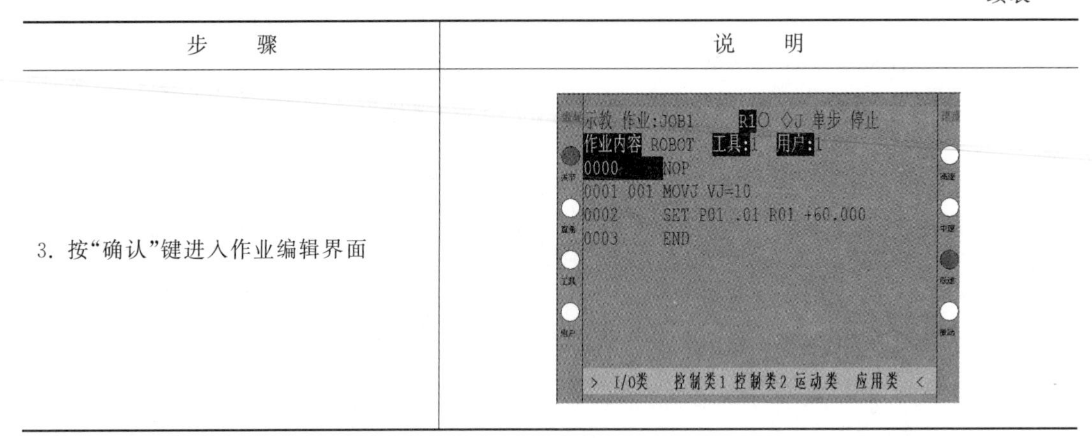 |

### 5.6.3 保存作业

为了方便使用,系统设定为在示教的过程中作业是被实时保存的。

## 5.7 作业管理

在调试过程中不可避免地会建立很多测试程序,但是,机器人控制器中的存储容量有限,操作者需要经常对已有作业进行管理,作业管理包括复制程序、删除程序、重命名程序。前台程序和后台程序的作业管理方式是一样的,都是在作业名菜单下。

### 5.7.1 重命名

作业重命名操作步骤如表 5-14 所示。

表 5-14 作业重命名操作步骤

| 步　　骤 | 说　　明 |
| --- | --- |
| 1. 路径 | 主菜单→作业→作业名 |
| 2. 进入文件列表界面 | 示教 作业:JOB1 R1 ◇J 单步 停止<br>文件列表<br>1 2 JOB1 JOB2<br>JOBNAME NEWJOB<br>退出 |

续表

| 步 骤 | 说 明 |
| --- | --- |
| 3. 将光标移动到需要重命名的作业，同时按 Shift+“主菜单”键，弹出作业管理菜单 | 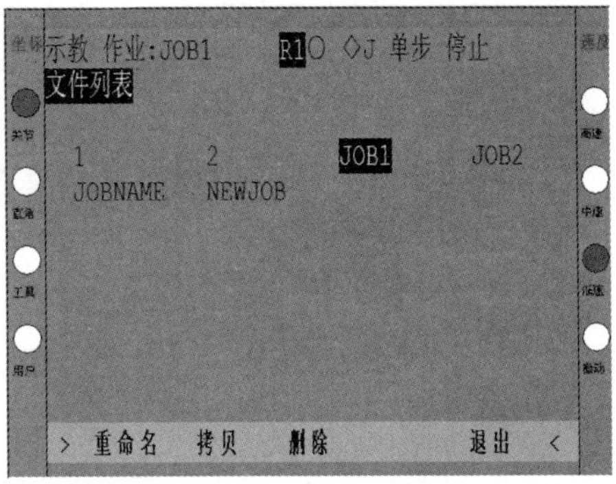 |
| 4. 按“重命名”键，进入作业名输入界面，翻页并按对应的字母键，输入新的作业名 | 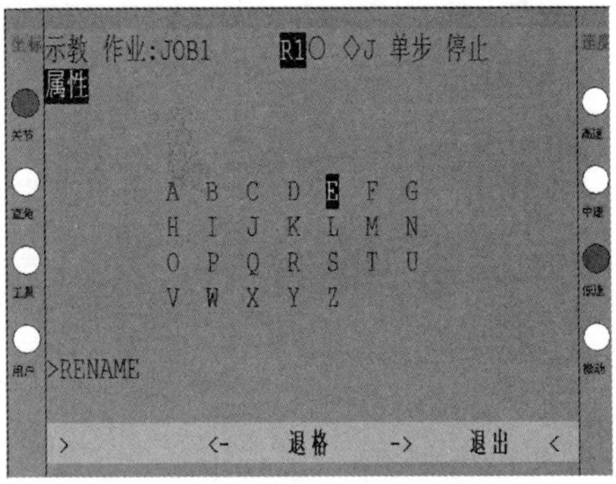 |
| 5. 按“退出”键，返回上一界面，再按“确认”键，保存新的作业名 | 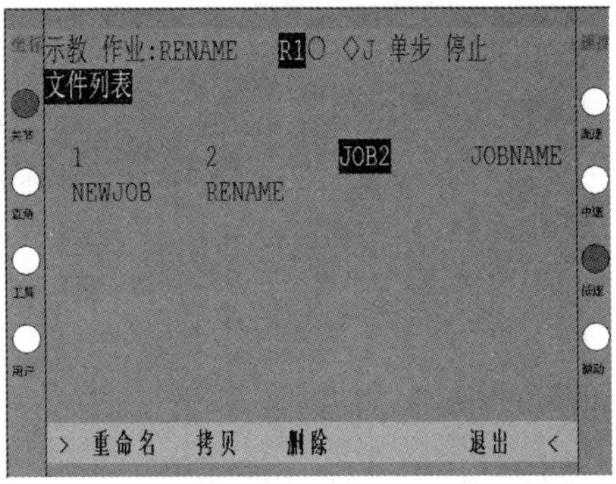 |

### 5.7.2 复制作业

复制作业的操作步骤如表 5-15 所示。

表 5-15　复制作业操作步骤

| 步　　骤 | 说　　明 |
|---|---|
| 1. 路径 | 主菜单→作业→作业名 |
| 2. 进入文件列表界面 | 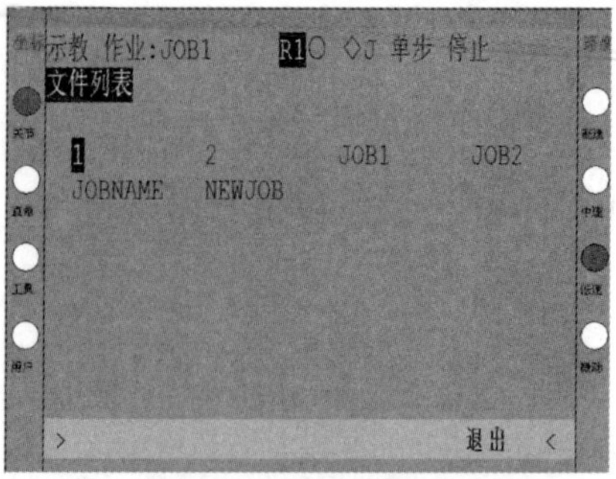 示教 作业:JOB1 R1○ ◇J 单步 停止<br>文件列表<br>1 2 JOB1 JOB2<br>JOBNAME NEWJOB<br>> 退出 < |
| 3. 将光标移动到需要复制粘贴的作业，同时按 Shift+“主菜单”键，弹出作业管理菜单 | 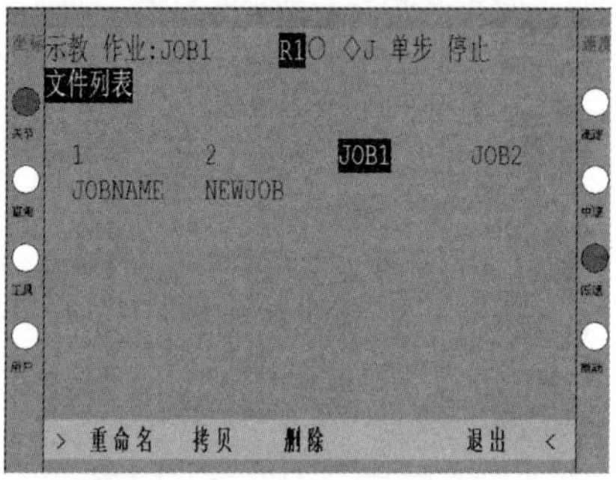 示教 作业:JOB1 R1○ ◇J 单步 停止<br>文件列表<br>1 2 JOB1 JOB2<br>JOBNAME NEWJOB<br>> 重命名 拷贝 删除 退出 < |
| 4. 按“拷贝”键，进入作业名输入界面，翻页并按对应的字母键，输入新的作业名 | 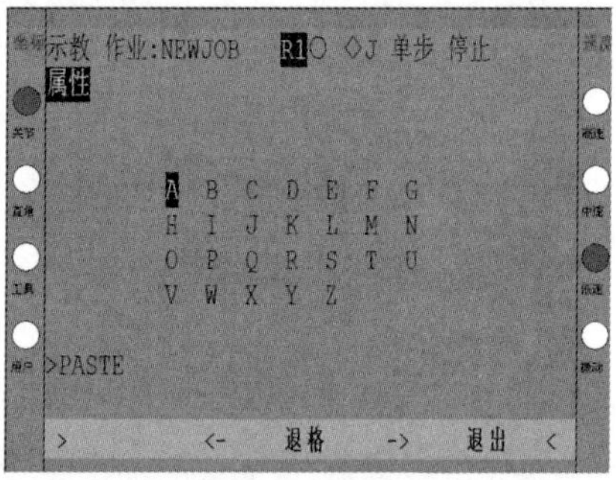 示教 作业:NEWJOB R1○ ◇J 单步 停止<br>属性<br>A B C D E F G<br>H I J K L M N<br>O P Q R S T U<br>V W X Y Z<br>>PASTE<br>> <- 退格 -> 退出 < |
| 5. 按“退出”键，返回上一界面，再按“确认”键，作业被以新的作业名复制。被复制的作业与源作业中的内容是相同的 | 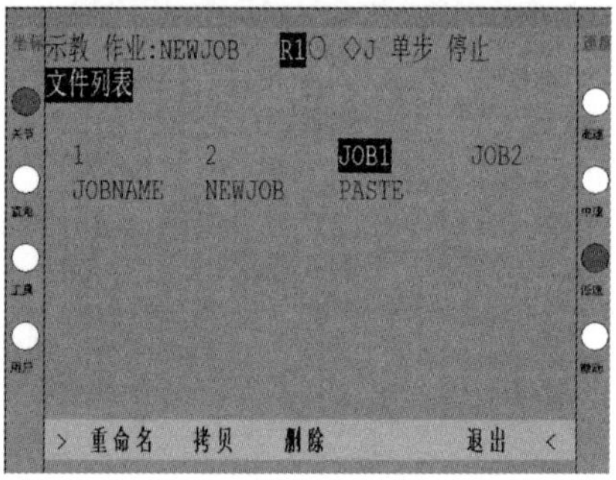 示教 作业:NEWJOB R1○ ◇J 单步 停止<br>文件列表<br>1 2 JOB1 JOB2<br>JOBNAME NEWJOB PASTE<br>> 重命名 拷贝 删除 退出 < |

## 5.7.3　删除作业

删除作业的操作步骤如表 5-16 所示。

表 5-16 删除作业操作步骤

| 步　　骤 | 说　　明 |
|---|---|
| 1. 路径 | 主菜单→作业→作业名 |
| 2. 进入文件列表界面 | 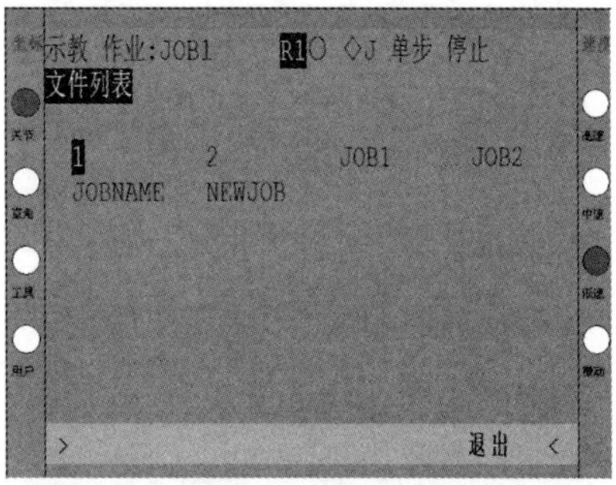 |
| 3. 将光标移动到将要删除的作业,同时按 Shift+“主菜单”键,弹出作业管理菜单 | 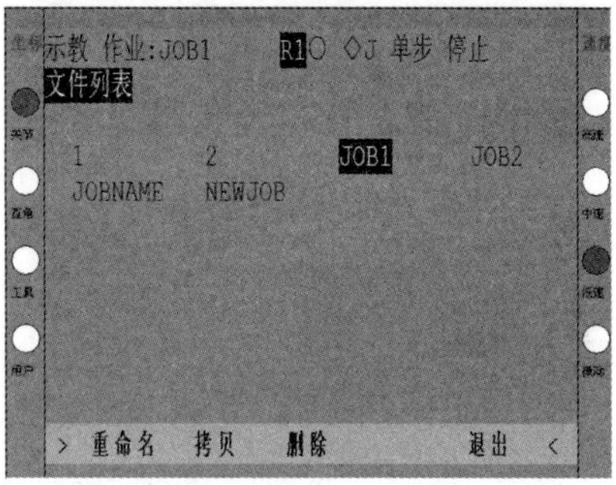 |
| 4. 按“删除”键,连续按两次“确认”键,将作业删除 | 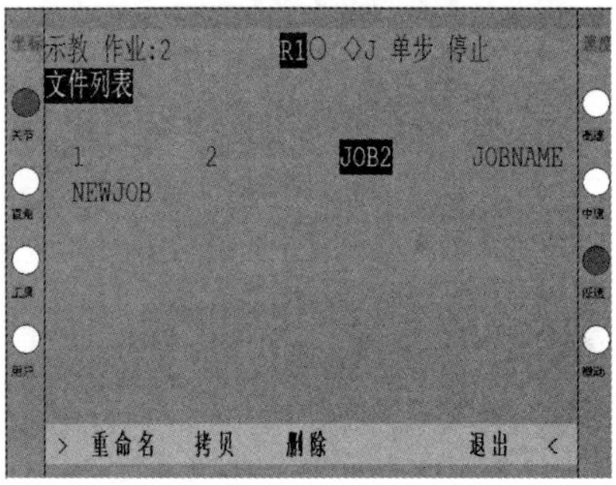 |

# 5.8 搜索查找

在比较复杂的程序中,如果想将光标快速移动到需要修改的地方,可以通过搜索查找功能实现。在示教模式下,在作业中可以进行的查找途径有步号查找、行号查找、标号查找。

## 5.8.1 步号查找

步号是指该程序中运动点的个数。运动点的个数在主作业和子作业中都单独计算,不进行累加。步号查找的操作步骤如表 5-17 所示。

表 5-17　步号查找操作步骤

| 步　　骤 | 说　　明 |
| --- | --- |
| 1. 路径 | 主菜单→功能→查找→步号 |
| 2. 信息提示行出现“输入步号”字样 | |
| 3. 在参数输入行输入想要查找的步号 | |
| 4. 按“确认”键，光标跳转至目标步号 | |



## 5.8.2　行号查找

行号指的是当前作业中指令所在的行数。如果想要光标移动到指定行号上，可以通过行号查找实现。行号查找的操作步骤如表 5-18 所示。

表 5-18　行号查找操作步骤

| 步　　骤 | 说　　明 |
| --- | --- |
| 1. 路径 | 主菜单→功能→查找→行号 |
| 2. 信息提示行出现“输入行号”字样 | |
| 3. 在参数输入行输入想要查找的行号 | |
| 4. 按“确认”键，光标跳转至目标行号 | |

## 5.8.3　标号查找

标号指的是标签号。标号查找搜索的是标签指令，光标会跳转到指定的标签指令的行号上。标号查找的操作步骤如表 5-19 所示。

表 5-19 标号查找操作步骤

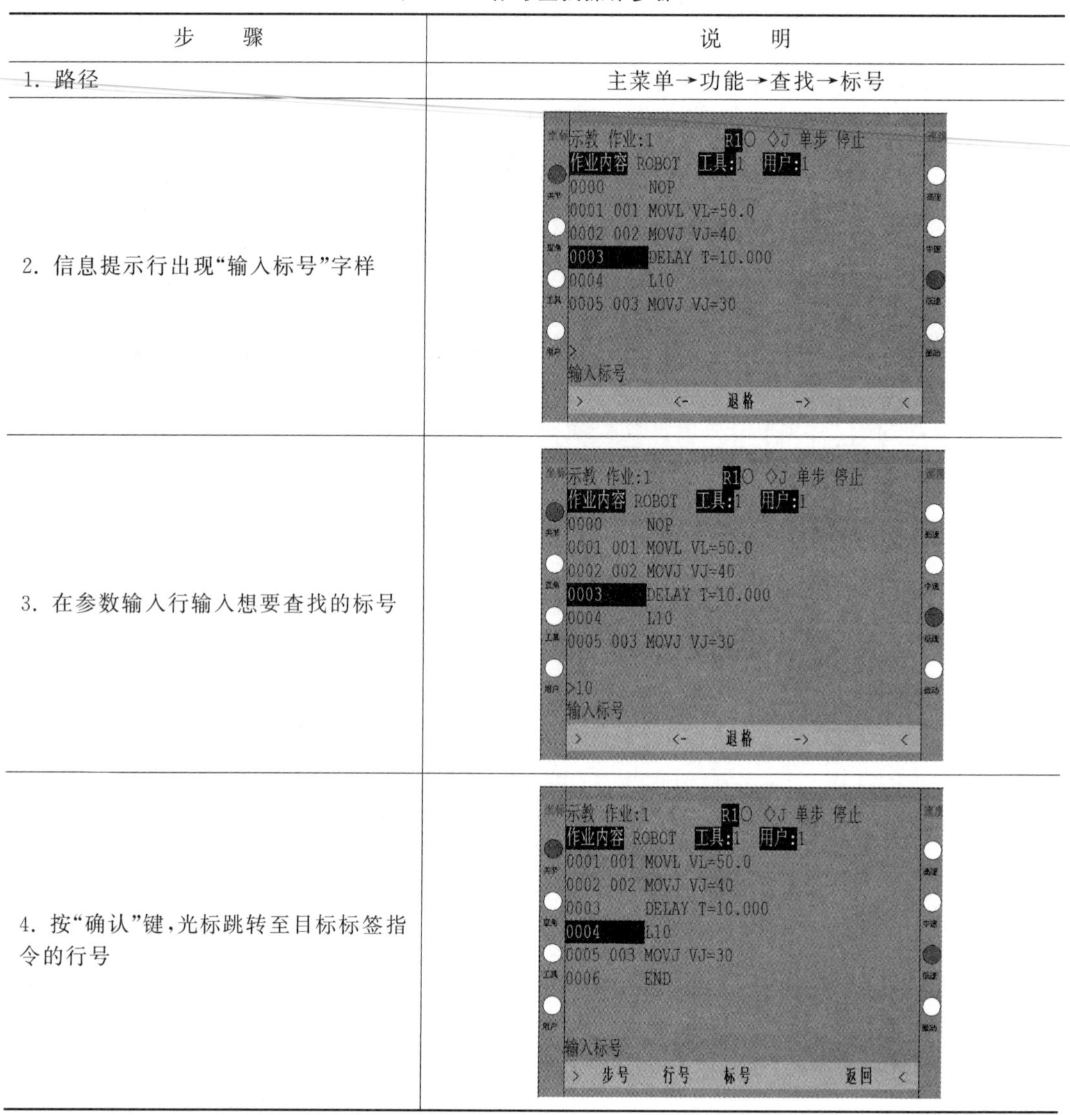

| 步　　骤 | 说　　明 |
| --- | --- |
| 1. 路径 | 主菜单→功能→查找→标号 |
| 2. 信息提示行出现“输入标号”字样 | |
| 3. 在参数输入行输入想要查找的标号 | |
| 4. 按“确认”键，光标跳转至目标标签指令的行号 | |

# 5.9 自动执行

## 5.9.1 正向和反向运动

带有运动指令的前台作业在自动运行前，一定要进行手动检查。手动检查通过“正向运动”或“反向运动”键实现。在示教模式下，使用示教盒上的正向和反向运动键，检查示教点的位置是否恰当。每当按下“正向运动”和“反向运动”键，机器人运动一步。机器人的正向/反向运动如图 5-12 所示。

正向/反向运动可以从程序任意一行开始执行，用光标键移动光标，然后按住“正向运动”或“反向运动”键，机器人运动到当前示教点（光标所在位置）。

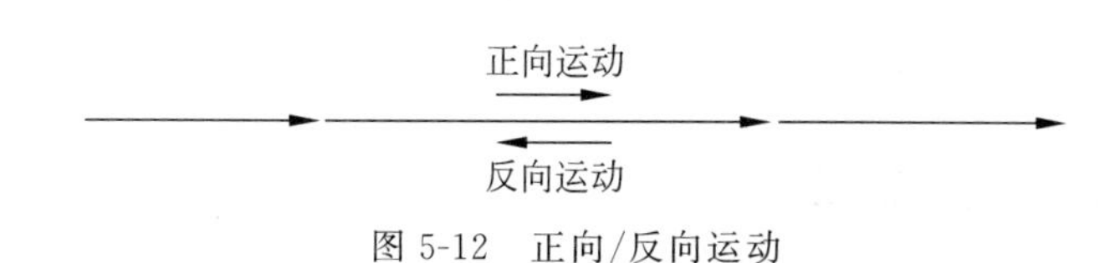

图 5-12 正向/反向运动

### 5.9.2 正向和反向运动的说明

运动方式：在示教模式下，进行正向或反向运动时，与自动执行相同，运行方式分为3种。

正向运动：以步号的顺序，使机器人运动。在默认情况下，当按下"正向运动"键时，只有运动指令被执行。在默认的单步运行方式下，机器人执行一个循环后停止。当到达END指令时，即使按下"正向运动"键，机器人也不会运动。但是，在子程序的末尾按下"正向运动"键，机器人将返回上一层主程序，并会运动到CALL指令的下一条运动指令处。程序正向运动示意图如图5-13所示。

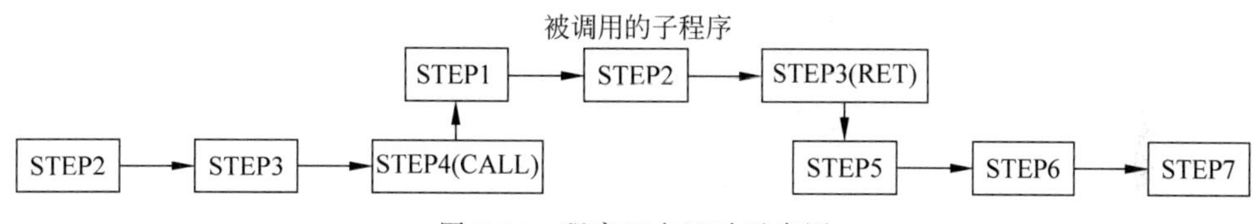

图 5-13 程序正向运动示意图

反向运动：以步号的相反顺序，使机器人运动。只有运动指令被执行。在默认的单步运行方式下，机器人执行一个循环后停止。当到达第一步时，即使按下"反向运动"键，机器人也不会运动。但是，在子程序的开始，机器人运动到CALL指令的上一条运动指令处。程序反向运动示意图如图5-14所示。

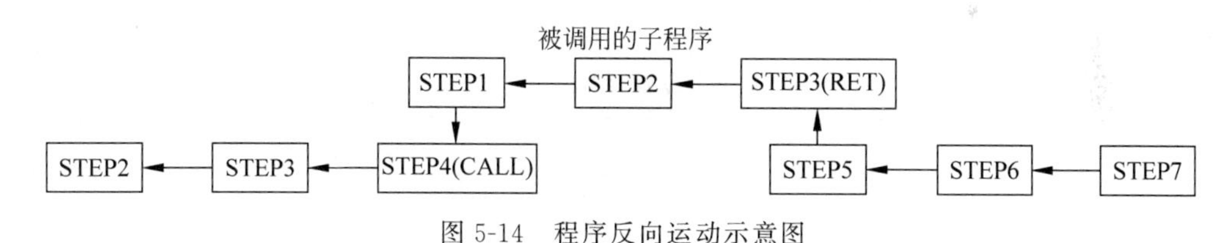

图 5-14 程序反向运动示意图

### 5.9.3 圆弧的正反向运动

机器人以直线运动到第一个MOVC指令的位置点。机器人进行圆弧运动必须有3条MOVC指令。当机器人在两条MOVC指令中间停下来时，在机器人的位置点没动的情况下，继续按下"正向运动"和"反向运动"键，机器人仍进行圆弧运动。但是，在机器人的位置点移动的情况下，继续按下"正向运动"键，机器人以直线运动到$P2$点，在$P2$到$P3$点恢复圆弧运动。圆弧运动轨迹如图5-15所示。

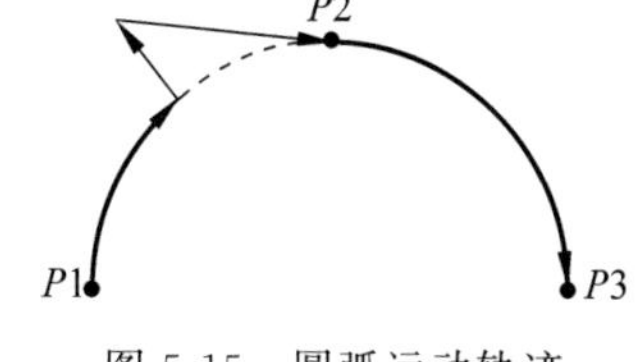

图 5-15 圆弧运动轨迹

### 5.9.4 操作步骤

deadman＋“正向运动”键：正向运动检查。检查前需要先上伺服电，deadman、“正向运动”键同时按下，机器人按选择程序从上往下开始运行，放开 deadman、“正向运动”键中任意一个，则机器人停止运行。正常操作顺序为先松开“正向运动”键，再松开 deadman 键。

deadman＋“反向运动”键：反向运动检查。操作同上。

## 5.10 自动执行前准备

### 5.10.1 自动执行时的注意事项

（1）在开始执行前，确保机器人周围无人。

（2）操作者要在机器人运行的最大范围外。

（3）保持从正面观看机器人，确保发生紧急情况时有安全退路。

示教编程器使用后，一定要放回原来的位置。如果不慎将示教编程器放在机器人、夹具或地板上，那么当机器人工作时，会将示教编程器碰到机器人或工具上，有人身伤害或设备损坏的危险。

### 5.10.2 设置主作业

自动执行时，经常运行的作业建议设置为主作业。可以通过调用主作业直接打开需要执行的作业，比通过选作业的作业列表打开作业方便。设置主作业操作步骤如表 5-20 所示。

表 5-20 设置主作业操作步骤

| 步　　骤 | 说　　明 |
| --- | --- |
| 1. 路径 | 主菜单→作业→示教程序→主作业→登记 |
| 2. 进入作业列表界面，移动光标到想要设置为主作业的作业 | 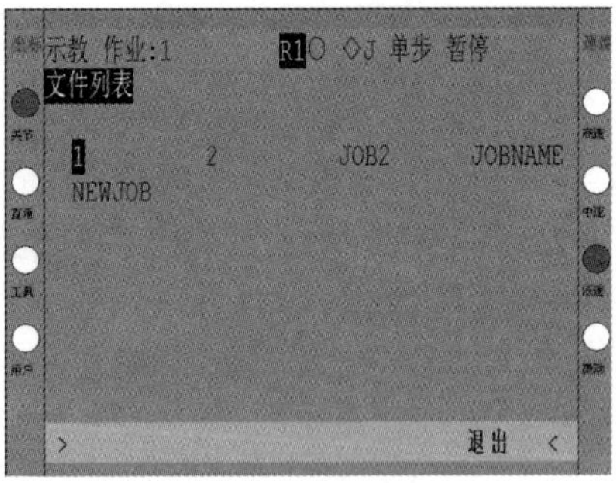 示教 作业:1 R1○ ◇J 单步 暂停<br>文件列表<br>1 2 JOB2 JOBNAME<br>NEWJOB<br>退出 |

续表

| 步　骤 | 说　明 |
| --- | --- |
| 3. 信息提示行弹出询问信息 | 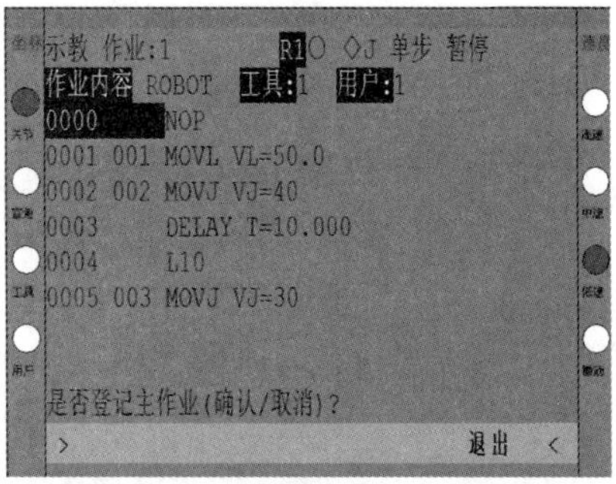 示教 作业:1 R1○ ◇J 单步 暂停<br>作业内容 ROBOT 工具:1 用户:1<br>0000 NOP<br>0001 001 MOVL VL=50.0<br>0002 002 MOVJ VJ=40<br>0003 DELAY T=10.000<br>0004 L10<br>0005 003 MOVJ VJ=30<br>是否登记主作业(确认/取消)?<br>> 退出 < |
| 4. 按“确认”键，登记主作业，提示登记成功。按“取消”取消键登记 | 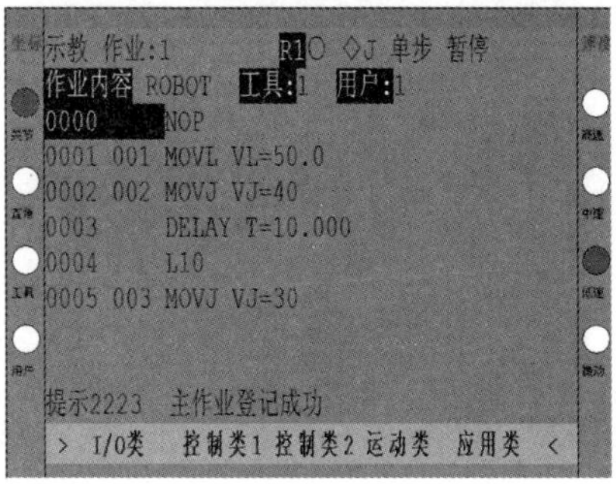 示教 作业:1 R1○ ◇J 单步 暂停<br>作业内容 ROBOT 工具:1 用户:1<br>0000 NOP<br>0001 001 MOVL VL=50.0<br>0002 002 MOVJ VJ=40<br>0003 DELAY T=10.000<br>0004 L10<br>0005 003 MOVJ VJ=30<br>提示2223 主作业登记成功<br>> I/O类 控制类1 控制类2 运动类 应用类 < |

### 5.10.3 调用主作业

调用主作业的操作步骤是在示教盒上依次按“主菜单”→“作业”→“示教程序”→“主作业”→“调用”键，进入调用作业界面，然后选择登记成功的主作业。

## 5.11 自动执行

1. 自动执行操作方法

自动执行程序必须在执行模式下，按“模式”键可以切换模式。自动运行方式分为3种：单步、单循环和自动。单步执行表示一次执行一条指令。按一次“启动”键，程序执行完一行指令后暂停运行，需要再次按“启动”键运行下一步。单循环表示一次执行一遍作业。按“启动”键后，作业从光标所在位置一直执行到作业结尾。自动表示作业无限循环执行。按“启动”键后，作业一直运行，按“暂停”键可以暂停作业。

(1) 单步：一次执行一条指令。依次按“主菜单”→“选择”→“执行方式”→“单步”键，状态提示行将显示“单步”。

(2) 单循环：程序执行一遍。依次按“主菜单”→“选择”→“执行方式”→“单循环”键，状态提示行将显示“一次”。

(3) 自动：程序重复执行。依次按“主菜单”→“选择”→“执行方式”→“自动”键，状态提示行将显示“自动”。执行方式选择的操作步骤如表5-21所示。

表 5-21 自动执行操作步骤

| 步　　骤 | 说　　明 |
| --- | --- |
| 1. 路径 | 主菜单→用户→(翻页)执行方式 |
| 2. 进入执行方式选择界面，选择所需的执行方式，选择后执行方式被保存并返回 | 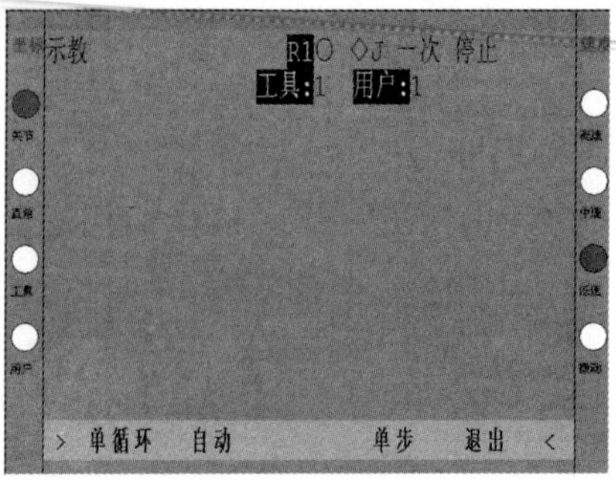 |

2. 执行信息

在自动执行时，有时需要知道程序执行的次数或总体运行时间等，从而统计机器人的工作效率。新松机器人可以统计程序的循环圈数、自动运行时间，并且显示在屏幕上。自动执行作业时，关闭实时显示，作业内容下方即显示执行信息。如果实时显示已经打开，进入实时显示菜单，按“清除”键，可以关闭实时显示。

**注**：当程序按“暂停”键又重启后，统计的数据会被清零。

# 5.12 作业堆栈与启动

## 5.12.1 作业堆栈

作业执行中通过 CALL、RET 指令可以实现子作业的调用和返回，在这个过程中，作业堆栈被不断更新。作业堆栈界面显示的是查询那个时刻的作业调用信息，不保存过去的调用关系，从子作业返回后，子作业的调用关系就结束了，从堆栈中删除子作业名。

进入作业堆栈显示界面的操作步骤如表 5-22 所示。

表 5-22 作业堆栈操作步骤

| 步　　骤 | 说　　明 |
| --- | --- |
| 1. 路径 | 主菜单→功能→诊断→作业堆栈→显示堆栈 |
| 2. 进入显示堆栈界面 | 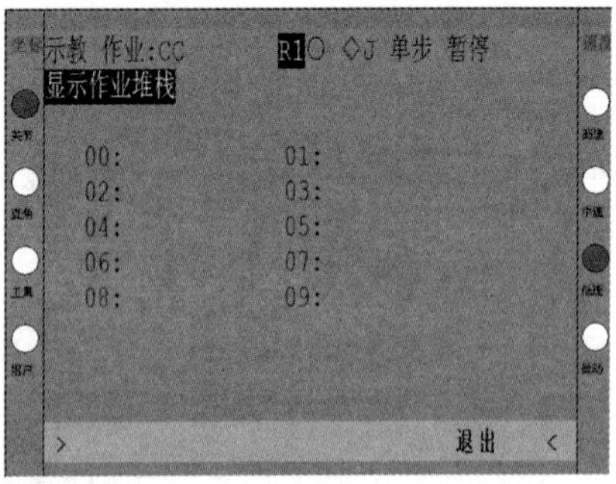 |

续表

| 步　骤 | 说　明 |
|---|---|
| 3. 如果CC程序是由BB程序调用进入的，则作业堆栈显示界面如右图所示 | 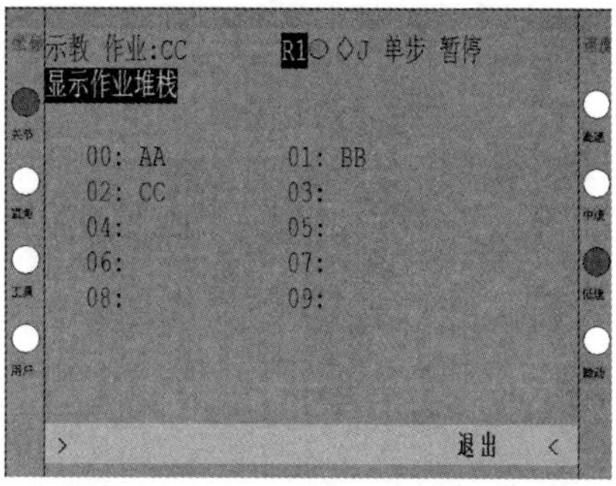 示教 作业:CC R1 ◇J 单步 暂停<br>显示作业堆栈<br>00: AA 01: BB<br>02: CC 03:<br>04: 05:<br>06: 07:<br>08: 09:<br>退出 |
| 4. 如果CC程序是由AA程序调用进入的，则作业堆栈显示界面如右图所示 | 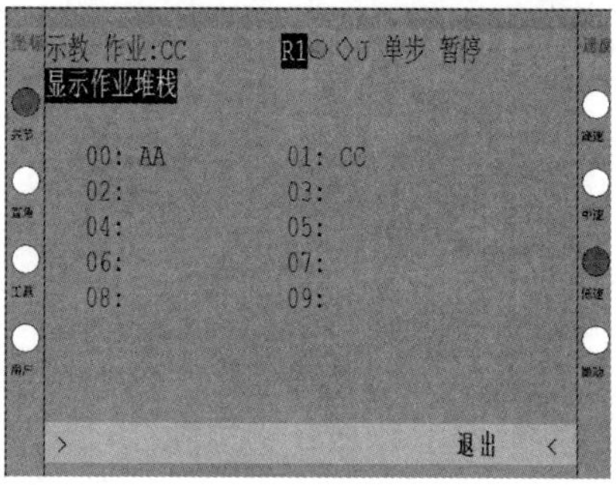 示教 作业:CC R1 ◇J 单步 暂停<br>显示作业堆栈<br>00: AA 01: CC<br>02: 03:<br>04: 05:<br>06: 07:<br>08: 09:<br>退出 |

依次按"主菜单"→"功能"→"诊断"→"作业堆栈"→"清空"键，清空当前堆栈的信息。清空后再进入显示堆栈界面，界面中没有任何程序名。这个菜单功能与在"执行模式下选择"→"清空堆栈"键功能相同。

### 5.12.2 启动

程序启动条件：

(1) 当作业堆栈为空时，可以启动任何程序，没有任何限制条件。

(2) 当作业堆栈不为空时，则必须启动最后一级子作业。如果不想启动最后一级子作业，或想启动其他程序，则必须清空作业堆栈，重新建立堆栈信息。清空作业堆栈后，启动要求同上一条。

(3) 从最后一级子作业启动，如果没有移动过机器人，没有编辑过作业，则可以直接启动；如果移动过机器人，编辑过作业，则必须先将机器人正向移动到程序启动路径上，即：让机器人当前位置与启动的运动指令位置一致。也就是说，机器人从路径起始点开始执行，不受任何限制；机器人从路径过程点开始执行，必须由操作者将机器人移动到启动的过程点上才可以启动。

## 5.13 暂停与再启动

在以下条件下，机器人停止运动：暂停、急停、报警。

### 5.13.1 暂停

按“暂停”键，程序停止运行，在示教盒状态行程序状态上显示暂停，伺服不下电。机器人的停止是有减速过程的停止。需要继续运行程序，直接按“启动”键即可。

### 5.13.2 急停

按“急停”键，示教盒状态行程序状态上显示急停，伺服下电。机器人的停止是没有减速过程的停止，如果高速运行时按“急停”键，则机械冲击很大，因此非紧急情况不能按“急停”键。

急停解除后，若需要重新上伺服电，则按“启动”键，机器人按停止时的路径继续往下运行。

### 5.13.3 报警

动作过程中发生报警后，机器人会立刻停止动作，控制柜上的报警灯亮。在示教盒上的人机接口显示区(屏幕右上角)会有报警信息，通知用户由于报警引起了停止。同时发生多个报警时，可以通过报警日志查询多条报警信息。报警可分为两种：一种只停止机器人运动，不下伺服驱动器动力电；另一种下伺服驱动器动力电。不下伺服驱动器动力电的报警，按示教盒上的“取消”键取消报警，再启动过程与暂停相同。下伺服驱动器动力电的报警，在消除报警后，再启动过程与急停相同。

## 5.14 后台程序

### 5.14.1 后台程序的启动与条件

后台程序可以新建多个，但只能启动执行一个，其他的后台程序可以作为子后台程序在这个启动的后台程序中调用。这个启动的主后台程序需要在界面中设置，只有成功设置主后台程序后，后台程序才能启动。若关机前设置开启过后台作业，则开机后无须手动开启后台，执行到 STARTBG 指令时自动开启。设置主后台程序的步骤如表 5-23 所示。

表 5-23 设置后台主作业操作步骤

| 步　骤 | 说　明 |
|---|---|
| 1. 路径 | 主菜单→作业→后台程序→设置 |
| 2. 进入后台作业配置界面 | 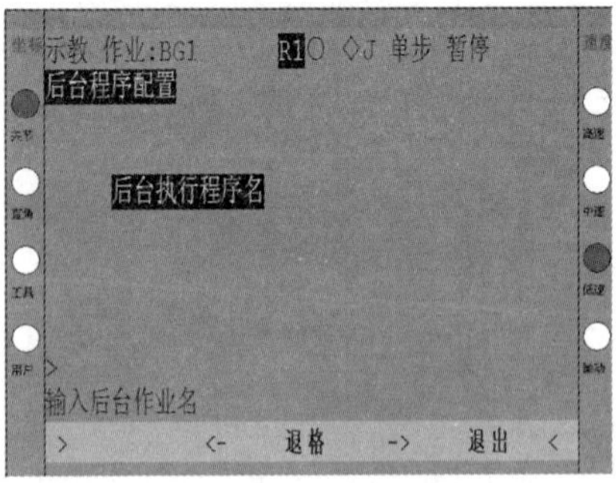 |

续表

| 步　骤 | 说　明 |
| --- | --- |
| 3. 输入主后台程序名，按“确认”键确定配置，界面中显示该作业名，配置成功 | |
| 4. 退出保存后，启动主后台作业 | 主菜单→作业→后台程序→启动 |
| 5. 在示教盒屏幕顶部状态标志行的最右侧出现 BG，表示后台作业启动成功；如果没有显示，则表示后台程序处于关闭状态 |  |

后台程序不能处理延时指令，因此有部分指令后台程序不支持执行，这些指令包括运动指令、与运动指令相关的指令（中断、偏移、获取位置点、设置工具/用户坐标系等）、延时。在按“启动”按钮时将检测非法指令，如果有非法指令，那么后台程序将不能成功启动。后台程序对信号输出时需要延时改变状态，这时可以使用 PULSE 指令。虽然只能有一个后台程序执行，但是后台程序可以调用子后台程序。

**注**：后台作业不能调用示教程序，调用等级与示教程序一样，最多支持 10 级调用。

### 5.14.2　后台程序的关闭与再启动

启动的后台程序，如果不关闭，则一直为启动状态，和机器人模式无关，和机器人示教程序是否启动无关，和机器人是否伺服上电无关。不希望后台程序执行时，可以通过菜单关闭后台程序，后台程序关闭后屏幕右上角的 BG 标志消失。后台程序的关闭与再启动除了使用菜单外，还可以在前台程序（示教程序）中使用指令控制，指令为 STARTBG 和 STOPBG，分别对应再启动和关闭后台程序。当前台程序执行到该控制指令时，后台程序关闭或再启动。前台程序执行前，必须使用菜单启动后台程序，如果没有使用菜单启动，那么当前台程序执行到控制后台程序指令时将报错。

## 5.15 系统轴数

新松机器人控制器软件目前最多支持12个轴的运动，当机器人硬件系统发生改变时，新松机器人控制器软件可以灵活的更改相应配置。例如，机器人原系统为8个轴，由于故障，1个轴暂时不能工作，为了不让整个机器人系统瘫痪，可以进行系统轴数配置，将机器人系统更改为7个轴。

**注：**

（1）机器人轴数与机器人的硬件系统息息相关，更改后的软件是否与硬件相匹配，需要由专业人士来确定。

（2）系统轴数发生改变，更改前的作业不能继续使用，系统重启后将自动清除作业。

（3）系统轴数配置完成后，必须重启，否则更改不生效。

（4）在有些情况下，轴数配置完成后，需要重新校零。系统轴数配置操作步骤如表5-24所示。

**表5-24　系统轴数操作步骤**

| 步　　骤 | 说　　明 |
| --- | --- |
| 1. 路径 | 主菜单→系统配置→系统轴数 |
| 2. 按“确认”键会进入系统轴数界面，用户可以根据自己的需要配置轴数，更改后应重新启动控制器，使配置生效。该参数一般在出厂前已设置好 | 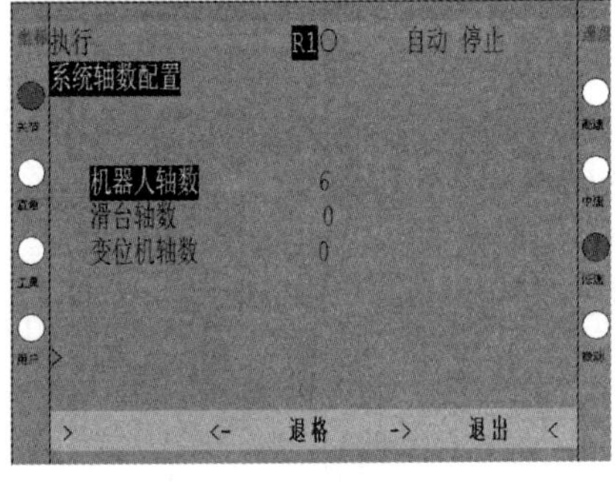 |

## 5.16 执行开关

在超级用户权限下，执行模式下有可以方便用户使用的执行开关，请根据需求谨慎配置。

执行开关的操作步骤如表5-25所示。

表 5-25 执行开关操作步骤

| 步骤 | 说明 |
|---|---|
| 1. 路径 | 主菜单→选择→(翻页)执行开关 |
| 2. 进入执行开关界面,界面会显示机器人当前的执行开关的状态。请根据需要更改执行开关的信息。退出后参数被保存 | |

参数说明:

(1) 连续轨迹。当设为 ON 时,运动指令与运动指令之间为连续运行。如果未开连续轨迹,则机器人可精确到达目标位置点。在目标点前后有减速与加速过程。如果开启连续轨迹,则机器人不会精确到达目标位置点。在目标点附近的速度变快。连续轨迹示意图如图 5-16 所示。

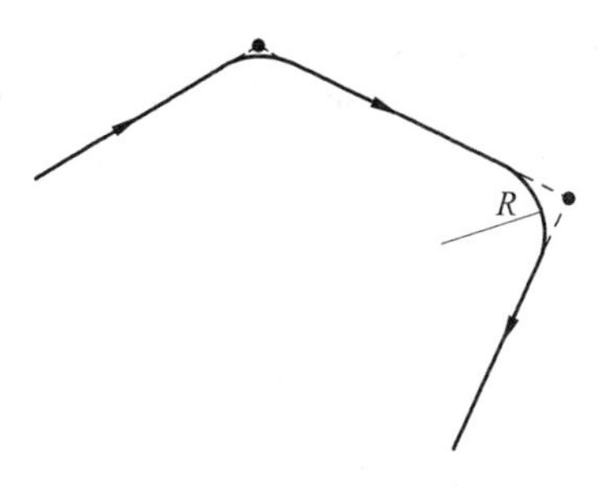


图 5-16 连续轨迹示意图

**注**:连续轨迹功能在复合段的轨迹半径会随着机器人运行速度的改变而改变,在首次打开连续轨迹功能之后和在连续轨迹功能打开时更改机器人运行速度这两种情况下,必须重新验证一遍作业,验证过程中需要注意安全,防止机器人的轨迹变化造成碰撞。连续轨迹开启后,若两条运动指令间存在其他非运动指令,则机器人会精确到达目标点。若希望机器人精确到达目标点,可在指令后添加短暂的延时指令或添加位置与目标点重合的运动指令。

(2) 断点恢复。当设为 ON 时,关机重启后可继续运行。目前仅对弧焊机器人有效。

(3) 中断允许。设置中断功能是否使能。

(4) 实时补偿。设置实时补偿功能是否使能。

(5) 偏移允许。设置示教点整体偏移功能是否使能。

(6) 轴运动。设定为 OFF 时,自动运行时机器人不运动,机器人本体不随运动指令的执行而运动,实时显示当前的关节值随运动指令的执行而变化,系统计算的运动时间与运行时间与机器人本体运动时一致;系统伺服下电后,实时显示的关节值将恢复为当前机器人本体的关节值,再次启动示教作业,如果不是从作业的第一行开始执行,那么屏幕显示的运动时间、运行时间与作业的实际路径规划时间不一致。轴运动禁止与示教模式无关,示教模式下的轴操作、正向/反向运动不受轴运动禁止设置的影响。在远程模式下,如果轴运动设置为禁止状态,则不允许外部启动作业。

**注**:轴运动设置发生改变后,必须重新启动控制柜,则设置才能生效;如果不重启控制柜,系统的执行过程与设置前一致。

(7) 执行信息。在作业执行时,设置是否同时显示执行信息,执行信息包括循环圈数、运行时间、运动时间。

(8) 调试使能。调试使能设置为 ON,系统将记录一些调试数据到 CF 卡;调试使能设置为 OFF,系统不记录数据到 CF 卡。该开关主要针对控制器软件开发人员。

(9) 按键配置。按键配置设置为 ON,系统将允许通过组合按键在示教模式下调用作业实现 I/O 信号的快捷控制;按键配置设置为 OFF,系统不允许通过组合按键调用作业。

(10) 转台无限回转。当第 7 轴为转台时,开启转台无限回转功能,第 7 轴的运动规划将变为始终沿一个方向运动。

(11) 安全门。安全门设置为 ON 时,表示检测安全门;设置为 OFF 时,表示不检测安全门。在调试初期,经常遇到安全门不能及时安装的情况,此时可以将安全门设为 OFF,不影响伺服上电。注意,当安全门安装完成后,及时将安全门设置为 ON。

(12) 硬限开关。当碰到硬限位开关时,硬限位报警,伺服下电。如果想伺服上电,则必须先释放硬限位开关,因为硬限位一直处于报警状态。硬限位报警时伺服不能上电。想要解除这种故障,可以屏蔽硬限位开关检测。进入执行开关界面,移动光标到硬限位上,按"确认"键切换设置为 ON 或 OFF。ON 表示检测硬限位开关,OFF 表示不检测硬限位开关。

**注**:释放硬限位开关并解除故障后后,必须再次进入执行开关,将硬限位设置为 ON。

(13) 主控逻辑。将主控逻辑关闭时,系统上电逻辑即被关闭,系统不能正常上电,并处于危险中。

**注**:除非专业人士指导,不允许关闭主控逻辑。

(14) 预约开关。设置预约功能是否使能。

(15) 离线使能。设置为 ON 时,远程模式将接收上位机 PC 信号。

(16) 电流学习。设置电流学习功能是否使能。

(17) 看门狗开关。设置为 ON 时,主板死机后会进行自检,间隔一段时间后会重启。

## 5.17　新建一个作业的操作

机器人运维工程师在根据实际任务需求编写一个作业时，大多数情况下，首先需要标定工具坐标系和用户坐标系以及机器人I/O接口的确认。然后，工程师需要新建一个作业，并在作业中去编写程序。下面细介绍新建一个作业的操作步骤。

1. 进入新建作业界面

在示教模式下，在示教盒上依次按"主菜单"→"作业"→"示教程序"→"新作业"键，设置轴组。其中Robot是本地轴，ExSys是外部轴。

2. 输入作业名

按屏幕上的"退出"键，界面提示输入作业名。作业名可输入数字或字母，如果想输入字母，则屏幕上的"<"翻页，再选择屏幕上对应的字母键。

3. 确认作业

移动光标，选择字母，按示教盒上的"确认"键，按屏幕上的"退出"键，按示教盒上的"确认"键，程序就会自动打新建的作业。

4. 打开新作业

新作业打开后，软件自动写入了开始标志语句NOP与结束标志语句END。

## 5.18　绘制五角星任务

工业机器人的实际应用场景很多，比如焊接、绘图、喷涂、打磨、装配、搬运、码垛等。根据手部带有的不同工具抓手机器人可以无限扩展其应用场景，但是在这些应用场景中，控制机器人末端执行器的轨迹控制是核心内容。下面以绘制五角星为例，来编写第一个简单的机器人走直线的程序。为了让所绘制的五角星更标准，我们一般先打印一个标准的五角星，将其放置在用户工位上，这样五角星的5个点的示教位置比较好找。

1. 开机并切换模式

开机后将模式切换到示教模式。在做任务前，最好先打印出一个五角星图形，并将打印出的五角星放置于工作台上，这样的目的是使示教时容易找到理想示教点。

2. 机器人I/O校验

查询机器人I/O口校验。因为此任务在运行过程中没有手抓工具部件的输出操作，所以不需要进行I/O口校验。

3. 工具坐标系标定

具体操作方法如下：

（1）在示教盒上按"主菜单"→"用户"→"坐标"→"工具坐标系"→"标定"键，进入的工具坐标系定界面。

（2）五点法标定工具坐标系。进入工具坐标系界面后，调整机器人位姿，依次使机器人轴运动到工具坐标系的示教点，按"确认"键，按光标移动键，依次确认5个示教点。记住所标定的工具坐标系号，本程序标定的工具坐标系号是 2 号。

4. 用户坐标系标定

具体操作方法如下：

(1) 依次按“主菜单”→“用户”→“坐标”→“用户坐标”→“标定”，进入用户坐标系标定界面。

(2) 三点法标定用户坐标系。进入用户坐标系标定界面后，依次使机器人轴运动到用户坐标系的示教点，按“确认”键，按光标移动键，依次确认三个示教点。记住所标定的用户坐标系号，本程序标定的用户坐标系号是 1 号。

5. 绘图程序的编写

具体步骤如下：

(1) 在示教模式下，新建一个作业并命名。

(2) 开始编写程序，在示教盒上写指令前，须将机器人工具先移动到示教点，然后在示教盒屏幕中写入指令。本案例的编程指令如下：

```
0000    NOP
0001  001  MOVJ  VJ = 10        //原点
0002  002  MOVJ  VJ = 10        //过渡点
0003  003  MOVL  VL = 10        //五角星第 1 点
0004  004  MOVL  VL = 10        //五角星第 2 点
0005  005  MOVL  VL = 10        //五角星第 3 点
0006  006  MOVL  VL = 10        //五角星第 4 点
0007  007  MOVL  VL = 10        //五角星第 5 点
0008  008  MOVJ  VJ = 10        //过渡点
0009    END
```

程序开始的原点如图 5-17 所示。

图 5-17　程序开始的原点

五角星的第一点对应 0003 语句如图 5-18 所示。

程序中的 0004 所对应程序中的 0004 语句，如图 5-19 所示。

程序中的几个过程标注点如图 5-20 所示。

图 5-18　五角星的第一点对应 0003 语句

图 5-19　对应程序中的 0004 语句

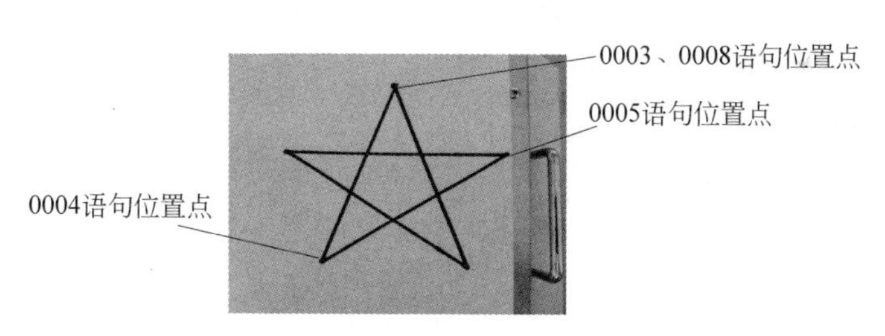


图 5-20　过程标注点

6. 示教调试

程序编写完成后，为了防止出现错误，需要再手动运行一遍，检验一下各点位置是否合理与安全。具体操作步骤为：在示教模式下，按下示教盒上的“主菜单”→“编辑”键，使光标位于程序的第一条指令，按 servo on →deadman 键，再按下示教盒上的“正向运动”或“反向运动”键，把本程序中的所有指令操作一遍，检验示教点位置是否正确。

7. 自动运行

具体操作步骤如下：

(1) 在示教模式下，使机械手臂正向运动或反向运动到程序的第一个运动指令的位置点。

(2) 将程序切换到执行模式，并按下示教盒上的 servo on 键，给伺服驱动器上电。

(3) 在控制柜上按下“启动/运行”按钮，程序自动运行。

(4) 如果想暂停程序，按下控制柜上的“暂停”按钮，程序暂停。

(5) 如果程序在任何停止的情况下想继续执行自动运行，必须重复执行前 4 步操作。控制柜面板“启动/运行”及指示等如图 5-21 所示。

图 5-21 控制柜面板“启动/运行”按钮

## 5.19 画花任务

机器人在完成一个绘制任务时，除了走直线，在大多数情况下，机器人需要走圆弧曲线，同样，我们需要在机器人绘制“花”前，需要先打印一朵花，并将其放置在机器人用户工位上，这样做的目的是为了方便编程人员确定绘图中的示教点。

1. 开机并切换模式

开机后将模式切换到示教模式。在正式做任务前，最好先打印出一个花图案，并将打印出的花图案放置于工作台上，这样的目的是使示教时容易找到理想示教点。

2. 机器人 I/O 校验

查询机器人 I/O 口校验。因为此任务在运行过程中没有手抓工具部件的输出动作，所以不需要进行 I/O 口校验。

3. 工具坐标系标定

具体操作方法如下：

(1) 在示教盒上按“主菜单”→“用户”→“坐标”→“工具坐标系”→“标定”键，进入工具坐标系标定界面。

(2) 五点法标定工具坐标系。进入工具坐标系界面后，调整机器人位姿，依次使机器人轴运动到工具坐标系的示教点，按“确认”键，按光标移动键，依次确认 5 个示教点。

4. 用户坐标系标定

具体操作方法如下：

(1) 依次按“主菜单”→“用户”→“坐标”→“用户坐标”→“标定”键。进入用户坐标系标定界面。

(2) 三点法标定用户坐标系。进入用户坐标系标定界面后，依次使机器人轴运动到用户坐标系的示教点，按“确认”键，按光标移动键，依次确认 3 个示教点。

5．绘图程序的编写

具体操作步骤如下：

(1) 在示教模式下，新建一个作业并命名。

(2) 开始编写程序，在示教盒上写指令前，须将机器人工具先移动到示教点，然后在示教盒屏幕中写入指令。本任务的编程指令如下：

```
0000      NOP
0001  001  MOVJ  VJ = 40      //原点
0002  002  MOVJ  VJ = 80      //过渡点
0003  003  MOVL  VL = 10.0    //纸上第 1 个落点
0004  004  MOVC  VC = 80.0    //花朵圆弧起点(第 1 个圆弧)
0005  005  MOVC  VC = 80.0    //花朵圆弧中间点(第 1 个圆弧)
0006  006  MOVC  VC = 80.0    //花朵圆弧终点(第 1 个圆弧)
0007  007  MOVJ  VJ = 50      //第 1 个花朵圆弧终点也是第 2 个花朵圆弧起点
0008  008  MOVC  VC = 80.0    //花朵圆弧起点(第 2 个圆弧)
0009  009  MOVC  VC = 80.0    //花朵圆弧中间点(第 2 个圆弧)
0010  010  MOVC  VC = 80.0    //花朵圆弧终点(第 2 个圆弧)
0011  011  MOVJ  VJ = 50      //第 2 个花朵圆弧终点也是第 3 个花朵圆弧起点
0012  012  MOVC  VC = 80.0    //花朵圆弧起点(第 3 个圆弧)
0013  013  MOVC  VC = 80.0    //花朵圆弧中间点(第 3 个圆弧)
0014  014  MOVC  VC = 80.0    //花朵圆弧终点(第 3 个圆弧)
0015  015  MOVJ  VJ = 50      //第 3 个花朵圆弧终点也是第 4 个花朵圆弧起点
0016  016  MOVC  VC = 80.0    //花朵圆弧起点(第 4 个圆弧)
0017  017  MOVC  VC = 80.0    //花朵圆弧中间点(第 4 个圆弧)
0018  018  MOVC  VC = 80.0    //花朵圆弧终点(第 4 个圆弧)
0019  019  MOVJ  VJ = 50      //第 4 个花朵圆弧终点也是第 5 个花朵圆弧起点
0020  020  MOVC  VC = 80.0    //花朵圆弧起点(第 5 个圆弧)
0021  021  MOVC  VC = 80.0    //花朵圆弧中间点(第 5 个圆弧)
0022  022  MOVC  VC = 80.0    //花朵圆弧终点(第 5 个圆弧)
0023  023  MOVL  VL = 10.0    //第 5 个花朵圆弧终点也是第 6 个花朵圆弧起点
0024  024  MOVC  VC = 80.0    //花朵圆弧起点(第 6 个圆弧)
0025  025  MOVC  VC = 80.0    //花朵圆弧中间点(第 6 个圆弧)
0026  026  MOVC  VC = 80.0    //花朵圆弧终点(第 6 个圆弧)
0027  027  MOVJ  VJ = 50      //第 6 个花朵圆弧终点也是第 7 个花朵圆弧起点
0028  028  MOVC  VC = 80.0    //花朵圆弧起点(第 7 个圆弧)
0029  029  MOVC  VC = 80.0    //花朵圆弧中间点(第 7 个圆弧)
0030  030  MOVC  VC = 80.0    //花朵圆弧终点(第 7 个圆弧)
0031  031  MOVJ  VJ = 50      //第 7 个花朵圆弧终点也是第 8 个花朵圆弧起点
0032  032  MOVC  VC = 80.0    //花朵圆弧起点(第 8 个圆弧)
0033  033  MOVC  VC = 80.0    //花朵圆弧中间点(第 8 个圆弧)
0034  034  MOVC  VC = 80.0    //花朵圆弧终点(第 8 个圆弧)
0035  035  MOVJ  VJ = 50      //第 8 个花朵圆弧终点也是第 1 个花朵圆弧起点
0036  036  MOVJ  VJ = 80      //过渡点
0037      END
```

程序中几个关键过程点标注如图 5-22 所示。

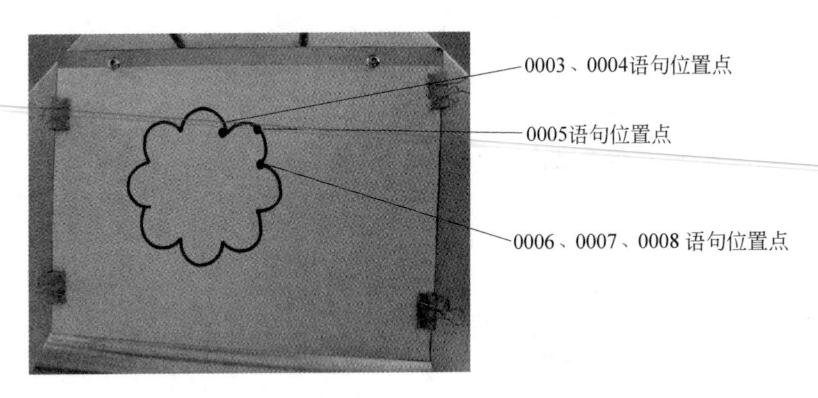


图 5-22　过程点标注

## 5.20　考核评价

要求：能清楚描述工业机器人 3 条运动指令的语法与运动速度的区别，能新建一个作业并完成语句的示教与编写、作业的管理等相关操作；能独立完成一个包括直线和 S 曲线的作业任务；在编写任务前，知道标定工具坐标系及工件坐标系标定的意义；能用专业语言正确、顺畅地展示配置的基本步骤，思路清晰、有条理，并能提出一些新的建议。

# 第6章

# 工业机器人搬运任务

搬运机器人是一种对各种形状的成品进行包装、搬运及整齐有序摆放的工业机器人，用途十分广泛，适用于各行各业。搬运机器人技术正在向智能化、模块化和系统化的方向发展。随着时代的发展，高效、快速是生产技术的主要任务，为提高生产效率、减少生产成本、缩短生产周期，搬运机器人应运而生，它可以代替人工进行货物的分类、搬运和装卸工作或代替人类搬运危险物品，如放射性物质、有毒物质等，降低工人的劳动强度，提高生产和工作效率，保证了工人的人身安全，实现自动化、智能化、无人化。

**教学目标**

通过机器人搬运任务这一项目的学习，让学生了解新松搬运码垛机器人工作站的主要组成单元，掌握机器人 I/O 配置方法，掌握搬运机器人物料放置位置的计算方法，掌握新松机器人所有类别的语法及应用案例，通过 2 个自动偏移的搬运指令的学习来掌握搬运项目的点位示教以及运算指令在程序中的应用特点。

## 6.1 运算类指令

运算类指令包括坐标系的设置指令、赋值指令、设置类指令、获取变量值指令等，所有运算类指令详细的语法结构和例子如表 6-1 所示。

**表 6-1 运算类指令**

| 指　　令 | 说　　明 | | |
|---|---|---|---|
| SET　TF | 功能 | 设置工具坐标系号。该指令执行后，系统的当前工具坐标系号则被改变，工具坐标系号的改变不仅对自动执行的作业有影响，示教模式下的轴操作使用的也是新设定的工具坐标系 | |
| | 格式 | SET　TF　#<参数 1> | |
| | 说明 | 参数 1 | 工具坐标系文件号，范围 1～8 |
| | 举例 | SET　TF　#1 | |

续表

| 指令 | | 说明 | |
|---|---|---|---|
| SET UF | 功能 | 设置用户坐标系号。该指令执行后，系统的当前用户坐标系号则被改变，用户坐标系号的改变不仅对自动执行的作业有影响，示教模式下的轴操作使用的也是新设定的用户坐标系 | |
| | 格式 | SET UF #<参数1> | |
| | 说明 | 参数1 | 用户坐标系文件号，范围1～8 |
| | 举例 | SET UF #1 | |
| SET PX.X | 功能 | 赋值运算，将实型变量赋值给位置变量的分量 | |
| | 格式 | SET P<参数1>.<参数2> <参数3> | |
| | 说明 | 参数1 | <位置变量号>，范围1～3072 |
| | | 参数2 | <位置变量分量>，范围1～9<br>1:X；2:Y；3:Z；4:RX；5:RY；6:RZ；7:E1；8:E2；9:E3；10:E4；11:E5；12:E6(对于4.5版本，添加10～12轴) |
| | | 参数3 | R<变量号>，范围1～100 |
| | 举例 | SET P1.1 R1 | |
| SET ACC | 功能 | 设置加速度百分比 | |
| | 格式 | SET ACC <参数1> | |
| | 说明 | 参数1 | 常数，范围1～200<br>最终加速度＝最大加速度×参数1 |
| | 举例 | SET ACC 80 | |
| SET VEL | 功能 | 设置速度百分比 | |
| | 格式 | SET VEL <参数1> | |
| | 说明 | 参数1 | 常数，范围1～150<br><整型用户变量号>，范围1～100<br>最终速度＝指令速度×参数1 |
| | 举例 | SET VEL 80 | |
| GET SI | 功能 | 获取系统变量中的值，赋给用户变量 | |
| | 格式 | GET I<参数1> SI<参数2> | |
| | 说明 | 参数1 | <整型用户变量号>，范围1～100 |
| | | 参数2 | <系统变量号>，范围1～100 |
| | 举例 | GET I1 SI1 | |
| GETTP | 功能 | 获取该指令的下一条运动指令中的示教位置将其存到位置变量中，如果下一条不是运动指令，则报警并停止运行 | |
| | 格式 | GETTP P<参数1> | |
| | 说明 | 参数1 | <位置变量号>，范围1～3072 |
| | 举例 | GETTP P1 | |
| GE CP | 功能 | 将机器人当前位置赋值到位置变量中，要确定机器人已经停止运动，否则获取的位置不准确 | |
| | 格式 | GETCP P<参数1> | |
| | 说明 | 参数1 | <位置变量号>，范围1～3072 |
| | 举例 | GETCP P1 | |

续表

| 指　令 | 说　明 | | |
|---|---|---|---|
| GET　TM | 功能 | 计算两个位置变量的转换矩阵，将计算结果放到参数 1 中 | |
| | 格式 | GET　TM　P<参数 1>　P<参数 2> | |
| | 说明 | 参数 1 | <位置变量号>，范围 1～3072 |
| | | 参数 2 | <位置变量号>，范围 1～3072 |
| | 举例 | GET　TM　P1　P2 | |
| GET　SR | 功能 | 获取机器人轴的转矩值并赋值给实型变量 | |
| | 格式 | GET　R<参数 1>　SR<参数 2> | |
| | 说明 | 参数 1 | <实型用户变量号>，范围 1～100 |
| | | 参数 2 | <机器人轴号>，范围为 1～机器人实际最大轴组数 |
| | 举例 | GET　R1　SR1 | |
| GET　IRQP | 功能 | 获取机器人当前位置的规划值或实际值赋值给位置变量 P(需要在程序中设置中断，然后在中设置程序中使用此指令) | |
| | 格式 | IRQP<参数 1>　LEV=<参数 2>　P<参数 3> | |
| | 说明 | 参数 1 | 此参数只能为 1 或 2。1：规划值；2：实际值 |
| | | 参数 2 | 中断等级，需要与调用作业的中断等级一致 |
| | | 参数 3 | <位置变量号>，范围 1～3072 |
| | 举例 | IRQP1　LEV=1　P10 | |
| ATAN | 功能 | 计算参数 2 的反正切值，计算结果保存在参数 1 中 | |
| | 格式 | ATAN　<参数 1>　<参数 2> | |
| | 说明 | 计算结果为角度值，范围[－90.0,90.0) | |
| | 举例 | ATAN　R1　R2 | |
| DETECT | 功能 | 将距离传感器数值保存到实型变量中 | |
| | 格式 | DETECT　R<参数 1> | |
| | 说明 | <实型用户变量号>，范围 1～100 | |
| | 举例 | DETECT　R1 | |

## 6.2　计算类指令

计算类指令包含赋值运算类，如整型、实型、字节型数据的加、减、乘、除、清零运算；字节型数据的清零、按位与、按位或、按位反、按位异或运算；数据的自减 1 与自加 1 计算。计算类指令详细的语法结构和例子如表 6-2 所示。

**表 6-2　计算类指令**

| 指　令 | 说　明 | | |
|---|---|---|---|
| 整型　SET | 功能 | 赋值运算，将参数 2 的值赋给参数 1 | |
| | 格式 | SET　<参数 1>　<参数 2> | |
| | 说明 | 参数 1 | I<变量号>：整型用户变量，范围 1～100<br>OG#<变量号>：8 位组 I/O 输出，范围 1～8<br>OGH#<变量号>：16 位组 I/O 输出，范围 1～64 |
| | | 参数 2 | =常数，范围－99999～99999<br>I<变量号>：整型用户变量，范围 1～100<br>IG#<变量号>：8 位组 I/O 输入，范围 1～8<br>IGH#<变量号>：16 位组 I/O 输入，范围 1～64 |

续表

| 指　令 | 说　明 | | |
|---|---|---|---|
| 整型　SET | 举例 | SET　I1＝100<br>SET　I1　I2<br>SET　I1　IG＃1<br>SET　I1　IGH＃2<br>SET　OG＃1　I1<br>SET　OGH＃2　I1 | |
| 整型 CLEAR | 功能 | 清零运算，参数 1 和参数 2 全部清零 | |
| | 格式 | CLEAR　I<参数 1>　I<参数 2> | |
| | 说明 | 参数 1 | <整型用户变量号>，范围 1～100 |
| | | 参数 2 | <整型用户变量号>，范围 1～100 |
| | 举例 | CLEAR　I1　I100 | |
| 整型　ADD | 功能 | 加法运算，参数 1 与参数 2 相加，结果存在参数 1 中 | |
| | 格式 | ADD　I<参数 1>　I<参数 2> | |
| | 说明 | 参数 1 | <整型用户变量号>，范围 1～100 |
| | | 参数 2 | <整型用户变量号>，范围 1～100 |
| | 举例 | ADD　I1　I2 | |
| 整型　SUB | 功能 | 减法运算，参数 1 与参数 2 相减，结果存在参数 1 中 | |
| | 格式 | SUB　I<参数 1>　I<参数 2> | |
| | 说明 | 参数 1 | <整型用户变量号>，范围 1～100 |
| | | 参数 2 | <整型用户变量号>，范围 1～100 |
| | 举例 | SUB　I1　I2 | |
| 整型　MUL | 功能 | 乘法运算，参数 1 与参数 2 相乘，结果存在参数 1 中 | |
| | 格式 | MUL　I<参数 1>　I<参数 2> | |
| | 说明 | 参数 1 | <整型用户变量号>，范围 1～100 |
| | | 参数 2 | <整型用户变量号>，范围 1～100 |
| | 举例 | MUL　I1　I2 | |
| 整型　DIV | 功能 | 除法运算，参数 1 与参数 2 相除，结果存在参数 1 中 | |
| | 格式 | DIV　I<参数 1>　I<参数 2> | |
| | 说明 | 参数 1 | <整型用户变量号>，范围 1～100 |
| | | 参数 2 | <整型用户变量号>，范围 1～100 |
| | 举例 | DIV　I1　I2 | |
| 实型　SET | 功能 | 赋值运算，将参数 2 的值赋给参数 1 | |
| | 格式 | SET　<参数 1>　<参数 2> | |
| | 说明 | 参数 1 | R<变量号>：实型用户变量，范围 1～100 |
| | | 参数 2 | ＝常数，范围－999999.99～999999.99<br>R<变量号>：实型用户变量，范围 1～100<br>P<位置变量号>.<位置变量分量>，<位置变量号>：范围 1～3072，<位置变量分量>：范围 1～9<br>IG＃<变量号>：8 位组 I/O 输入，范围 1～8<br>IGH＃<变量号>：16 位组 I/O 输入，范围 1～64<br>I<变量号>：整型用户变量，范围 1～100<br>AI<通道号>：模拟量，范围 1～32 |

续表

| 指　　令 | 说　　明 | | |
|---|---|---|---|
| 实型　SET | 举例 | SET　R1=100<br>SET　R1　R2<br>SET　R1　P1.1<br>SET　R1　IG#1<br>SET　R1　IGH#2<br>SET　R1　I1<br>SET　R1　AI1 | |
| 实型 CLEAR | 功能 | 清零运算，参数 1 和参数 2 全部清零 | |
| | 格式 | CLEAR　R<参数 1>　R<参数 2> | |
| | 说明 | 参数 1 | <实型用户变量号>，范围 1～100 |
| | | 参数 2 | <实型用户变量号>，范围 1～100 |
| | 举例 | CLEAR　R1　R100 | |
| 实型　ADD | 功能 | 加法运算，参数 1 与参数 2 相加，结果存在参数 1 中 | |
| | 格式 | ADD　R<参数 1>　R<参数 2> | |
| | 说明 | 参数 1 | <实型用户变量号>，范围 1～100 |
| | | 参数 2 | <实型用户变量号>，范围 1～100 |
| | 举例 | ADD　R1　R2 | |
| 实型　SUB | 功能 | 减法运算，参数 1 与参数 2 相减，结果存在参数 1 中 | |
| | 格式 | SUB　R<参数 1>　R<参数 2> | |
| | 说明 | 参数 1 | <实型用户变量号>，范围 1～100 |
| | | 参数 2 | <实型用户变量号>，范围 1～100 |
| | 举例 | SUB　R1　R2 | |
| 实型　MUL | 功能 | 乘法运算，参数 1 与参数 2 相乘，结果存在参数 1 中 | |
| | 格式 | MUL　R<参数 1>　R<参数 2> | |
| | 说明 | 参数 1 | <实型用户变量号>，范围 1～100 |
| | | 参数 2 | <实型用户变量号>，范围 1～100 |
| | 举例 | MUL　R1　R2 | |
| 实型　DIV | 功能 | 除法运算，参数 1 与参数 2 相除，结果存在参数 1 中 | |
| | 格式 | DIV　R<参数 1>　R<参数 2> | |
| | 说明 | 参数 1 | <实型用户变量号>，范围 1～100 |
| | | 参数 2 | <实型用户变量号>，范围 1～100 |
| | 举例 | DIV　R1　R2 | |
| 字节型 SET | 功能 | 赋值运算，将参数 2 的值赋给整型参数 1 | |
| | 格式 | SET　<参数 1>　<参数 2> | |
| | 说明 | 参数 1 | B<变量号>：字节型用户变量，范围 1～100 |
| | | 参数 2 | =常数，范围 0～255<br>B<变量号>：字节型用户变量，范围 1～100<br><<常数，左移位数，范围 1～8<br>>>常数，右移位数，范围 1～8 |
| | 举例 | SET　B1=100<br>SET　B1　B2<br>SET　B1　<<1<br>SET　B1　>>1 | |

续表

| 指　　令 | 说　　明 | | |
|---|---|---|---|
| 字节型 CLEAR | 功能 | 清零运算,参数 1 到参数 2 全部清零 | |
| | 格式 | CLEAR　B<参数 1>　B<参数 2> | |
| | 说明 | 参数 1 | <字节型用户变量号>,范围 1～100 |
| | | 参数 2 | <字节型用户变量号>,范围 1～100 |
| | 举例 | CLEAR　B1　B100 | |
| 字节型　AND | 功能 | 按位与运算,参数 1 与参数 2 按位求与,结果存在参数 1 中 | |
| | 格式 | AND　B<参数 1>　B<参数 2> | |
| | 说明 | 参数 1 | <字节型用户变量号>,范围 1～100 |
| | | 参数 2 | <字节型用户变量号>,范围 1～100 |
| | 举例 | AND　B1　B2 | |
| 字节型　OR | 功能 | 按位或运算,参数 1 与参数 2 按位求或,结果存在参数 1 中 | |
| | 格式 | OR　B<参数 1>　B<参数 2> | |
| | 说明 | 参数 1 | <字节型用户变量号>,范围 1～100 |
| | | 参数 2 | <字节型用户变量号>,范围 1～100 |
| | 举例 | OR　B1　B2 | |
| 字节型　NOT | 功能 | 按位反运算,参数 2 按位求反,结果存在参数 1 中 | |
| | 格式 | NOT　B<参数 1>　B<参数 2> | |
| | 说明 | 参数 1 | <字节型用户变量号>,范围 1～100 |
| | | 参数 2 | <字节型用户变量号>,范围 1～100 |
| | 举例 | NOT　B1　B2 | |
| 字节型　XOR | 功能 | 按位异或运算,参数 1 与参数 2 按位求异或,结果存在参数 1 中 | |
| | 格式 | XOR　B<参数 1>　B<参数 2> | |
| | 说明 | 参数 1 | <字节型用户变量号>,范围 1～100 |
| | | 参数 2 | <字节型用户变量号>,范围 1～100 |
| | 举例 | XOR　B1　B2 | |
| 字节型　ADD | 功能 | 加法运算,参数 1 与参数 2 相加,结果存在参数 1 中 | |
| | 格式 | ADD　B<参数 1>　B<参数 2> | |
| | 说明 | 参数 1 | <字节型用户变量号>,范围 1～100 |
| | | 参数 2 | <字节型用户变量号>,范围 1～100 |
| | 举例 | ADD　B1　B2 | |
| 字节型　SUB | 功能 | 减法运算,参数 1 与参数 2 相减,结果存在参数 1 中 | |
| | 格式 | SUB　B<参数 1>　B<参数 2> | |
| | 说明 | 参数 1 | <字节型用户变量号>,范围 1～100 |
| | | 参数 2 | <字节型用户变量号>,范围 1～100 |
| | 举例 | SUB　B1　B2 | |
| 字节型 MUL | 功能 | 乘法运算,参数 1 与参数 2 相乘,结果存在参数 1 中 | |
| | 格式 | MUL　B<参数 1>　B<参数 2> | |
| | 说明 | 参数 1 | <字节型用户变量号>,范围 1～100 |
| | | 参数 2 | <字节型用户变量号>,范围 1～100 |
| | 举例 | MUL　B1　B2 | |

续表

| 指令 | 说明 | | |
|---|---|---|---|
| 字节型 DIV | 功能 | 除法运算，参数 1 与参数 2 相除，结果存在参数 1 中 | |
| | 格式 | DIV B<参数 1> B<参数 2> | |
| | 说明 | 参数 1 | <字节型用户变量号>，范围 1～100 |
| | | 参数 2 | <字节型用户变量号>，范围 1～100 |
| | 举例 | DIV B1 B2 | |
| 自加减 INCI | 功能 | 自加 1 | |
| | 格式 | INC I<参数 1> | |
| | 说明 | 参数 1 | <整型用户变量号>，范围 1～100 |
| | 举例 | INC I1 | |
| 自加减 DECI | 功能 | 自减 1 | |
| | 格式 | DEC I<参数 1> | |
| | 说明 | 参数 1 | <整型用户变量号>，范围 1～100 |
| | 举例 | DEC I1 | |
| 自加减 INCR | 功能 | 自加 1 | |
| | 格式 | INC R<参数 1> | |
| | 说明 | 参数 1 | <实型用户变量号>，范围 1～100 |
| | 举例 | INC R1 | |
| 自加减 DECR | 功能 | 自减 1 | |
| | 格式 | DEC R<参数 1> | |
| | 说明 | 参数 1 | <实型用户变量号>，范围 1～100 |
| | 举例 | DEC R1 | |

## 6.3 运动类指令

运动类指令包括关节运动指令、直线运动指令、圆弧运动指令；变位机上的直线运动指令和圆弧运动指令；位置变量可见且可修改的关节运动指令与直线运动指令。运动类指令的具体语法结构及例子如表 6-3 所示。

**表 6-3　运动类指令**

| 指令 | 说明 | | |
|---|---|---|---|
| MOVJ | 功能 | 两点之间以关节插补方式进行运动 | |
| | 格式 | MOVJ VJ=<参数项> | |
| | 说明 | 位置数据 | 运动指令中不显示对应的位置信息 |
| | | 参数项 | 含义：关节运动运行速度<br>单位：%<br>范围：0～99 |
| | 举例 | NOP //作业开始<br>MOVJ VJ = 10 //运动点 1，以 10 % 的最大速度从运动点 2 运行到此点<br>MOVJ VJ = 99 //运动点 2，以最大速度从上一点运行到此点<br>END //作业结束，如执行方式为自动，则作业重复执行 | |

续表

| 指令 | 说明 | | |
|---|---|---|---|
| MOVL | 功能 | 两点之间以直线插补方式进行运动 | |
| | 格式 | MOVL VL=<参数项> | |
| | 说明 | 位置数据 | 运动指令中不显示对应的位置信息 |
| | | 参数项 | 含义：直线运动运行速度<br>单位：mm/s<br>范围：受机器人型号限制 |
| | 举例 | NOP<br>MOVL VL = 110 //执行 MOVL 指令时，5 轴姿态不能在 - 0.5°～0.5°范围内，更不能经过 0°<br>MOVL VL = 600 //以 600mm/s 速度运行直线<br>END | |
| MOVC | 功能 | 两点之间以圆弧插补方式进行运动 | |
| | 格式 | MOVC VC=<参数项> | |
| | 说明 | 位置数据 | 运动指令中不显示对应的位置信息 |
| | | 参数项 | 含义：圆弧运动运行速度<br>单位：mm/s<br>范围：0～1000 |
| | 举例 | NOP<br>MOVJ VJ = 10 //运动点 1 必须是 MOVJ 或 MOVL，且不管是 MOVJ 还是 MOVL，从运动点 1 前往第一条 MOVC 指令时，都是以直线方式进行运动<br>MOVC VC = 110 //走圆弧时，至少要有 3 条 MOVC 指令，且每相邻两条 MOVC 指令间示教的角度必须小于 90°，否则圆弧不准<br>MOVC VC = 110 //以 110mm/s 速度进行圆弧运动<br>MOVC VC = 110<br>END | |
| SMOVL | 功能 | 在变位机上进行直线规划运动 | |
| | 格式 | SMOVL VL=<参数项> | |
| | 说明 | 位置数据 | 运动指令中不显示对应的位置信息 |
| | | 参数项 | 含义：直线运动运行速度<br>单位：mm/s |
| | 举例 | SMOVL VL=600 | |
| SMOVC | 功能 | 在变位机上进行圆弧规划运动 | |
| | 格式 | SMOVC VC=<参数项> | |
| | 说明 | 位置数据 | 运动指令中不显示对应的位置信息 |
| | | 参数项 | 含义：圆弧运动运行速度<br>单位：mm/s<br>范围：受机器人型号限制 |
| | 举例 | SMOVC VC=600 | |
| MOVJ P | 功能 | 运动方式与 MOVJ 相同，区别在于其点位外部可见，在位置变量界面中可示教当前的位置点，进行记录存入位置变量 P 中，点位可显示出来，也可人为进行修改 | |
| | 格式 | MOVJ P<参数 1> VJ=<参数 2> | |
| | 说明 | 参数 1 | <位置变量号>，范围 1～3072 |
| | | 参数 2 | 含义：关节运动运行速度<br>单位：%<br>范围：0～99 |
| | 举例 | MOVJ P1 VJ=50 | |

续表

<table>
<tr><th>指　　令</th><th colspan="3">说　　明</th></tr>
<tr><td rowspan="6">MOVL　P</td><td>功能</td><td colspan="2">运动方式与MOVL相同，区别在于其点位外部可见，在位置变量界面中可示教当前的位置点，进行记录存入位置变量P中，点位可显示出来，也可人为进行修改</td></tr>
<tr><td>格式</td><td colspan="2">MOVL　P<参数1>　VL=<参数2></td></tr>
<tr><td rowspan="2">说明</td><td>参数1</td><td><位置变量号>：范围1～3072</td></tr>
<tr><td>参数2</td><td>含义：直线运动运行速度<br>单位：mm/s<br>范围：受机器人型号限制</td></tr>
<tr><td>举例</td><td colspan="2">MOVL　P1　VL=600</td></tr>
</table>

## 6.4　I/O类

I/O类指令包括单个I/O信号的输入/输出指令、I/O类指令；组I/O的输入/输出指令；优先级设置指令；I/O状态赋值指令；等待指令。具体的I/O类指令的语法结构和例子如表6-4所示。

**表6-4　I/O类指令**

<table>
<tr><th>指　　令</th><th colspan="3">说　　明</th></tr>
<tr><td rowspan="4">OUT　OT#</td><td>功能</td><td colspan="2">I/O输出，单个I/O</td></tr>
<tr><td>格式</td><td colspan="2">OUT　<输出状态></td></tr>
<tr><td>说明</td><td>输出状态</td><td>OT#<I/O号>=状态<br>OT为单个I/O，I/O号范围1～1280，状态包含ON、OFF两种</td></tr>
<tr><td>举例</td><td colspan="2">OUT　OT#1 =ON<br>OUT　OT#2 =OFF</td></tr>
<tr><td rowspan="4">OUT　OG</td><td>功能</td><td colspan="2">I/O输出，8位组I/O</td></tr>
<tr><td>格式</td><td colspan="2">OUT　<输出状态></td></tr>
<tr><td>说明</td><td>输出状态</td><td>OG#<组号>=常数<br>OG为8位组I/O，组I/O中的个I/O位号可以通过界面配置，目前支持8组，常数范围为0～255</td></tr>
<tr><td>举例</td><td colspan="2">OUT　OG#1 =100</td></tr>
<tr><td rowspan="4">OUT　OGH</td><td>功能</td><td colspan="2">I/O输出，16位组I/O</td></tr>
<tr><td>格式</td><td colspan="2">OUT　<输出状态></td></tr>
<tr><td>说明</td><td>输出状态</td><td>OGH#<组号>=常数<br>OGH为16位组I/O，无须配置，1～16为第一组，17～32为第二组，总共支持64组，常数范围为0～65535</td></tr>
<tr><td>举例</td><td colspan="2">OUT　OGH#1 =10000</td></tr>
</table>

续表

<table>
<tr><th>指　令</th><th colspan="3">说　明</th></tr>
<tr><td rowspan="5">OUT<br>PATH OUT</td><td>功能</td><td colspan="2">I/O 输出,路径中输出 I/O</td></tr>
<tr><td>格式</td><td colspan="2">OUT　<输出状态>　D=<距离参数></td></tr>
<tr><td rowspan="2">说明</td><td>输出状态</td><td>OT＃<I/O 号>=状态<br>OT 为单个 I/O,I/O 号范围为 1～1280,状态包含 ON、OFF 两种</td></tr>
<tr><td>距离参数</td><td>信号指令在距离目标位置一定距离时下发,单位为 mm,范围为 0～1000</td></tr>
<tr><td>举例</td><td colspan="2">OUT　OT＃1 =ON　D=1</td></tr>
<tr><td rowspan="4">OUT　OG＃</td><td>功能</td><td colspan="2">I/O 输出,8 位组 I/O</td></tr>
<tr><td>格式</td><td colspan="2">OUT　<输出状态></td></tr>
<tr><td>说明</td><td>输出状态</td><td>OG＃<组号>=I<整型用户变量号><br>OG 为 8 位组 I/O,组 I/O 中的个 I/O 位号可以通过界面配置,目前支持 8 组<br>输出值为整型用户变量值,整型用户变量号范围为 1～100</td></tr>
<tr><td>举例</td><td colspan="2">OUT　OG＃1 =I100</td></tr>
<tr><td rowspan="4">OUT　OGH＃</td><td>功能</td><td colspan="2">I/O 输出,16 位组 I/O</td></tr>
<tr><td>格式</td><td colspan="2">OUT　<输出状态></td></tr>
<tr><td>说明</td><td>输出状态</td><td>OGH＃<组号>=I<整型用户变量号><br>OGH 为 16 位组 I/O,无须配置,1～16 为第一组,17～32 为第二组,总共支持 64 组<br>输出值为整型用户变量值,整型用户变量号范围为 1～100</td></tr>
<tr><td>举例</td><td colspan="2">OUT　OGH＃1 =I100</td></tr>
<tr><td rowspan="6">IRQ　ON</td><td>功能</td><td colspan="2">当触发条件满足瞬间,执行中断程序</td></tr>
<tr><td>格式</td><td colspan="2">IRQON　<优先级><触发条件><中断程序名></td></tr>
<tr><td rowspan="3">说明</td><td>优先级</td><td>低优先级中断程序再执行时,可以继续触发高优先级中断程序执行;高优先级中断程序在执行时,不能触发执行低优先级中断程序。优先级范围为 1～100,1 为最高优先级</td></tr>
<tr><td>触发条件</td><td>IN＃<I/O 号>=ON/OFF:输入 I/O 为 ON/OFF 时<br>OT＃<I/O 号>=ON/OFF:输出 I/O 为 ON/OFF 时<br>Rxx==,<,>,<>常数:浮点型变量与常数比较<br>Ixx==,<,>,<>常数:整型变量与常数比较<br>变量比较中的常数为实型数据,与整型变量比较时自动进行取整<br>触发条件从不满足到满足的瞬间,可以触发执行中断程序;如果触发条件一直满足,则不能执行中断程序</td></tr>
<tr><td>中断程序名</td><td>触发条件满足瞬间将执行的程序名<br>在 IRQON 和 IRQOFF 之间,程序属于中断程序,不能用 CALL 指令调用;在此之外,程序不再属于中断程序,可以被 CALL 指令调用</td></tr>
<tr><td>举例</td><td colspan="2">IRQON(IN)　LEV=3　IN＃1 =ON　JOB1<br>IRQON(I==)　LEV=50　I1=20　JOB2</td></tr>
<tr><td rowspan="4">IRQ　OFF</td><td>功能</td><td colspan="2">关闭指定优先级的中断</td></tr>
<tr><td>格式</td><td colspan="2">IRQOFF　LEV=<参数项></td></tr>
<tr><td>说明</td><td>参数项</td><td>含义:中断的优先级<br>范围:1～100</td></tr>
<tr><td>举例</td><td colspan="2">IRQOFF　LEV=34</td></tr>
</table>

续表

<table>
<tr><th>指　　令</th><th colspan="3">说　　明</th></tr>
<tr><td rowspan="5">DIN　B#</td><td>功能</td><td colspan="2">将输入 I/O 位状态赋值给字节变量。I/O 为 ON 则变量为 1，I/O 为 OFF 则变量为 0</td></tr>
<tr><td>格式</td><td colspan="2">DIN　B<参数 1>　IN#<参数 2></td></tr>
<tr><td rowspan="2">说明</td><td>参数 1</td><td><字节型用户变量号>，范围 1～100</td></tr>
<tr><td>参数 2</td><td>< I/O 号>，范围 1～1280</td></tr>
<tr><td>举例</td><td colspan="2">DIN　B1　IN#1</td></tr>
<tr><td rowspan="5">DIN　BG</td><td>功能</td><td colspan="2">将输入组 I/O 状态赋值给字节变量</td></tr>
<tr><td>格式</td><td colspan="2">DIN(IG)　B<参数 1>　IG#<参数 2></td></tr>
<tr><td rowspan="2">说明</td><td>参数 1</td><td><字节型用户变量号>，范围 1～100</td></tr>
<tr><td>参数 2</td><td><组号>，范围 1～8</td></tr>
<tr><td>举例</td><td colspan="2">DIN　B1　IG#1</td></tr>
<tr><td rowspan="6">PULSE</td><td>功能</td><td colspan="2">输出 I/O 状态，并保持一定时间后复位</td></tr>
<tr><td>格式</td><td colspan="2">PULSE　OT#<参数 1>=<参数 2>　T=<参数 3></td></tr>
<tr><td rowspan="3">说明</td><td>参数 1</td><td>输出信号的编号。只能为输出信号</td></tr>
<tr><td>参数 2</td><td>含义：信号状态，包括 ON、OFF</td></tr>
<tr><td>参数 3</td><td>含义：等待时间。表示保持信号的时间，过了该时间信号复位，单位：s</td></tr>
<tr><td>举例</td><td colspan="2">PULSE　OT#30 =ON　T=1<br>把 30 号信号 I/O 置为 ON，并保持 1 秒钟后复位为 OFF，如果 30 号信号本来就是 ON 状态，不会将 30 号信号先置为 OFF，再置为 ON，而是直接从指令执行开始时计时 1 秒，计时结束后将 30 号信号置为 OFF，并且一直保持 OFF 状态，直到执行到对 30 号信号的其他处理指令</td></tr>
<tr><td rowspan="5">WAIT</td><td>功能</td><td colspan="2">等待条件满足</td></tr>
<tr><td>格式</td><td colspan="2">WAIT　<条件><等待时间></td></tr>
<tr><td rowspan="2">说明</td><td>判断条件</td><td>IN#< I/O 号>=ON/OFF：输入 I/O 为 ON/OFF 时<br>OT#< I/O 号>=ON/OFF：输出 I/O 为 ON/OFF 时<br>IG#<组号>=常数：输入组 I/O 等于指定常数时<br>OG#<组号>=常数：输出组 I/O 等于指定常数时<br>IGH#<组号>=常数：输入组 I/O 等于指定常数时<br>OGH#<组号>=常数：输出组 I/O 等于指定常数时</td></tr>
<tr><td>等待时间</td><td>正数表示等待到设置时间就不再等待继续向下执行<br>负数只能输入−1，表示一直等待，直到满足条件</td></tr>
<tr><td>举例</td><td colspan="2">WAIT (IN)　IN#1= ON　T=−1<br>WAIT　(OT)　OT#1= ON　T=10<br>WAIT　(IG)　IG#1= 100　T=−1<br>WAIT　(OG)　OG#1= 100　T=10<br>WAIT　(IGH)　IGH#1= 10000　T=−1<br>WAIT　(OGH)　OGH#1= 10000　T=10</td></tr>
</table>

## 6.5 控制类 1

控制类 1 指令包括跳转指令、延时指令、启动和关闭后台指令、宏指令、注释指令及子程序结束指令。控制类 1 指令的具体语法结构和例子如表 6-5 所示。

**表 6-5 控制类 1 指令**

<table>
<tr><th>指令</th><th colspan="3">说明</th></tr>
<tr><td rowspan="4">GOTO</td><td>功能</td><td colspan="2">无条件跳转到标签处执行</td></tr>
<tr><td>格式</td><td colspan="2">GOTO L<参数项></td></tr>
<tr><td>说明</td><td>参数项</td><td>含义：标签号</td></tr>
<tr><td>举例</td><td colspan="2">NOP<br>GOTO L50 //无条件跳转至 L50 位置<br>MOVJ VJ = 10 //跳过此条运动指令,不会被执行<br>L50 //标明位置<br>MOVJ VJ = 5 //此指令会作为第一条运动指令执行<br>MOVJ VJ = 5 //此指令会作为第二条运动指令执行<br>END</td></tr>
<tr><td rowspan="4">LABEL</td><td>功能</td><td colspan="2">标签,标明指令条件满足时,要跳转到的指令位置</td></tr>
<tr><td>格式</td><td colspan="2">L<参数项></td></tr>
<tr><td>说明</td><td>参数项</td><td>含义：用于区别其他标签,是整数类型<br>范围：0～999</td></tr>
<tr><td>举例</td><td colspan="2">NOP<br>GOTO L50 //无条件跳转至 L50 位置<br>MOVJ VJ = 10 //跳过此条运动指令,此条指令不会被执行<br>L50 //标明位置<br>MOVJ VJ = 5 //此指令会作为第一条运动指令执行<br>MOVJ VJ = 5 //此指令会作为第二条运动指令执行<br>END</td></tr>
<tr><td rowspan="5">WHILE</td><td>功能</td><td colspan="2">如果条件满足跳转到标签处执行,否则继续执行下一行。满足条件后计数变量重新开始计数</td></tr>
<tr><td>格式</td><td colspan="2">WHILE N<<参数 1> L<参数 2></td></tr>
<tr><td rowspan="2">说明</td><td>参数 1</td><td>含义：输入信号的编号,只能为输入信号</td></tr>
<tr><td>参数 2</td><td>含义：整数类型</td></tr>
<tr><td>举例</td><td colspan="2">NOP<br>MOVJ VJ = 10<br>WHILE N<5 L30 //当循环次数小于 5 次时,跳转到 L30 位置<br>MOVJ VJ = 20 //当循环次数大于等于 5 次时,才会执行此步骤<br>L30<br>MOVJ VJ = 10<br>END</td></tr>
</table>

续表

<table>
<tr><th>指　　令</th><th colspan="3">说　　明</th></tr>
<tr><td rowspan="4">DELAY</td><td>功能</td><td colspan="2">延时一段时间。在延时时间内机器人无任何动作</td></tr>
<tr><td>格式</td><td colspan="2">DELAY　T=<参数项></td></tr>
<tr><td>说明</td><td>参数项</td><td>含义：延时的时间<br>单位：s<br>范围：0.1～999.0</td></tr>
<tr><td>举例</td><td colspan="2">NOP<br>MOVJ　VJ = 10<br>DELAY　T = 0.500　//16ms 每拍时，延时 0.512 秒；4ms 每拍时，延时 0.5 秒<br>MOVJ　VJ = 5<br>DELAY　T = 2.000<br>END</td></tr>
<tr><td rowspan="6">IF　I/O</td><td>功能</td><td colspan="2">如果 I/O 信号满足条件，则作业跳转到标签处执行，否则继续执行下一行</td></tr>
<tr><td>格式</td><td colspan="2">IF　<参数 1>=<参数 2>　L<参数 3></td></tr>
<tr><td rowspan="3">说明</td><td>参数 1</td><td>IN#<I/O 号><br>OT#<I/O 号><br>IG#<组号><br>OG#<组号><br>IGH#<组号><br>OGH#<组号></td></tr>
<tr><td>参数 2</td><td>单个信号状态：ON/OFF<br>或常数</td></tr>
<tr><td>参数 3</td><td>含义：标签号</td></tr>
<tr><td>举例</td><td colspan="2">IF　IN#1=ON　L1<br>IF　IG#1=5　L1</td></tr>
<tr><td rowspan="7">IF 整型、实型、字节型</td><td>功能</td><td colspan="2">如果用户变量满足比较条件，则作业跳转到标签处执行，否则继续执行 IF 指令的下一行指令</td></tr>
<tr><td>格式</td><td colspan="2">IF<参数 1>　<比较符><参数 2>　L<参数 3></td></tr>
<tr><td rowspan="4">说明</td><td>参数 1</td><td>B<变量号><br>I<变量号><br>R<变量号></td></tr>
<tr><td>比较符</td><td>==或=：相等<br>>：大于<br><：小于<br><>：不等于</td></tr>
<tr><td>参数 2</td><td>常数<br>B<变量号><br>I<变量号><br>R<变量号><br>参数 2 为常数，或与参数 1 类型相同</td></tr>
<tr><td>参数 3</td><td>含义：标签号</td></tr>
<tr><td>举例</td><td colspan="2">IF(I==I)　I1==5　L10<br>IF(R>R)　R1>R1　L2<br>IF(B<>B)　B1<>B2　L3</td></tr>
</table>

续表

<table>
<tr><th>指　令</th><th colspan="3">说　明</th></tr>
<tr><td rowspan="6">IF　SI</td><td>功能</td><td colspan="2">如果系统整型变量满足条件，则作业跳转到标签处执行，否则继续执行下一行</td></tr>
<tr><td>格式</td><td colspan="2">IFS　I<参数 1>==<参数 2>　L<参数 3></td></tr>
<tr><td rowspan="3">说明</td><td>参数 1</td><td><系统整型变量号>，范围为 1～100</td></tr>
<tr><td>参数 2</td><td>常数，范围－99999～99999</td></tr>
<tr><td>参数 3</td><td>含义：标签号</td></tr>
<tr><td>举例</td><td colspan="2">IF　SI2==20　L2</td></tr>
<tr><td rowspan="4">BG　START</td><td>功能</td><td colspan="2">启动后台程序</td></tr>
<tr><td>格式</td><td colspan="2">START　BG</td></tr>
<tr><td>说明</td><td colspan="2">前提是使用菜单启动过后台程序，并用 STOPBG 停止过后台程序</td></tr>
<tr><td>举例</td><td colspan="2">NOP<br>START　BG　//启动后台作业<br>MOVJ　VJ = 10<br>DELAY　T = 1<br>MOVJ　VJ = 10<br>DELAY　T = 1<br>STOP　BG　//停止后台作业<br>END</td></tr>
<tr><td rowspan="4">BG　STOP</td><td>功能</td><td colspan="2">关闭后台程序</td></tr>
<tr><td>格式</td><td colspan="2">STOP　BG</td></tr>
<tr><td>说明</td><td colspan="2">前提是使用菜单启动过后台程序</td></tr>
<tr><td>举例</td><td colspan="2">NOP<br>START　BG　//启动后台作业<br>MOVJ　VJ = 10<br>DELAY　T = 1<br>MOVJ　VJ = 10<br>DELAY　T = 1<br>STOP　BG　//停止后台作业<br>END</td></tr>
<tr><td rowspan="4">MACRO</td><td>功能</td><td colspan="2">宏程序调用</td></tr>
<tr><td>格式</td><td colspan="2">MACRO<参数项></td></tr>
<tr><td>说明</td><td>参数项</td><td>宏指令参数，范围为 1～999</td></tr>
<tr><td>举例</td><td colspan="2">MACRO　1</td></tr>
<tr><td rowspan="4">COMMENT</td><td>功能</td><td colspan="2">加入注释，不影响程序运行，仅供查看</td></tr>
<tr><td>格式</td><td colspan="2">；<注释内容></td></tr>
<tr><td>说明</td><td>注释内容</td><td>分号后输入注释内容，在示教盒上仅可添加简单注释，中文注释等可通过 PC 端编辑导入</td></tr>
<tr><td>举例</td><td colspan="2">；JOB　FINISH</td></tr>
<tr><td rowspan="4">RECORD　ON</td><td>功能</td><td colspan="2">开始位置信息的记录</td></tr>
<tr><td>格式</td><td colspan="2">RECORD　ON</td></tr>
<tr><td>说明</td><td colspan="2">无参数</td></tr>
<tr><td>举例</td><td colspan="2">RECORD　ON</td></tr>
<tr><td rowspan="4">RECORD　OFF</td><td>功能</td><td colspan="2">结束位置信息的记录</td></tr>
<tr><td>格式</td><td colspan="2">RECORD　OFF</td></tr>
<tr><td>说明</td><td colspan="2">无参数</td></tr>
<tr><td>举例</td><td colspan="2">RECORD　OFF</td></tr>
</table>

续表

<table>
<tr><th>指　　令</th><th colspan="2">说　　明</th></tr>
<tr><td rowspan="4">RET</td><td>功能</td><td>从子作业返回主作业。子作业中最后一行必须有这条指令，若没有则进入子作业后程序将在子作业内循环。主作业中最后一行不能有这条指令。一个作业不能既作为主作业又作为子作业</td></tr>
<tr><td>格式</td><td>RET</td></tr>
<tr><td>说明</td><td>无参数</td></tr>
<tr><td>举例</td><td>//此作业只能是子作业<br>NOP<br>DELAY　T = 2<br>RET　//返回主作业，并且从调用子作业的位置向下继续执行<br>END</td></tr>
</table>

## 6.6 控制类 2

控制类 2 指令包括调用子作业指令、偏移类指令、坐标变换类指令、补偿功能指令、记录类指令、计时器相关指令、镜像功能指令。控制类 2 的指令具体语法结构和例子如表 6-6 所示。

**表 6-6 控制类 2 指令**

<table>
<tr><th>指　　令</th><th colspan="3">说　　明</th></tr>
<tr><td rowspan="4">CALL</td><td>功能</td><td colspan="2">调用子作业</td></tr>
<tr><td>格式</td><td colspan="2">CALL <调用条件><子作业名></td></tr>
<tr><td>说明</td><td>调用条件</td><td>无条件直接调用子作业<br>IN#< I/O 号>=ON<br>IG#<组号>=常数<br>IGH#<组号>=常数<br>IN 为单个输入 I/O；IG 为 8 位输入组 I/O，组 I/O 中的单个 I/O 位号可以通过界面配置，目前支持 8 组，常数范围为 0～255；IGH 为 16 位输入组 I/O，1～16 为第一组，17～32 为第二组，总共支持 64 组，常数范围为 0～65535</td></tr>
<tr><td>举例</td><td colspan="2">NOP<br>CALL　SUB1　//无条件调用作业名为 SUB1 的作业(跳转到作业 SUB1 中)<br>MOVJ　VJ = 10<br>DELAY　T = 0.5<br>CALL　IN#3 = ON　SUB1　//当第 3 号输入 I/O 等于 ON 时，调用作业 SUB1<br>MOVJ　VJ = 10<br>DELAY　T = 0.5<br>END<br>同时必须新建另一作业 SUB1：<br>NOP<br>DELAY　T = 2<br>RET　//返回主作业，并且从 CALL 指令的下一条指令继续执行<br>END</td></tr>
</table>

续表

<table>
<tr><th>指　令</th><th colspan="3">说　明</th></tr>
<tr><td rowspan="5">SHIFT P</td><td>功能</td><td colspan="2">以设定的坐标系按位置变量中的值进行偏移</td></tr>
<tr><td>格式</td><td colspan="2">SHIFTON　P<参数 1>　F#<参数 2></td></tr>
<tr><td rowspan="2">说明</td><td>参数 1</td><td>位置变量号</td></tr>
<tr><td>参数 2</td><td>坐标系类型,1：关节坐标系 2：直角坐标系 3：工具坐标系 4：用户坐标系。其中关节坐标系无偏移</td></tr>
<tr><td>举例</td><td colspan="2">例 1：<br>NOP<br>MOVJ　VJ = 10<br>SET　R1 = 100　　　　//给变量 R1 赋值 100<br>SETP1.1　R1　　　　//将 R1 存储的数值赋到位置变量 P1 的 X 方向上<br>SHIFTON　P1　F#2　　//使 SHIFTON 和 SHIFTOFF 之间的运动指令沿直角坐标<br>　　　　　　　　　　//系 X 正方向偏移 100mm<br>MOVJ　VJ = 10　　　　//此条指令沿直角坐标系 X 正方向偏移 100mm<br>SHIFTOFF　　　　　　//结束偏移<br>END<br>例 2:<br>NOP<br>MOVJ　VJ = 10<br>SET　R2 = -100　　　//给变量 R2 赋值 - 100(正负表示方向)<br>SET　P1.3　R2　　　//将 R2 存储的数值赋到位置变量 P1 的 Z 方向上<br>SHIFTON　P1　F#2　　//使 SHIFTON 和 SHIFTOFF 之间的运动指令沿直角坐标<br>　　　　　　　　　　//系 Z 负方向偏移 100mm<br>MOVJ　VJ = 10　　　　//此条指令沿直角坐标系 Z 负方向偏移 100mm<br>SHIFTOFF　　　　　　//结束偏移<br>END</td></tr>
<tr><td rowspan="4">SHIFT OFF</td><td>功能</td><td colspan="2">停止所有偏移</td></tr>
<tr><td>格式</td><td colspan="2">SHIFT OFF</td></tr>
<tr><td>说明</td><td colspan="2">无参数</td></tr>
<tr><td>举例</td><td colspan="2">SHIFTOFF</td></tr>
<tr><td rowspan="4">SHIFT CLEAR</td><td>功能</td><td colspan="2">清空偏移累计次数</td></tr>
<tr><td>格式</td><td colspan="2">CLEAR　#<参数项></td></tr>
<tr><td>说明</td><td>参数项</td><td>偏移配置文件号</td></tr>
<tr><td>举例</td><td colspan="2">CLEAR　#1</td></tr>
<tr><td rowspan="4">TRANS ON</td><td>功能</td><td colspan="2">变换用户坐标系,在 TRANSON 和 TRANSOFF 之间的示教点会随着坐标系的变换而移动。目前的实际应用为：通过视觉查看物体,物体每次的方向、位置不同,需要在物体内的多个点工作</td></tr>
<tr><td>格式</td><td colspan="2">TRANSON　#<文件号></td></tr>
<tr><td>说明</td><td colspan="2">文件号及界面配置含义与 SHIFTON#<文件号>指令相同<br>暂时仅支持用户坐标系的变化,如果界面坐标系配置成其他坐标系,变换功能不执行</td></tr>
<tr><td>举例</td><td colspan="2">TRANSON　#4</td></tr>
<tr><td rowspan="4">TRANS OFF</td><td>功能</td><td colspan="2">关闭坐标系变换功能</td></tr>
<tr><td>格式</td><td colspan="2">TRANSOFF</td></tr>
<tr><td>说明</td><td colspan="2">无参数</td></tr>
<tr><td>举例</td><td colspan="2">TRANSOFF</td></tr>
</table>

续表

| 指　　令 | 说　　明 | | |
|---|---|---|---|
| TRANS　P | 功能 | 变换用户坐标系，在 TRANSON 和 TRANSOFF 之间的示教点会随着坐标系的变换而移动。目前的实际应用为：通过视觉查看物体，物体每次的方向、位置不同，需要在物体内的多个点工作 | |
| | 格式 | TRANSON　P<参数 1>　F#<参数 2> | |
| | 说明 | 参数 1 | 位置变量号 |
| | | 参数 2 | 坐标系类型，1：关节坐标系 2：直角坐标系 3：工具坐标系 4：用户坐标系 |
| | 举例 | TRANSON　P1　F#4 | |
| AMEND ON | 功能 | 打开实时补偿功能 | |
| | 格式 | AMENDON　F#<参数 1>　M=<参数 2> | |
| | 说明 | 参数 1 | 坐标系类型 |
| | | 参数 2 | 补偿类型，1：绝对，2：相对 |
| | 举例 | AMENDON　F#4　M=2 | |
| AMEND　OFF | 功能 | 关闭实时补偿功能 | |
| | 格式 | AMENDOFF | |
| | 说明 | 无参数 | |
| | 举例 | AMENDOFF | |
| AMEND GET | 功能 | 从应用获取纠偏量赋值给位置变量 | |
| | 格式 | AMEND　GET　P<参数项> | |
| | 说明 | 参数项 | <位置变量号>，范围为 1～3072 |
| | 举例 | AMEND　GET　P1 | |
| AMEND SET | 功能 | 将位置变量赋值给 amend 规划 | |
| | 格式 | AMEND　SET　P<参数项> | |
| | 说明 | 参数项 | <位置变量号>，范围为 1～3072 |
| | 举例 | AMEND　SET　P1 | |
| RESUME | 功能 | 标志中断返回后，跳过被中断的运动目标点 | |
| | 格式 | RESUME | |
| | 说明 | 无参数 | |
| | 举例 | 中断指令调用的作业<br>NOP<br>DELAY　T = 2<br>RESUME　//中断时，如果机器人正在前往目标点 P，则返回被中断的作业后，不<br>　　　　//会再前往目标点 P，而是执行目标点 P 运动指令的下一条指令<br>RET<br>END | |
| REFP | 功能 | 记录参考点位置 | |
| | 格式 | REFP <序号> | |
| | 说明 | REFP 指令记录时，同时记录机器人当前位置到指令中，位置点的用途根据序号不同进行区分。一个作业中可以记录多条 REFP1，不同的 REFP1 中记录不同的位置点，但是在计算时使用最后一次执行的 REFP1 中的位置点<br>序号范围为 1～16<br>1：用于摆弧坐标系 Z 方向标定<br>2：用户摆弧坐标系 X 方向标定 | |
| | 举例 | REFP　1 | |

续表

<table>
<tr><th>指 令</th><th colspan="3">说 明</th></tr>
<tr><td rowspan="5">CSET</td><td>功能</td><td colspan="2">调试时使用。通过串口往外发送字符 a</td></tr>
<tr><td>格式</td><td colspan="2">CSET <参数 1> =<参数 2></td></tr>
<tr><td rowspan="2">说明</td><td>参数 1</td><td>计数器号。取默认值</td></tr>
<tr><td>参数 2</td><td>数值。取默认值</td></tr>
<tr><td>举例</td><td colspan="2">CSET #C1100 //C1 为计数器,100 为数值</td></tr>
<tr><td rowspan="4">MCURV</td><td>功能</td><td colspan="2">执行离线运动指令</td></tr>
<tr><td>格式</td><td colspan="2">MCURV</td></tr>
<tr><td>说明</td><td colspan="2">无参数</td></tr>
<tr><td>举例</td><td colspan="2">MCURV</td></tr>
<tr><td rowspan="4">TIMER START</td><td>功能</td><td colspan="2">计时器开始</td></tr>
<tr><td>格式</td><td colspan="2">TIMERST #<参数项></td></tr>
<tr><td>说明</td><td>参数项</td><td>计时器编号,范围为 1~8</td></tr>
<tr><td>举例</td><td colspan="2">TIMERST #1</td></tr>
<tr><td rowspan="6">TIMER GET</td><td>功能</td><td colspan="2">获取计时器时间,将其赋值给实型用户变量</td></tr>
<tr><td>格式</td><td colspan="2">TIMERGTR<参数 1>R<参数 2> #<参数 3></td></tr>
<tr><td rowspan="3">说明</td><td>参数 1</td><td><实型用户变量号>,范围 1~100,记录值为计时器天数</td></tr>
<tr><td>参数 2</td><td><实型用户变量号>,范围 1~100,记录值为计时器秒数</td></tr>
<tr><td>参数 3</td><td>计时器编号,范围为 1~8</td></tr>
<tr><td>举例</td><td colspan="2">TIMERGTR1 R2 #1</td></tr>
<tr><td rowspan="4">TIMER STOP</td><td>功能</td><td colspan="2">计时器停止</td></tr>
<tr><td>格式</td><td colspan="2">TIMERSTP #<参数项></td></tr>
<tr><td>说明</td><td>参数项</td><td>计时器编号,范围为 1~8</td></tr>
<tr><td>举例</td><td colspan="2">TIMERSTP #1</td></tr>
<tr><td rowspan="6">MIRRO ON</td><td>功能</td><td colspan="2">镜像功能开始指令,在镜像功能有效区间内的位置点及姿态以设置镜面为参考做镜像对称</td></tr>
<tr><td>格式</td><td colspan="2">MIRROON PL#<参数 1> AX#<参数 2> F#<参数 3></td></tr>
<tr><td rowspan="3">说明</td><td>参数 1</td><td>范围为 1~3,输入镜像面类型,1:xoy,2:yoz,3:xoz</td></tr>
<tr><td>参数 2</td><td>范围为 1~3,输入被镜像轴类型,1:xy,2:yz,3:xz</td></tr>
<tr><td>参数 3</td><td>范围为 1~4,输入坐标系类型,1:关节坐标系,2:直角坐标系,3:工具坐标系,4:用户坐标系。其中关节坐标系无镜像功能</td></tr>
<tr><td>举例</td><td colspan="2">MIRROON PL#3 AX#2 F#4</td></tr>
<tr><td rowspan="4">MIRRO OFF</td><td>功能</td><td colspan="2">镜像功能结束指令</td></tr>
<tr><td>格式</td><td colspan="2">MIRROOFF</td></tr>
<tr><td>说明</td><td colspan="2">无参数</td></tr>
<tr><td>举例</td><td colspan="2">MIRROOFF</td></tr>
</table>

## 6.7 机器人简单搬运任务

1. 任务描述

在皮带输送线上,上料皮带输送线会按时定点将工件送至搬运点工位。机器人从原点出发,先移动到搬运点工位的上方,机械臂打开抓手,缓慢下降至搬运点工位,将工件抓起,返回至工具上方，机器人移动到放置点的1号工位上方，缓慢下降至1号工位放料点，机械臂打开抓手，将工件放在放置点的1号工位上，机械臂返回1号放置点上方，机械臂再回到搬运点工位，抓取工件，放置在2号工位，再次回到搬运点抓取工件，放置在放置点的3号工位上。机械臂完成3号工位的放料后，回到起始原点位置，此时搬运任务结束。具体的搬运工位如图6-1所示。

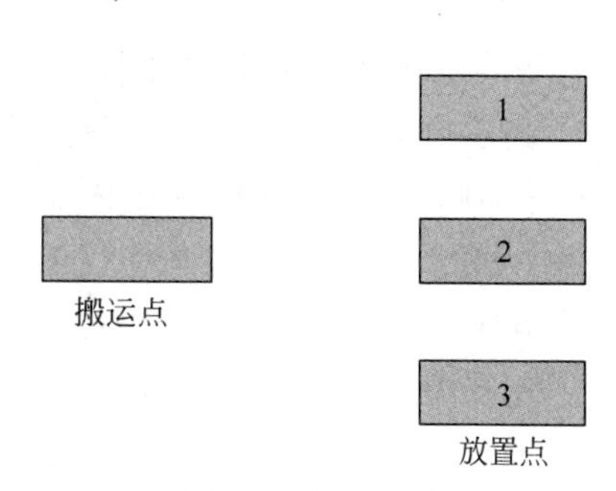

图6-1　搬运工位

2. 任务要求

(1) 放置工件的间距是130mm，间距相等。

(2) 机器人原点位置的6个轴的角度是(0°，−20°，20°，0°，90°，0°)。

(3) 机器人放料位置点只需要示教1号工位点，2号、3号工位不需要示教。

(4) 机器人使用宽型夹手工具。

(5) 机器人全程无碰撞。

3. 操作步骤

1) 机器人I/O口校验

具体操作方法如下：

(1) 顺时针旋转控制柜上的电源开关。

(2) 等待开机完成的界面。

(3) 将机器人模式切换至示教模式。在示教盒上按“模式”键，将机器人运动状态切换至示教模式。

(4) 进入机器超级用户模式。

(5) 在示教盒上依次按“主菜单”→“功能”→I/O→“设定”→“用户I/O”键。

(6) 在依次强制将输出端口置1或者0，观察宽型抓手的状态。记住宽型抓手在打开或者夹紧状态下的输出端口号是1或者0。

2) 工具坐标系标定

具体操作方法如下：

(1) 在示教盒上按“主菜单”→“用户”→“坐标”→“工具坐标系”→“标定”键，进入工具坐标系标定界面。

(2) 五点法标定工具坐标系。进入工具坐标系界面后，调整机器人位姿，依次使机器人轴运动到工具坐标系的示教点，按“确认”键，按光标移动键，依次确认5个示教点。记住所标定的工具坐标系号，本程序标定的工具坐标系号是2号。

3) 用户坐标系标定

具体操作方法如下：

(1) 依次按“主菜单”→“用户”→“坐标”→“用户坐标”→“标定”键，进入用户坐标系标定界面。

(2) 三点法标定用户坐标系。进入用户坐标系标定界面后，依次使机器人轴运动到用户坐标系的示教点，按“确认”键，按光标移动键，依次确认3个示教点。记住所标定的用户坐标系号，本程序标定的用户坐标系号是 1 号。

4）新建一个主程序和 4 个子程序

程序名随意命名，本案例的主程序名为 MWM；抓手打开的程序名为 SONG；抓手夹紧的程序名为 JIA；搬运点 1 号工位抓取工件过程的子程序名为 MMM；放料过程的子程序为 WWW。

5）主程序 MWM 语句及说明

```
0000  NOP        ---------------程序开始
0001  MOVJ  VJ = 10      ---------------原点
0002  MOVJ  VJ = 10      ---------------过渡点
0003  CALL  SONG      ---------------打开抓手
0004  SET  P1  P100      ---------------位置变量 P1 清零,先确保 P100 全是零
0005  CLEAR  I1  I2      ---------------整型变量 I1、I2 清零
0006  CLEAR  R1  R99      ---------------实型变量 R1～R99 全部清零
0007  L1      ---------------标志位
0008  CALL  MMM      ---------------调用子程序 MMM 即 1 号工位抓取工件
0009  CALL  WWW      ---------------调用子程序 WWW 即放料子程序
0010  IF  I1 > 0  L3      ---------------当 I1 中的值大于 0,跳转到 L3 处
0011  GOTO  L1      ---------------跳转到标志位 L1
0012  L3      ---------------标志位
0013  MOVJ  VJ = 10      ---------------过渡点
0014  END ---------------程序结束
```

6）宽型夹手打开子程序 SONG 的语句及程序

```
0000  NOP      ---------------程序开始
0001  OUT  OT#5  = ON      ---------------机器人输出信号 DO4 置 1
0002  OUT  OT#4  = ON      ---------------机器人输出信号 DO3 置 1
0003  OUT  OT#3  = OFF      ---------------机器人输出信号 DO2 置 0
0004  RET      ---------------子程序结束,子程序中才出现 RET 指令
0005  END      ---------------程序结束
```

7）宽型夹手夹紧子程序 JIA 的语句及说明

```
程序语句      示教点位置及程序语句说明
0000  NOP      ---------------程序开始
0001  OUT  OT#4  = OFF      ---------------机器人输出信号 DO3 置 0
0002  OUT  OT#3  = ON      ---------------机器人输出信号 DO2 置 1
0003  RET      ---------------子程序结束,子程序中才出现 RET 指令
0004  END      ---------------程序结束
```

8）搬运点抓料点子程序 MMM 的语句及说明

```
0000  NOP      ---------------程序开始
0001  MOVJ  VJ = 10      -------------过渡点 1：示教点位置在 1 号工位抓取点垂直上方 5 厘米处.
0002  MOVL  VL = 100.0      ---------------1 号工位抓取点位置
0003  DELAY  T = 0.500      ---------------延时 0.5 秒
0004  CALL  JIA      ---------------工具夹紧,抓住工件
0005  DELAY  T = 0.500      ---------------延时 0.5 秒
0006  MOVL  VL = 100.0      ---------------返回过渡点 1
```

```
0007  RET      ---------------子程序标志,程序中出现 RET 指令,说明此程序是子程序
0008  END      ---------------程序结束
```

9）放料点子程序 WWW 程序的语句及说明

```
0000  NOP      ---------------程序开始
0001  SET  R3  R13      ---------------将 R13 中的值赋给 R3
0002  SET  R5  R15      ---------------将 R15 中的值赋值给 R5
0003  SET  R6 = -130.000      ---------------将 130.000 毫米的值赋给 R6
0004  STE  R7 = 0.000      ---------------将 0 赋给 R7
0005  SET  R2  R3      ---------------将 R3 中的值赋给 R2
0006  SET  R4  R5      ---------------将 R5 中的值赋给 R4
0007  MUL  R2  R6      ---------------R2 = R2 * R6
0008  MUL  R4  R7      ---------------R4 = R4 * R7
0009  SET  P1.1  R2      ---------------将 R2 中的值送入位置变量 P1 中的 X;位置变量中的
值(X,Y,Z,RX,RY,RZ)
0010  SET  P1.2  R4      ---------------将 R4 中的值送入位置变量 P1 中的 Y
0011  SET  UF#1      ---------------此后使用的用户坐标系选择 1 号用户坐标系
0012  SHIFTON  P1  F#4      ---------------使 SHIFTON 和 SHIFTOFF 之间的运动指令沿 1 号用
户坐标系 P1 位置变量中的值和方向进行偏移,即沿 X 方向偏移 130 毫米
0013  MOVJ  VJ = 10      ---------------过渡点 2,即 2 号工位上方 50 毫米处
0014  MOVL  VL = 100.0      ---------------2 号放料点
0015  DELAY  T = 0.500      ---------------延时 0.5 秒
0016  CALL  SONG      ---------------调用子程序 SONG,即打开宽型抓手放料
0017  DELAY  T = 0.0500      ---------------延时 0.5 秒
0018  MOVL  VL = 100.0      ---------------过渡点 2
0019  SHIFTOFF      ---------------偏移结束
0020  INC  R3      ---------------R3 中的值自加 1
00021  IF  R3 < 3.000  L2      ---------------如果 R3 中的值小于 3 跳转标签 L2 处
0022  SET  I1 = 01      ---------------将 1 的值送给 I1
0023  L2      ---------------标签 L2
0024  SET  R13  R3      ---------------将 R3 中值送给 R13
0025  SET  R15  R5      ---------------将 R5 中值送给 R15
0026  RET      ---------------子程序标志,程序中出现 RET 指令,说明此程序是子程序
0027  END      ---------------程序结束
```

10）程序调试

将机器人切换到示教模式,给机械手上电,机械手示教速度调慢,在按下示教盒上的“正向运动”键或“反向运动”键的同时观察机械手的运动位置是否符合要求。每当按住“正向运动”和“反向运动”键,机器人运动一步,释放 deadman、“正向运动”键中的任意一个,机器人停止运行。程序要全程手动检测一遍,确保每步的运动过程安全无碰撞。

11）自动运行

在自动执行前,先确保机器人运动区域内无人。将机器人切换至执行模式,自动运行方式分为 3 种方式：单步、单循环和自动。选择自动运行方式后,给机器人上电,按下控制柜上的“启动”按钮,程序自动运行。自动程序启动前,需要手动将机械臂运动到程序的第一个示教点。

## 6.8 机器人复杂搬运任务

1. 任务描述

在皮带输送线上，上料皮带线会按顺序定时将工件送至搬运点。机械手需要将这 9 个工件依次搬运到放置点，放置点位置是 3 行 3 列。放置点的行列间距是 130 毫米。机器人使用的宽型抓手工具，任务要求在放置工具过程，只需要示教放置点 1 号工位。搬运任务位置如图 6-2 所示。

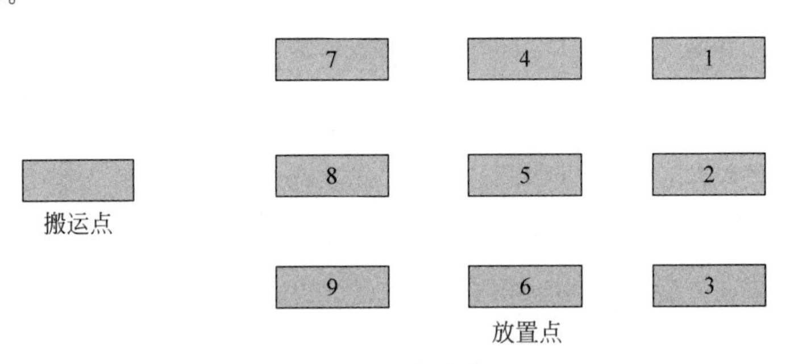


图 6-2 搬运任务位置

2. 任务要求

(1) 放置工件之间的间距是 130mm，间距相等。

(2) 机器人原点位置的 6 个轴的角度是(0°，−20°，20°，0°，90°，0°)。

(3) 机器人放料位置点只需要示教 1 号工位点，其余 8 个不同工位点实现自动偏移。

(4) 机器人使用宽型夹手工具。

(5) 机器人全程无碰撞。

3. 操作步骤如下

1) 机器人 I/O 口校验

具体操作方法如下：

(1) 顺时针旋转控制柜上的电源开关。

(2) 等待开机完成的界面。

(3) 将机器人模式切换至示教模式。在示教盒上按“模式”键，将机器人运动状态切换至示教模式。

(4) 进入机器超级用户模式。

(5) 在示教盒上依次按“主菜单”→“功能”→I/O→“设定”→“用户 I/O”键。

(6) 依次强制将输出端口置 1 或者 0，观察宽型抓手的状态。记住宽型抓手在打开或者夹紧状态下的输出端口号是 1 或者 0。

2) 工具坐标系标定

具体操作方法如下：

(1) 在示教盒上按“主菜单”→“用户”→“坐标”→“工具坐标系”→“标定”键，进入工具坐标系定界面。

（2）五点法标定工具坐标系。进入工具坐标系界面后，调整机器人位姿，依次使机器人轴运动到工具坐标系的示教点，按“确认”键，按光标移动键，依次确认 5 个示教点。记住所标定的工具坐标系号，本程序标定的工具坐标系号是 2 号。

3）用户坐标系标定

具体操作方法如下：

（1）依次按“主菜单”→“用户”→“坐标”→“用户坐标”→“标定”键，进入用户坐标系标定界面。

（2）三点法标定用户坐标系。进入用户坐标系标定界面后，依次使机器人轴运动到用户坐标系的示教点，按“确认”键，按光标移动键，依次确认 3 个示教点。记住所标定的用户坐标系号，本程序标定的用户坐标系号是 1 号。

4）新建一个主程序和 4 个子程序

程序名随意，本案例的主程序名为 HZH；抓手打开的程序名为 SONG；抓手夹紧的程序名为 JIA；1 号工位抓取工件过程的子程序名为 ZZZ；放料过程的子程序为 HHH。

5）主程序 HZH 的语句及说明

```
0000   NOP         ---------------程序开始
00001  MOVJ  VJ = 10      ---------------原点
00002  MOVJ  VJ = 10      ---------------过渡点
00003  CALL  SONG     ---------------打开抓手
00004  SET  P1  P100      ---------------位置变量 P1 清零，先确保 P100 全是零
00005  CLEAR  I1  I2      ---------------整型变量 I1、I2 清零
00006  CLEAR  R1  R99      ---------------实型变量 R1～R99 全部清零
00007  L1          ---------------标志位
00008  CALL  ZZZ      ---------------调用子程序 ZZZ 即 1 号工位抓取工件
00009  CALL  HHH      ---------------调用子程序 HHH 即放料子程序
00010  IF  I1 > 0  L3      ---------------当 I1 中的值大于 0，跳转到 L3 处
00011  GOTO  L1      ---------------跳转到标志位 L1
00012  L3          ---------------标志位
00013  MOVJ  VJ = 10      ---------------过渡点
00014  END          ---------------程序结束
```

6）宽型夹手打开子程序 SONG 程序及说明

```
0000  NOP         ---------------程序开始
0001  OUT  OT#5  = ON      ---------------机器人输出信号 D04 置 1
0002  OUT  OT#4  = ON      ---------------机器人输出信号 D03 置 1
0003  OUT  OT#3  = OFF      ---------------机器人输出信号 D02 置 0
0004  RET         ---------------子程序结束，子程序中才出现 RET 指令
0005  END         ---------------程序结束
```

7）宽型夹手夹紧子程序 JIA 的程序语句及说明

```
0000  NOP         ---------------程序开始
0001  OUT  OT#4  = OFF      ---------------机器人输出信号 D03 置 0
0002  OUT  OT#3  = ON      ---------------机器人输出信号 D02 置 1
0003  RET         ---------------子程序结束，子程序中才出现 RET 指令
0004  END         ---------------程序结束
```

8）工件1号位抓料点子程序ZZZ的语句及说明

```
0000  NOP  ---------------程序开始
0001  MOVJ  VJ=10  -------------过渡点1:示教点位置在1号工位抓取点垂直上方5厘米处.
0002  MOVL  VL=100.0  ---------------1号工位抓取点位置
0003  DELAY  T=0.500  ---------------延时0.5秒
0004  CALL  JIA  ---------------工具夹紧,抓住工件
0005  DELAY  T=0.500  ---------------延时0.5秒
0006  MOVL  VL=100.0  ---------------返回过渡点1
0007  RET  ---------------子程序标志,程序中出现RET指令,说明此程序是子程序
0008  END  ---------------程序结束
```

9）放料点子程序HHH的语句及说明

```
程序语句  ---------------示教点位置及程序语句说明
0000  NOP  ---------------程序开始
0001  SET  R3  R13  ---------------将R13中的值赋给R3
0002  SET  R5  R15  ---------------将R15中的值赋值给R5
0003  SET  R6 = -130.00  ---------------将130.000毫米的值赋给R6
0004  STE  R7 = -130.00  ---------------将130.000赋给R7
0005  SET  R2  R3  ---------------将R3中的值赋给R2
0006  SET  R4  R5  ---------------将R5中的值赋给R4
0007  MUL  R2  R6  ---------------R2 = R2 * R6
0008  MUL R4  R7  ---------------R4 = R4 * R7
0009  SET  P1.1  R2  ---------------将R2中的值送入位置变量P1中的X;位置变量中的值(X,Y,Z,RX,RY,RZ)
0010  SET  P1.2  R4  ---------------将R4中的值送入位置变量P1中的Y
0011  SET  UF#1  ---------------此后使用的用户坐标系选择1号用户坐标系
00012  SHIFTON  P1  F#4  ---------------使SHIFTON和SHIFTOFF之间的运动指令沿1号用户坐标系P1位置变量中的值和方向进行偏移,即沿X方向偏移130毫米
00013  MOVJ  VJ=10  ---------------过渡点2,即2号工位上方50毫米处
00014  MOVL  VL=100.0  ---------------2号放料点
00015  DELAY  T=0.500  ---------------延时0.5秒
00016  CALL  SONG  ---------------调用子程序SONG,即打开宽型抓手放料
00017  DELAY  T=0.0500  ---------------延时0.5秒
0018  MOVL  VL=100.0  ---------------过渡点2
0019  SHIFTOFF  ---------------偏移结束
0020  INC  R3  ---------------R3中的值自加1
00021  IF  R3 < 3.000  L5  ---------------如果R3中的值小于3跳转标签L5处
0022  GOTO  L1  ---------------跳转到标志位L1
0023  L5  ---------------标志位L5
0024  SET  R3 = 0.000  ---------------将0赋值给R3
0025  INC  R5  ---------------R5自加1
0026  IF  R5 > 2.00  L6  ---------------如果R5大于6,跳转至L6标志位
0027  GOTO  L1  ---------------跳转至L1
0028  L6  ---------------标志位
0029  INC  I1  ---------------I1自加1
0030  L1  ---------------标志位
0031  SET  R13  R3  ---------------将R3赋值给R13
0032  SET  R15  R5  ---------------将R5赋值给R15
0033  RET  ---------------子程序标志,程序中出现RET指令,说明此程序是子程序
0034  END  ---------------程序结束
```

10）程序调试

将机器人切换到示教模式，给机械手上电，机械手示教速度调慢，在按下示教盒上的“正向运动”或“反向运动”键的同时观察机械手的运动位置是否符合要求。每当按住“正向运动”和“反向运动”键，机器人运动一步。释放 deadman、“正向运动”键中的任意一个，机器人停止运行。程序要全程手动检测一遍，确保每步的运动过程安全无碰撞。

11）自动运行

在自动执行前，先确保机器人运动区域内无人。将机器人切换至执行模式，自动运行方式分为 3 种方式：单步、单循环和自动。选择自动运行方式后，给机器人上电，按下控制柜上的“启动”按钮，程序自动运行。自动程序启动前，需要手动将机械臂运动到程序的第一个示教点。

## 6.9 考核评价

要求：了解常用指令的语法及应用，尤其是赋值指令、自动偏移指令、坐标系设置指令、运算类指令、延时指令、I/O 类指令；掌握机器人编程步骤及过程；会调用子程序，会进行机器人 I/O 接口的校验工作，会针对具体的任务来标定工具坐标系及用户坐标系；能完成一个完整的搬运任务的编写；能用专业语言正确、顺畅地展示编程过程的基本步骤，思路清晰、有条理，并能提出一些新的建议。

# 第7章

# 工业机器人码垛任务

通俗地说，码垛就是将物品整齐地堆放在一起，起初都是由人工进行，随着科技的发展，人已经慢慢退出了这个舞台，取而代之的则是机器人，机器人码垛的优点是显而易见的。就工作效率来说，机器人码垛不仅速度快、美观，而且可以不间断地工作，大大提高了工作效率。码垛功能的应用场景很多。

**教学目的**

通过学习新松机器人应用中的码垛指令，可以方便快速地完成有规律的搬运、码垛的任务，在完成同样任务的情况下，如果不用码垛的专有指令，程序编写非常复杂，通过对新松机器人码垛专有指令的学习，可以对指令的二次封装有一定的认识。

## 7.1 示教

示教开关状态选择的操作步骤如表 7-1 所示。

表 7-1 示教开关状态选择操作步骤

| 步 骤 | 说 明 |
| --- | --- |
| 1. 路径 | 主菜单→用户→(翻页)示教开关→示教 |
| 2. 进入示教开关状态选择界面，将开关项切换到所需的状态，按“退出”键保存并退出 | 参数含义：<br>(1) 正向运动——勾选则在正向运动时执行全部指令，未勾选则只执行运动指令<br>(2) 手动速度——勾选则在正向运动过程中速度为执行速度，未勾选则为示教速度 |

### 7.1.1　示教速度

示教速度设置的操作步骤如表 7-2 所示。

表 7-2　示教速度设置操作步骤

| 1. 路径 | 主菜单→用户→(翻页)示教开关→示教速度 |
|---|---|
| 2. 进入“示教速度设置”界面，将各开关项切换到所需的状态，按“退出”键保存并退出 | 示教　R1○ ◇J 单步 停止<br>示教速度设置<br>高速示教速度(mm/s) 250.00<br>中速示教速度(mm/s) 100.00<br>低速示教速度(mm/s) 50.00<br>微动示教速度(mm/s) 10.00<br>执行速度百分比 5.00<br>> <- 退格 -> 退出 <<br>参数含义：<br>(1) 示教速度设置——可分别设置手动移动机器人直线运动的四挡速度：高速>中速>低速>微动。速度上限为 250mm/s<br>(2) 执行速度百分比——执行模式下机器人运行程序的速度 |

注：(1) 执行速度百分比清除内存后默认值为 100，清除内存后的首次运行前应将此值调整为所需值，否则可能出现速度过快，超出预期的情况。

(2) 执行速度百分比在更新程序版本后初始值可能与预期不符，首次运行前应将此值调整为所需值，否则可能出现速度与预期不符或机器人没有报警但不运行的情况(执行速度百分比为 0)。

### 7.1.2　示教条件

示教条件设置操作步骤如表 7-3 所示。

表 7-3　示教条件设置操作步骤

| 步　　骤 | 说　　明 |
|---|---|
| 1. 路径 | 主菜单→用户→(翻页)示教开关→示教条件 |
| 2. 进入“手动运行加速时间”设置界面，输入所需的参数，按“退出”键保存并退出 | 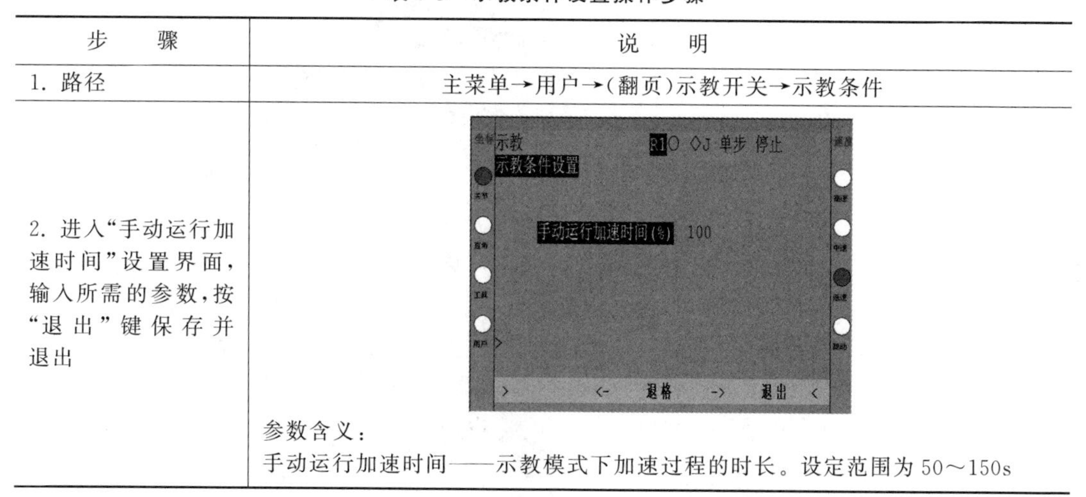<br><br>参数含义：<br>手动运行加速时间——示教模式下加速过程的时长。设定范围为 50～150s |

注：当手动示教时的加减速时间较长时，在示教按键松开后，在视觉上可以观察到机器人可能会继续减速一定时间后停止；当手动示教时的加减速时间较短时，在示教按键松开后，在视觉上可以观察到机器人会立即停止；若操作者希望加减速运动时间短一些，则可以将手动运行加速时间的百分比设定得小一些，反之可以将该值设定得大一些。

## 7.2 应用

机器人配置不同的应用功能，需要对机器人应用进行相应的配置。例如，当机器人应用配置的是伺服点焊时，在应用时应该对焊机型号、焊机与机器人的通信以及焊机焊接时的具体参数进行设置。每种应用的配置有专用功能手册。

## 7.3 诊断

### 7.3.1 内存清除

内存清除后，机器人零位，需要重新设置减速比等信息。在进行内存清除前最好先进行系统备份。内存清除的操作步骤如表 7-4 所示。

表 7-4 内存清除操作步骤

| 步 骤 | 说 明 |
| --- | --- |
| 1. 路径 | 主菜单→功能→诊断→内存 |
| 2. 进入界面，按“使能”键，使不掉电内存使能 | 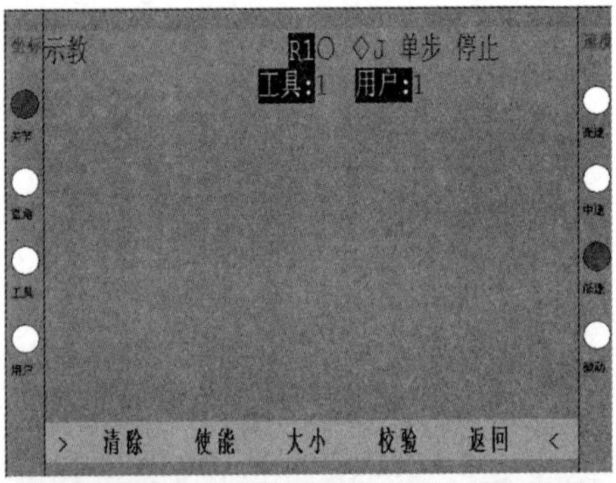 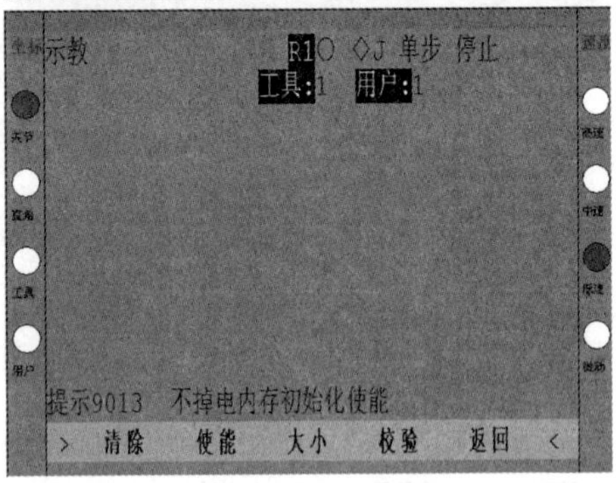 示教 R1 ◇J 单步 停止 工具:1 用户:1<br>> 清除 使能 大小 校验 返回 <<br>示教 R1 ◇J 单步 停止 工具:1 用户:1<br>提示9013 不掉电内存初始化使能<br>> 清除 使能 大小 校验 返回 < |

续表

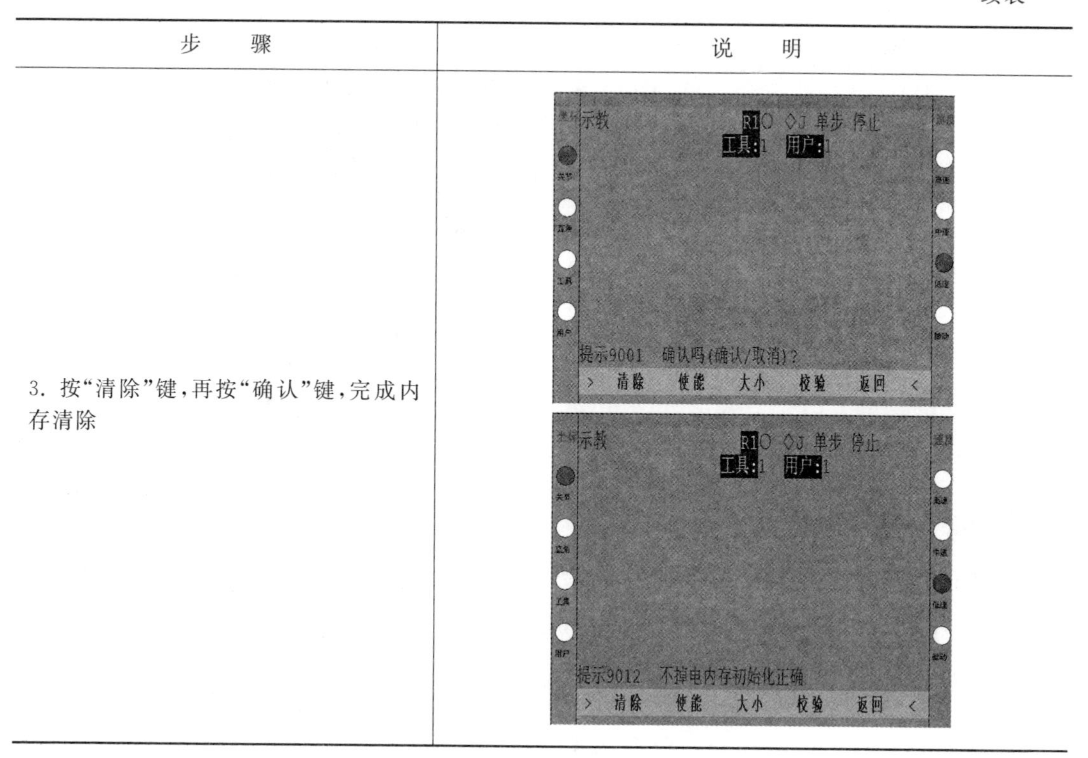

| 步　骤 | 说　明 |
| --- | --- |
| 3. 按“清除”键，再按“确认”键，完成内存清除 | |



## 7.3.2 校验

该操作将检查机器人程序存储空间是否正确。校验的操作步骤如表 7-5 所示。

表 7-5 校验操作步骤

| 步　骤 | 说　明 |
| --- | --- |
| 1. 路径 | 主菜单→功能→诊断→内存 |
| 2. 进入内存界面，按“校验”键清除内存，系统提示检查正确 | |

## 7.3.3 容量显示

查看有效的存储空间，可以知道目前的机器人程序占用内存的情况。容量显示的操作步骤如表 7-6 所示。

**表 7-6　容量显示操作步骤**

| 步　骤 | 说　明 |
| --- | --- |
| 1. 路径 | 主菜单→功能→诊断→内存 |
| 2 进入界面，按"大小"键，系统提示可用内存空间 | 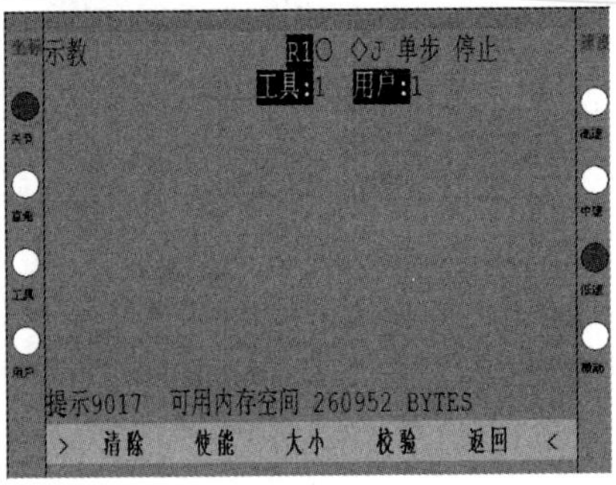 |

## 7.3.4　备份恢复

当机器人调试完成后，用户应该进行系统备份及作业备份，以免系统硬件发生故障时，作业程序丢失。在进行备份和恢复操作前，需先将 U 盘插入 USB 接口，U 盘格式应为 FAT32。

系统备份包括系统参数备份和用户参数备份。系统参数备份的内容包括出厂参数、用户自行设定的工具坐标系、用户坐标系、中断配置等。用户参数特指在"用户"→"应用"菜单下进行设定的参数，如弧焊参数、跟随参数等。系统备份与恢复必须具有超级用户权限。作业备份是将作业备份到 U 盘中。作业备份可以整体备份和单独备份。整体备份是指将所有作业一起备份成一个文件，恢复时也需要整体恢复，作业的整体备份和恢复需要在超级用户权限下进行。单独备份可以对作业逐个备份，也可以逐个恢复，是常用的方式，普通用户就可操作。

备份后的参数及作业等可以转移到计算机中保存。SysSram. bak 文件是系统参数备份文件，UserSram. bak 是用户参数备份文件，PositI/On. bak 文件是位置变量备份文件，JobSave. bak 是作业整体备份文件，*. job 是逐个备份的示教作业，*. sp 是逐个备份的后台程序。

**注：**

(1) 备份顺序——应该先恢复系统参数，然后是作业，最后是用户参数。如果先恢复作业，后恢复系统参数，可能会造成作业执行时产生报警。

(2) 为了防止不同应用、机型之间的作业之间恢复继而造成事故，参数、作业备份过程中有限制条件，限制条件是指系统支持轴数、机器人型号、通信方式、应用类型。

## 7.3.5　参数备份

参数恢复前需要将备份好数据的 U 盘插在控制器上。当 U 盘内存有多份机器人的数据时，需要将待恢复的机器人的参数文件放置在 U 盘的最外层目录，并将其他机器人的参数文件放置在文件夹中，这样做的目的是使控制器可以迅速识别参数文件，实现参数数据的恢复。参数备份的操作步骤如表 7-7 所示。

表 7-7 参数备份操作步骤

| 步　　骤 | 说　　明 |
| --- | --- |
| 1. 路径 | 主菜单→功能→诊断→备份恢复 |
| 2. 进入界面会显示系统挂载成功。若U盘连接错误或未连接，则会提示系统挂载失败 |  示教 R1○ ◇J 单步 暂停<br>工具:1 用户:1<br>提示9111 系统挂载成功<br>> 系统参数 作业 用户参数 卸载 位置变量 < |
| 3. 根据需要按"系统参数"→"用户参数"→"位置变量"→"备份"键，可看到提示系统备份成功 | 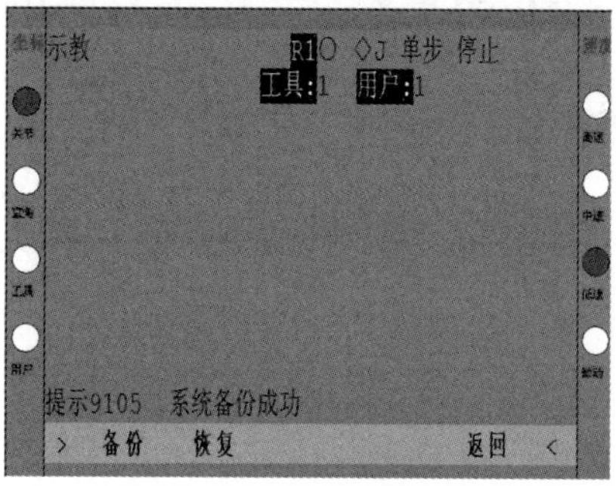 示教 R1○ ◇J 单步 停止<br>工具:1 用户:1<br>提示9105 系统备份成功<br>> 备份 恢复 返回 < |

### 7.3.6 参数恢复

参数恢复时，系统会判断总轴数、机器人型号、通信方式 3 个限制条件是否与当前系统吻合，只有全部吻合才可以进行系统参数的恢复，如果三者之一任何一个不吻合，那么将提示用户总轴数(机器人型号、通信方式)不匹配，不能恢复。参数恢复的操作步骤如表 7-8 所示。

表 7-8 参数恢复操作步骤

| 步　　骤 | 说　　明 |
| --- | --- |
| 1. 路径 | 主菜单→功能→诊断→备份恢复 |
| 2. 进入界面会显示系统挂载成功。若U盘连接错误或未连接，则会提示系统挂载失败 | 示教 R1○ ◇J 单步 暂停<br>工具:1 用户:1<br>提示9111 系统挂载成功<br>> 系统参数 作业 用户参数 卸载 位置变量 < |

续表

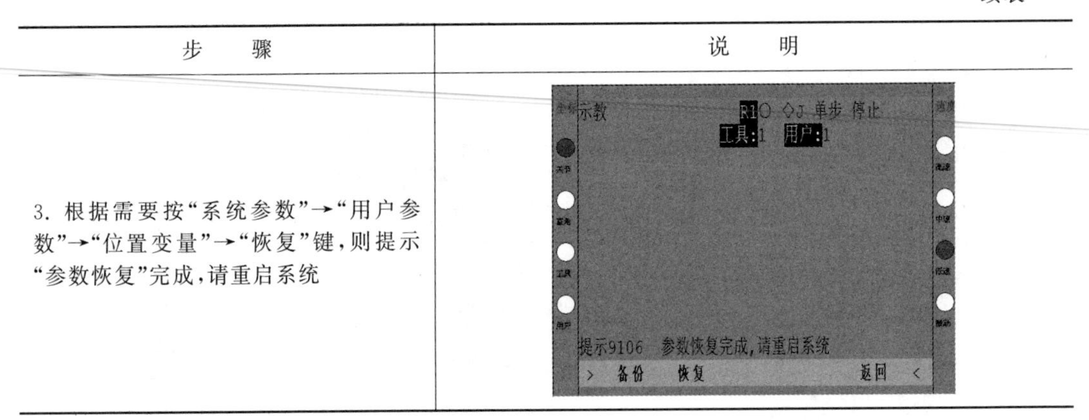


| 步　　骤 | 说　　明 |
| --- | --- |
| 3. 根据需要按“系统参数”→“用户参数”→“位置变量”→“恢复”键，则提示“参数恢复”完成，请重启系统 | |

## 7.3.7 作业备份

作业备份的操作步骤如表 7-9 所示。

表 7-9 作业备份操作步骤

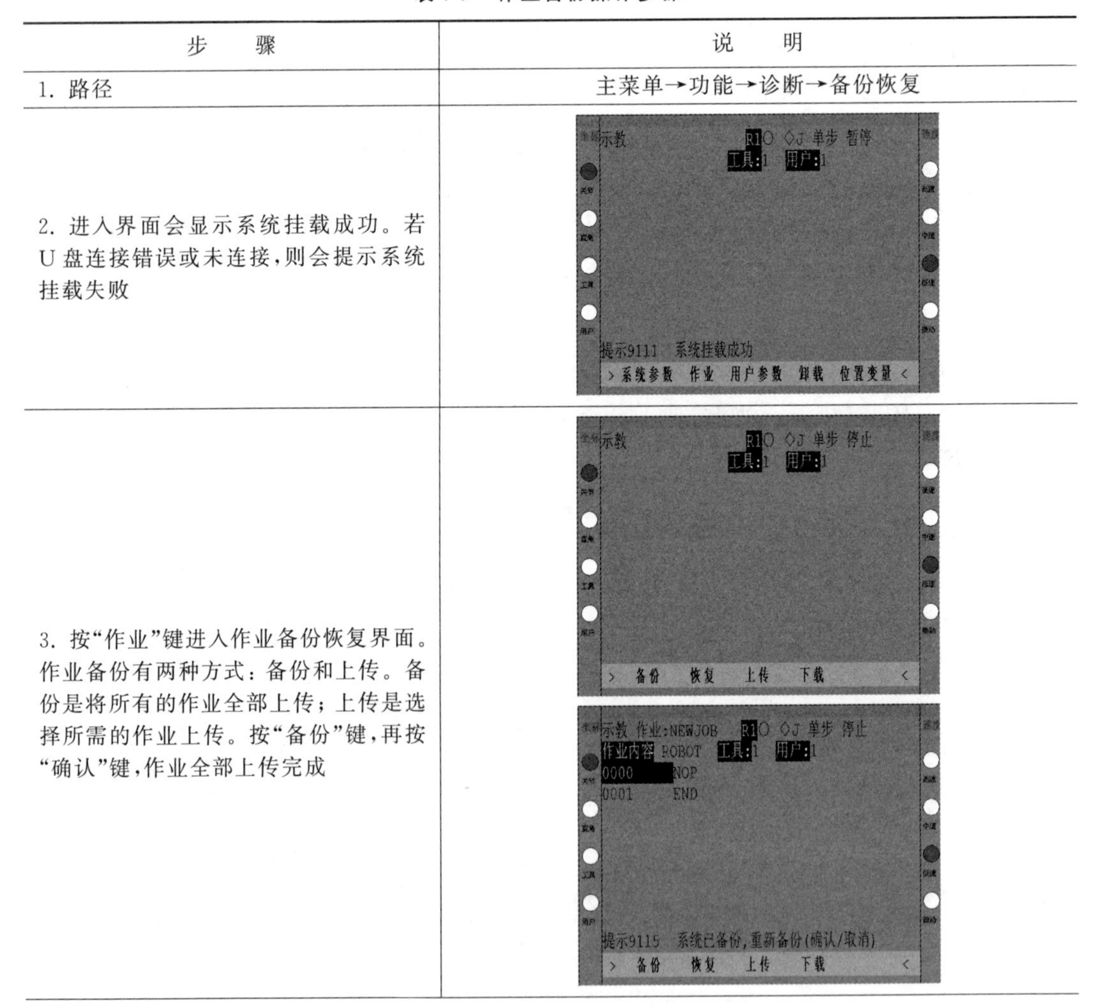


| 步　　骤 | 说　　明 |
| --- | --- |
| 1. 路径 | 主菜单→功能→诊断→备份恢复 |
| 2. 进入界面会显示系统挂载成功。若U盘连接错误或未连接，则会提示系统挂载失败 | |
| 3. 按“作业”键进入作业备份恢复界面。作业备份有两种方式：备份和上传。备份是将所有的作业全部上传；上传是选择所需的作业上传。按“备份”键，再按“确认”键，作业全部上传完成 | |

续表

| 步　　骤 | 说　　明 |
|---|---|
| 4. 按"上传"键，进入作业选择界面，将光标移动到需要上传的作业，按"确认"键，完成单个作业的上传 | 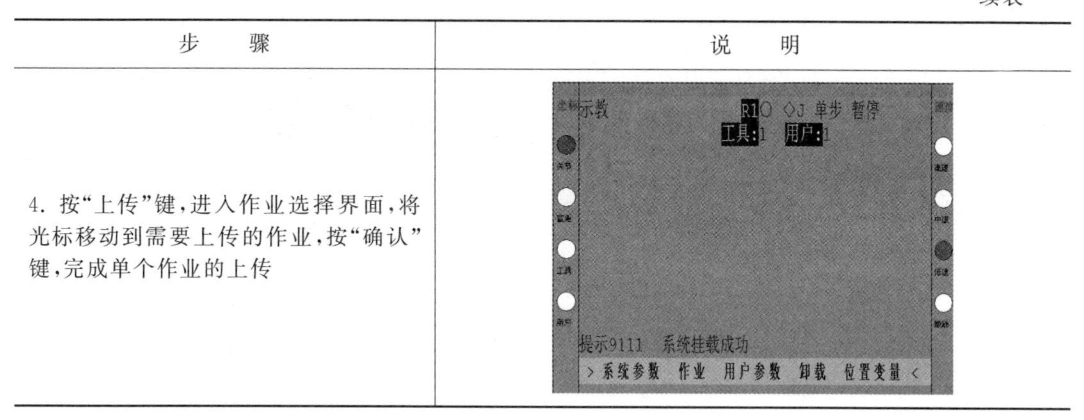 |



## 7.3.8 作业恢复

作业恢复时系统会判断总轴数、机器人型号、应用类型3个限制条件是否与当前系统吻合，只有全部吻合才可以进行作业整体的恢复，如果三者之一任何一个不吻合，那么将提示用户总轴数(机器人型号、应用类型)不匹配，不能恢复。

1. 整体作业恢复

整体作业恢复的操作步骤如表7-10所示。

表7-10 整体作业恢复操作步骤

| 步　　骤 | 说　　明 |
|---|---|
| 1. 路径 | 主菜单→功能→诊断→备份恢复 |
| 2. 进入界面会显示系统挂载成功。若U盘连接错误或未连接，则会提示系统挂载失败 | |
| 3. 按"作业"键进入作业备份恢复界面。作业恢复也有两种方式：恢复和下载。恢复是将所有的作业全部下载；下载是选择所需的作业下载。按"恢复"键，进入子菜单，再按"恢复作业"键，作业全部下载完成 | |

续表

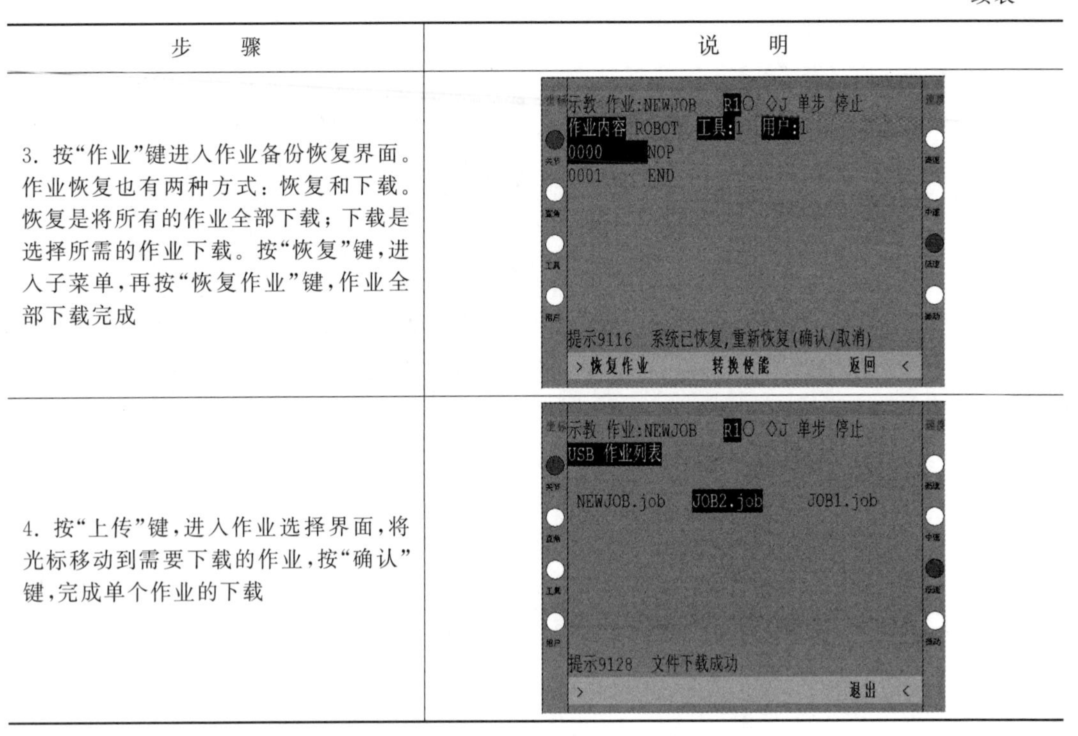

| 步　　骤 | 说　　明 |
| --- | --- |
| 3. 按“作业”键进入作业备份恢复界面。作业恢复也有两种方式：恢复和下载。恢复是将所有的作业全部下载；下载是选择所需的作业下载。按“恢复”键，进入子菜单，再按“恢复作业”键，作业全部下载完成 | |
| 4. 按“上传”键，进入作业选择界面，将光标移动到需要下载的作业，按“确认”键，完成单个作业的下载 | |

2. 单个作业恢复

单个作业恢复的操作方法如表 7-11 所示。

**表 7-11　单个作业恢复操作步骤**

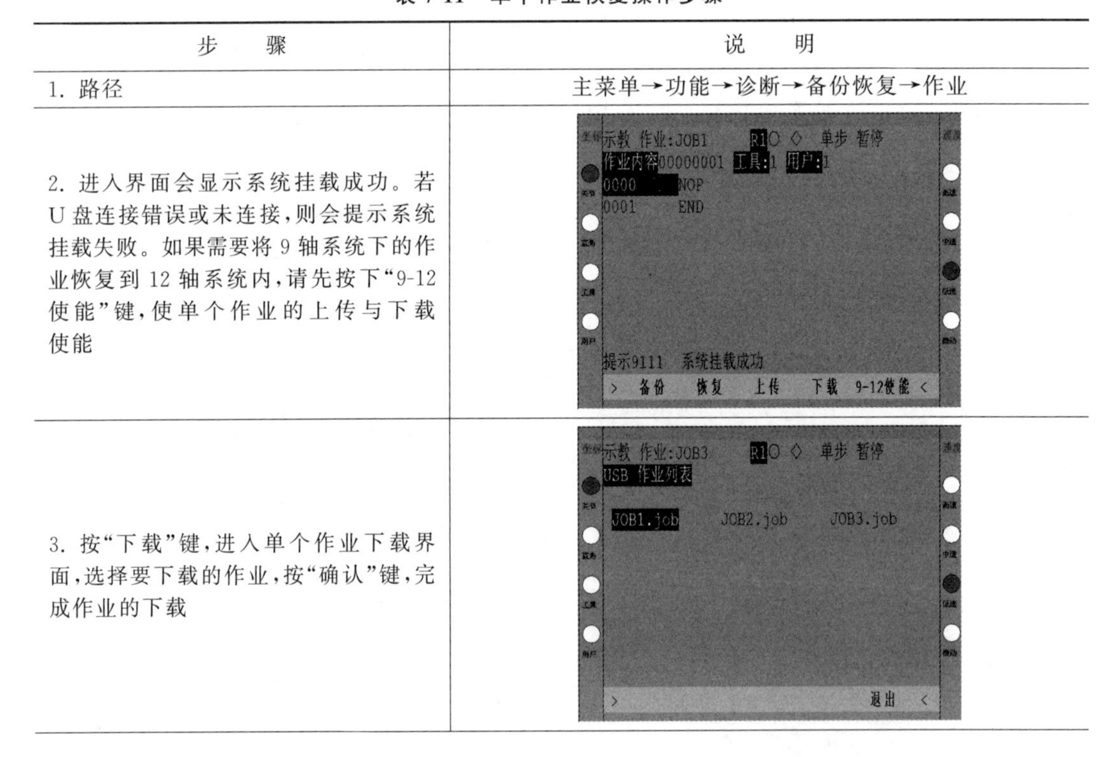

| 步　　骤 | 说　　明 |
| --- | --- |
| 1. 路径 | 主菜单→功能→诊断→备份恢复→作业 |
| 2. 进入界面会显示系统挂载成功。若U盘连接错误或未连接，则会提示系统挂载失败。如果需要将9轴系统下的作业恢复到12轴系统内，请先按下“9-12使能”键，使单个作业的上传与下载使能 | |
| 3. 按“下载”键，进入单个作业下载界面，选择要下载的作业，按“确认”键，完成作业的下载 | |

续表

| 步　　骤 | 说　　明 |
| --- | --- |
| 3. 按“下载”键，进入单个作业下载页面，选择要下载的作业，按“确认”键，完成作业的下载 | 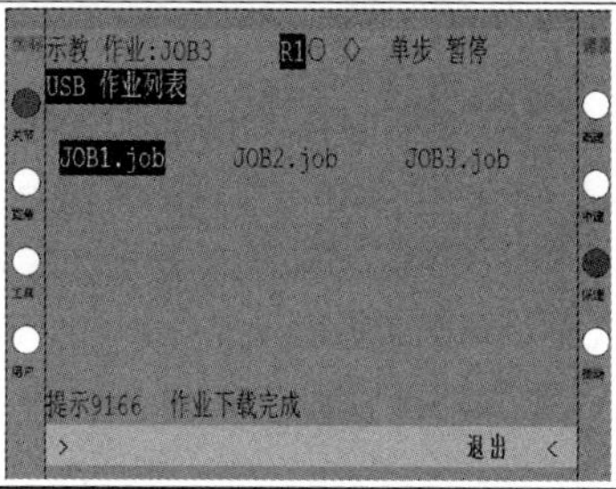 |

## 7.3.9 盘卸载

备份或恢复后从控制器上取下 U 盘，需要先将 U 盘在控制器上卸载。U 盘卸载的操作步骤如表 7-12 所示。

**表 7-12 U 盘卸载操作步骤**

| 步　　骤 | 说　　明 |
| --- | --- |
| 1. 路径 | 主菜单→功能→诊断→备份恢复 |
| 2. 进入界面会显示系统卸载成功。若 U 盘连接错误或未连接，则会提示系统挂载失败 | 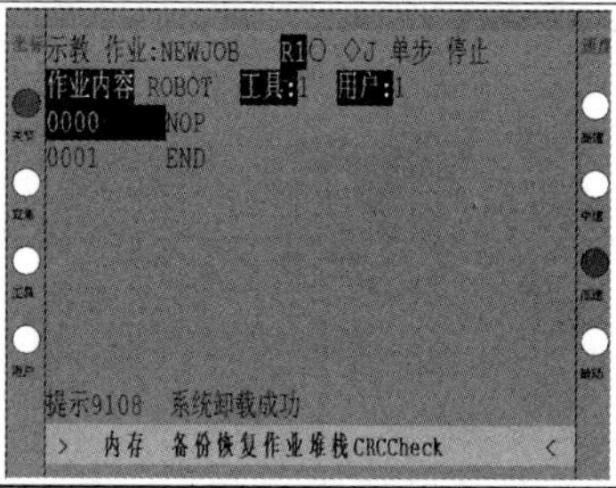 |

## 7.3.10 清除码盘

清除码盘圈数，需要超级用户权限。先勾选需要清除码盘圈数的轴号(可多选，若要全部清除，则需全选)，再进行清除码盘操作。配合零位设定与零位标定使用，清除码盘前需下伺服电，至少需要等 1 分钟再关机重启，重启后生效。清除码盘操作步骤如表 7-13 所示。

**表 7-13 清除码盘操作步骤**

| 步　　骤 | 说　　明 |
| --- | --- |
| 1. 路径 | 主菜单→功能→诊断→(翻页)码盘清除 |
| 2. 进入码盘清除界面，可以选择将全部轴的码盘清除，也可以选择清除单轴 | 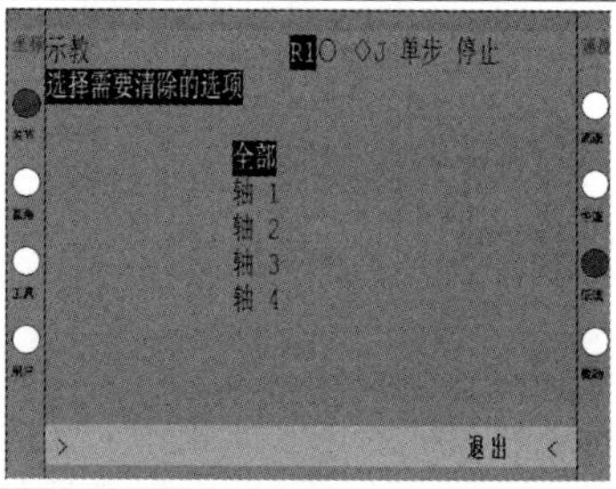 |

续表

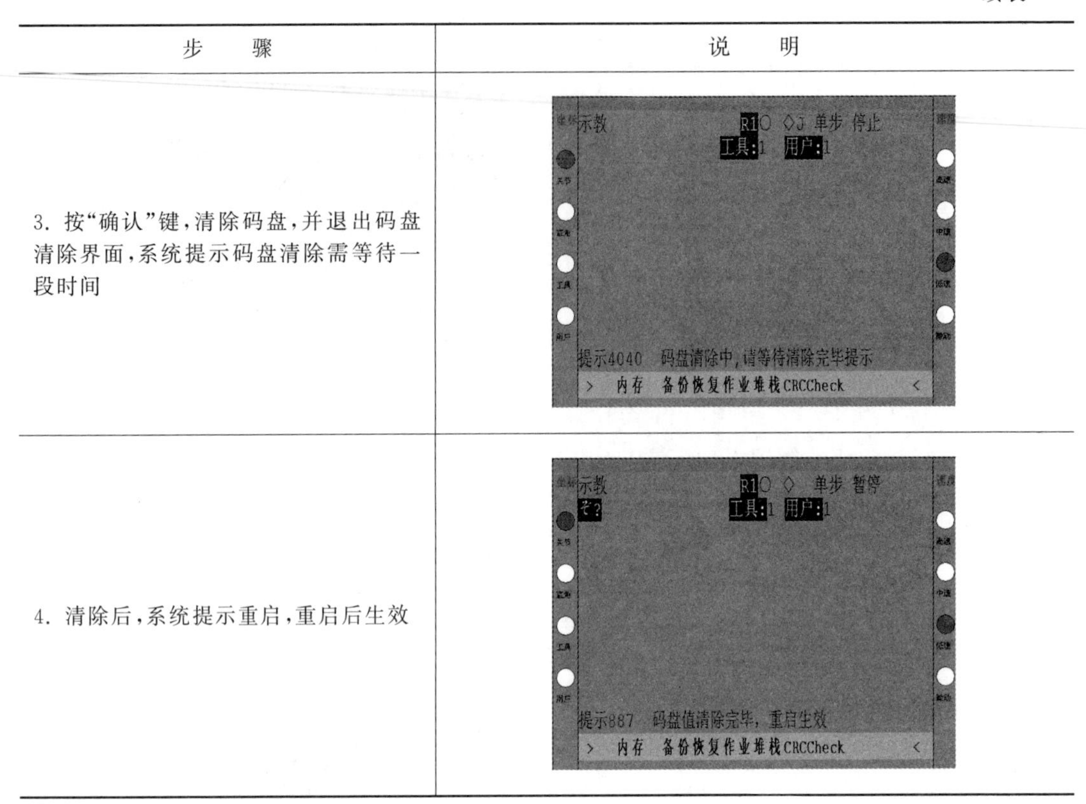

| 步　　骤 | 说　　明 |
| --- | --- |
| 3. 按“确认”键，清除码盘，并退出码盘清除界面，系统提示码盘清除需等待一段时间 | |
| 4. 清除后，系统提示重启，重启后生效 | |

### 7.3.11 清除报警

清除报警是指清除驱动器报警。部分驱动器报警无法清除，需要关机重启。在部分新版 RC 程序中，“取消”键能同时清除驱动器报警，使用更方便。

### 7.3.12 电流学习

电流学习是指开始进行松抱闸电流学习。使 RC 学习松抱闸时的正确电流，应配合机器人在以后的运动过程中准确判断是否处于松抱闸状态。先按 servo on 键给伺服驱动器上动力电，再按住 deadman 键(3 挡使能开关)解除抱闸，按下电流学习按钮，保持松抱闸状态直到提示“解抱闸电流学习完成”。如果负载有变化，或机械结构发生改变，则需要重新进行电流学习。

## 7.4 参数

### 7.4.1 码盘比较

脉冲板有两种读码盘方式：485 和 QEP。在此界面可以显示 QEP 读取的码盘值，然后与 485 读取的码盘值进行比较分析。码盘比较操作步骤如表 7-14 所示。

表 7-14　码盘比较操作步骤

| 步　　骤 | 说　　明 |
|---|---|
| 1. 路径 | 主菜单→功能→参数→调试→码盘比较 |
| 2 进入码盘比较设置界面，输入所需的参数，按“退出”键退出该界面并保存配置 | 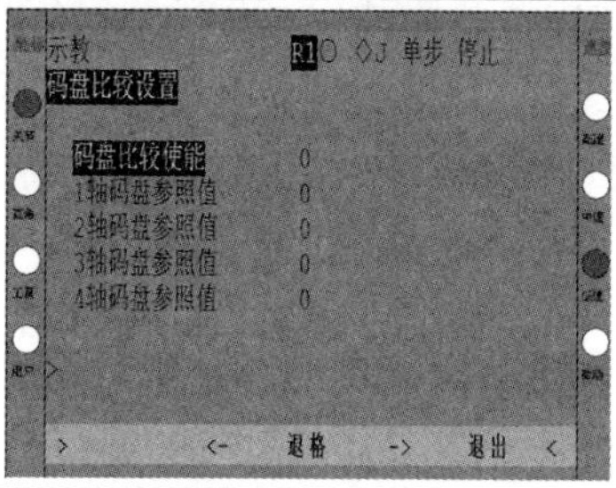 |

## 7.4.2　直线配置

在直线配置界面可以配置有关直线运动的参数。直线配置的操作步骤如表 7-15 所示。

表 7-15　直线配置操作步骤

| 步　　骤 | 说　　明 |
|---|---|
| 1. 路径 | 主菜单→功能→参数→调试→直线配置 |
| 2. 进入直线配置界面，输入所需的参数，按“退出”键退出该界面并保存配置 | 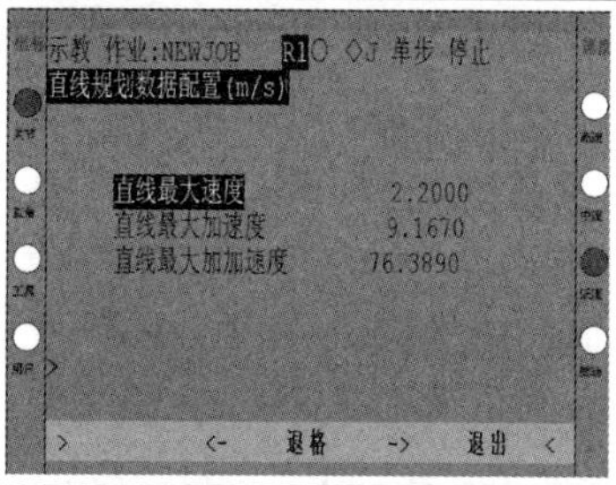 |

## 7.4.3　加加速度

加加速度是有关关节运动的参数，可以更改该参数以调整关节运动。加加速度的操作步骤如表 7-16 所示。

表 7-16　加加速度操作步骤

| 步　　骤 | 说　　明 |
|---|---|
| 1. 路径 | 主菜单→功能→参数→调试→加加速度 |
| 2. 进入加加速度设置界面，输入所需的参数，按“退出”键退出该界面并保存配置 | 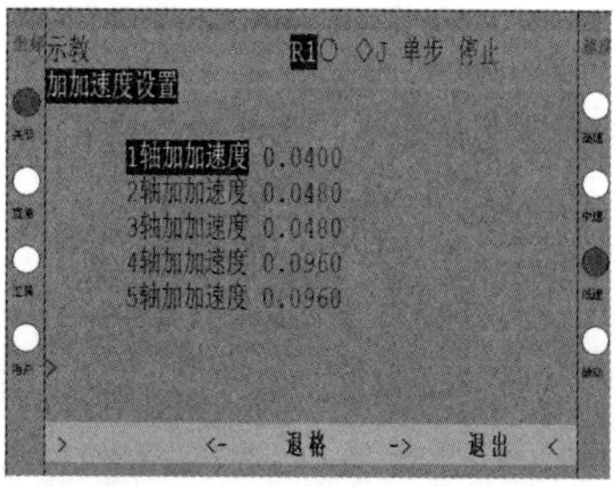 |

### 7.4.4 杆长补偿

杆长补偿用于在机械尺寸固定后，由于外在因素使得某些机械尺寸有微小变化，可通过此界面人工对于机械尺寸进行一个补偿。输入各部件与原设计的长度差，加长为正。杆长补偿的操作步骤如表 7-17 所示。

表 7-17 杆长补偿操作步骤

| 步　骤 | 说　明 |
| --- | --- |
| 1. 路径 | 主菜单→功能→参数→调试→杆长补偿 |
| 2. 进入杆长补偿设置界面，输入所需的参数，按“退出”键退出该界面并保存配置 | 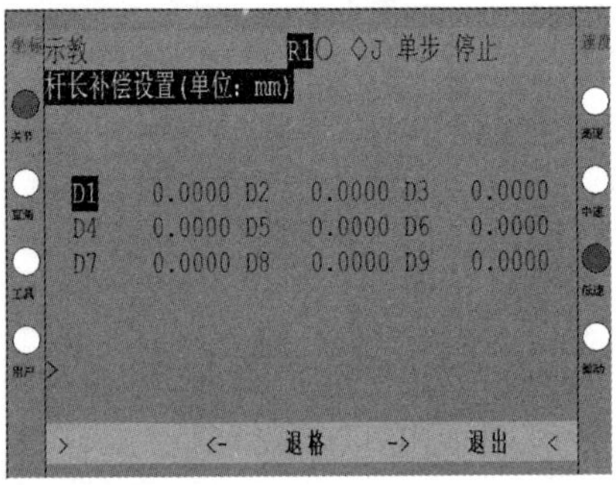 |

### 7.4.5 限位

限位是机器人各轴运动的范围。设置限位是把运动范围的限值设置到参数界面中。进入限位界面的操作步骤如表 7-18 所示。

表 7-18 限位操作步骤

| 步　骤 | 说　明 |
| --- | --- |
| 1. 路径 | 主菜单→功能→参数→控制→限位 |
| 2. 进入限位设置界面，输入所需的参数，按“退出”键退出该界面并保存配置 | 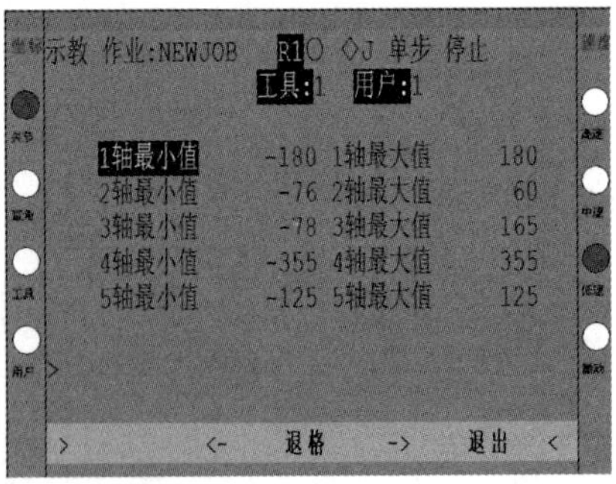 |

### 7.4.6 机器参数

进入机器参数的操作步骤如表 7-19 所示。

表 7-19　机器参数操作步骤

| 步　　骤 | 说　　明 |
| --- | --- |
| 1. 路径 | 主菜单→功能→参数→控制→机器参数 |
| 2. 进入机器参数界面，输入所需的参数，按“退出”键退出该界面并保存配置 | 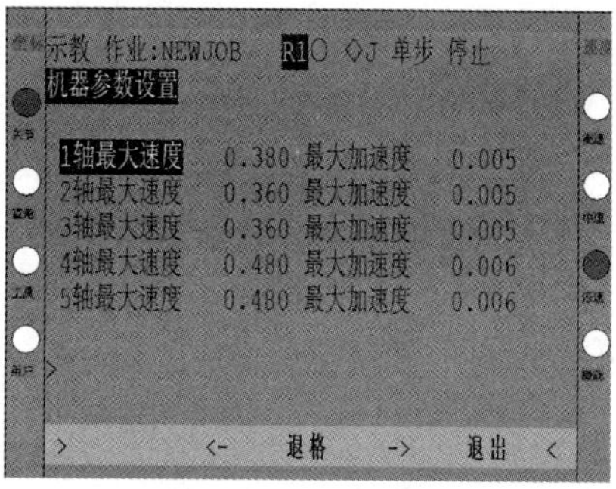 示教 作业:NEWJOB R1 ◇J 单步 停止<br>机器参数设置<br>1轴最大速度 0.380 最大加速度 0.005<br>2轴最大速度 0.360 最大加速度 0.005<br>3轴最大速度 0.360 最大加速度 0.005<br>4轴最大速度 0.480 最大加速度 0.006<br>5轴最大速度 0.480 最大加速度 0.006<br>> <- 退格 -> 退出 < |

## 7.4.7　安全保护

进入安全保护的操作步骤如表 7-20 所示。

表 7-20　安全保护操作步骤

| 步　　骤 | 说　　明 |
| --- | --- |
| 1. 路径 | 主菜单→功能→参数→控制→安全保护 |
| 2. 进入安全保护设置界面，输入所需的参数，按“退出”键退出该界面并保存配置 | 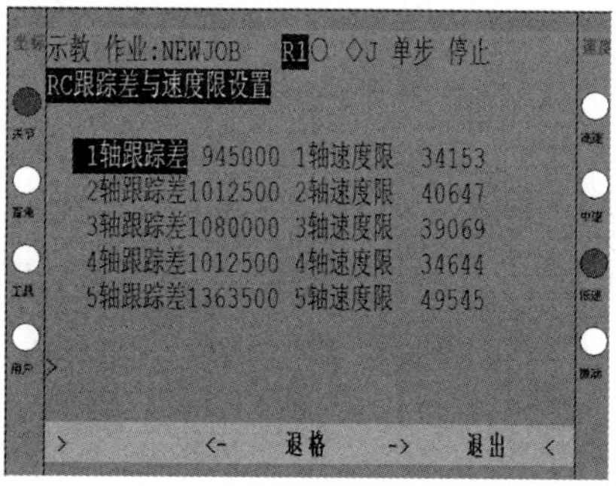 示教 作业:NEWJOB R1 ◇J 单步 停止<br>RC跟踪差与速度限设置<br>1轴跟踪差 945000 1轴速度限 34153<br>2轴跟踪差1012500 2轴速度限 40647<br>3轴跟踪差1080000 3轴速度限 39069<br>4轴跟踪差1012500 4轴速度限 34644<br>5轴跟踪差1363500 5轴速度限 49545<br>> <- 退格 -> 退出 < |

注：跟踪差与速度限两项参数用户无权限修改。

## 7.4.8　转矩限值

转矩限值是对机器人正常运动过程的监控，在正常运动过程中，机器人电机转矩应当在限值范围内，当发生碰撞或其他异常情况时，转矩可能超出限值，机器人会报警并停止运行。转矩限值出厂时有默认值，在实际使用过程中可能会有个别动作超过默认限值，用户可根据实际需求自行更改转矩限值，尽量设置为机器人在正常使用时无报警的最小值。这样，在使用时发生异常情况，转矩限值超界时机器人会报警停止，起到保护作用。转矩限值的操作步骤如表 7-21 所示。

表 7-21 转矩限值操作步骤

| 步　　骤 | 方　　法 |
|---|---|
| 1. 路径 | 主菜单→功能→参数→控制→转矩限值 |
| 2. 进入转矩限值界面，输入所需的参数，按"退出"键退出该界面并保存配置 | 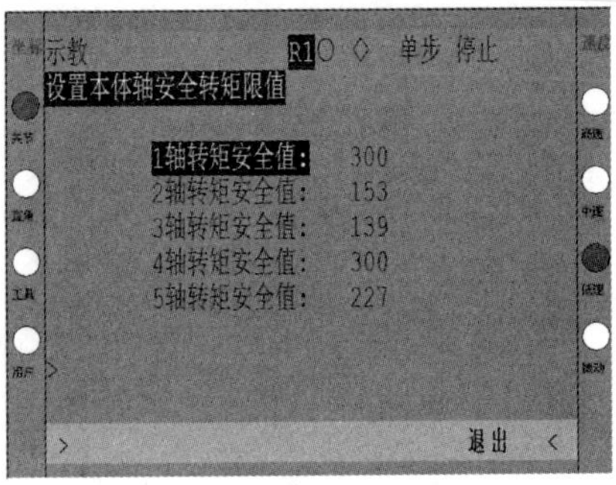 |

## 7.5 通信

### 7.5.1 PMC 参数(脉冲)

通过该界面可以发送给脉冲板跟踪差和速度限的参数，方便对这两项参数的设置。进入 PMC 参数设置的操作步骤如表 7-22 所示。

表 7-22 PMC 参数设置操作步骤

| 步　　骤 | 说　　明 |
|---|---|
| 1. 路径 | 主菜单→功能→参数→通信→PMC 参数 |
| 2. 进入 PMC 参数界面，输入所需的参数，按"退出"键退出该界面并保存配置 | 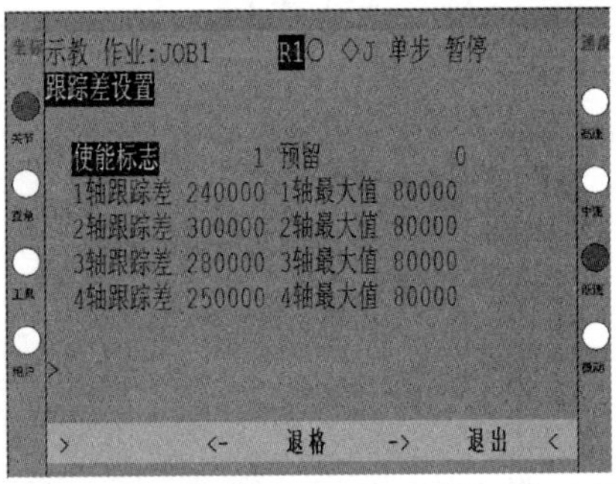 |

### 7.5.2 干涉区

干涉区功能通常用于机器人打磨、上下料、汽车点焊生产线等应用。干涉区分为立方体干涉区和轴干涉区，机器人运动过程中判断控制点 TCP 在干涉区内部或外部，并对外部设备输出高低电平信号。

1. 立体干涉区

立体干涉区通过两点确定立方体三维空间，机器人干涉区示意如图 7-1 所示。

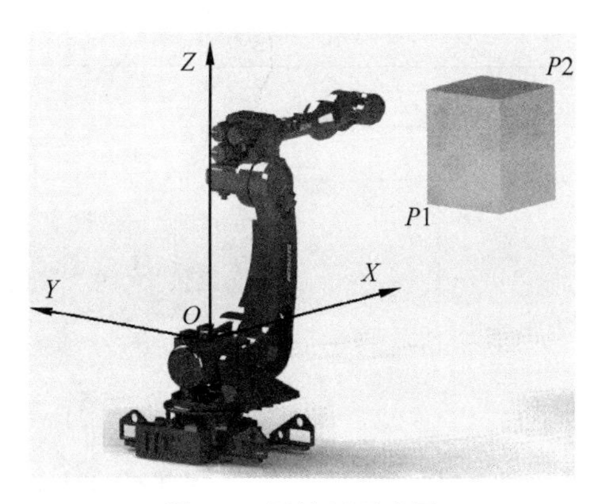


图 7-1　干涉区示意图

记录点 $P1$ 为接近点即最小值点，$P2$ 是远离点即最大值点，立方体的各边平行于当前坐标的 $X$、$Y$、$Z$ 轴，这样就通过 $P1$ 点、$P2$ 点在空间确定了唯一一个立方体三维空间。最多可设置 8 个立方体干涉区。其操作步骤如表 7-23 所示。

**表 7-23　立体干涉区设置操作步骤**

| 步　　骤 | 说　　明 |
|---|---|
| 1. 路径 | 主菜单→功能→参数→通信→干涉区 |
| 2. 进入立体干涉区配置界面，对各项参数进行配置 | 参数含义：<br>坐标系类型——基坐标为 1，用户坐标为 2<br>坐标系号——当坐标类型为 2 时，可选择用户坐标系号<br>模式——1 表示干涉区内输出 ON；2 表示干涉区外输出 ON；3 表示干涉区内输出 ON，机器人暂停报警；4 表示干涉区外输出 ON，机器人暂停报警 |
| 3. 立体干涉区参数配置完成后，按“退出”键保存参数设置并退出 | |

2. 轴干涉区

机器人、基座、工装轴的正侧和负侧由各动作区域的最大值和最小值设定。判断各轴当前值是在区域内侧或外侧，并将该状态作为信号输出。如果某轴的最大和最小数值为 0 时，此轴不判断。最多可设定 8 个轴干涉区。轴干涉区的设置操作步骤如表 7-24 所示。

表 7-24　轴干涉区操作步骤

| 步　　骤 | 说　　明 |
| --- | --- |
| 1. 路径 | 主菜单→功能→参数→通信→干涉区 |
| 2. 进入轴干涉区配置界面，对各项参数进行配置 | 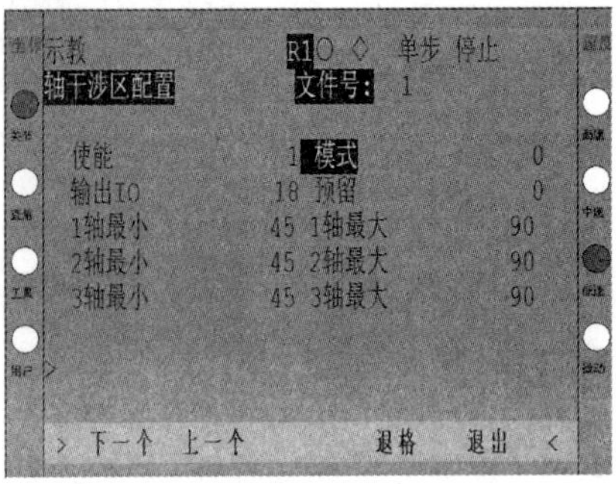 |
| 3. 轴干涉区参数配置完成后，按"退出"键保存参数设置并退出 | 参数含义：<br>模式——1 表示干涉区内输出 ON；2 表示干涉区外输出 ON；3 表示干涉区内输出 ON，机器人暂停报警；4 表示干涉区外输出 ON，机器人暂停报警 |

## 7.5.3　补偿

补偿是对规划值进行实时补偿，设置的值在规划的每节拍都进行补偿，主要应用于焊缝跟踪和随动。

1. 补偿限制

进入补偿限制操作界面的操作步骤如表 7-25 所示。

表 7-25　补偿限制操作步骤

| 步　　骤 | 说　　明 |
| --- | --- |
| 1. 路径 | 主菜单→功能→参数→补偿偏移→补偿限制 |
| 2. 按"确认"键，弹出补偿限制配置界面。将正确的补偿限制值参数输入，配置后按"保存"键可以记录配置 | 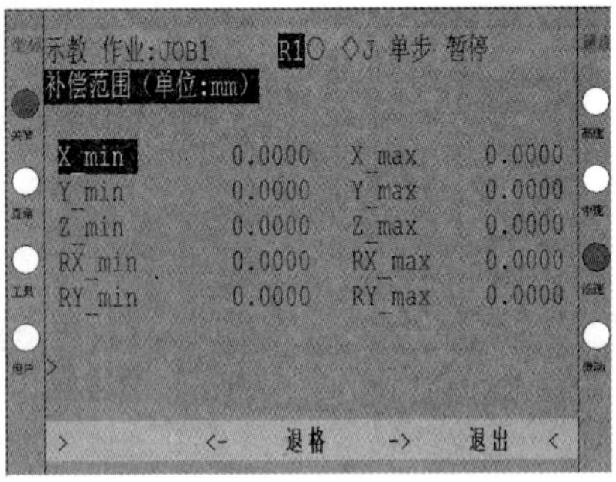 |

2. 补偿配置

进入补偿配置界面的操作步骤如表 7-26 所示。

表 7-26　补偿配置操作步骤

| 步　　骤 | 说　　明 |
|---|---|
| 1. 路径 | 主菜单→用户设置→补偿偏移→补偿配置 |
| 2. 按“确认”键，弹出补偿配置界面。将正确的补偿值输入，配置后按“保存”键可以记录配置 | 示教 R1○ ◇J 单步 停止<br>实时补偿参数配置<br>修正类型 0 参考坐标 0<br>修正模式 0 0<br>X_amend 0.0000 RX_amend 0.0000<br>Y_amend 0.0000 RY_amend 0.0000<br>Z_amend 0.0000 RZ_amend 0.0000<br>> <- 退格 -> 退出 < |

## 7.5.4　示教点偏移

示教点偏移功能是指在示教作业中个别示教点可以在原示教位置的基础上进行偏移。机器人原示教作业路径为：$P1\rightarrow P2\rightarrow P3\rightarrow P4\rightarrow P5$，通过示教点偏移功能，可以将 $P2\rightarrow P3\rightarrow P4\rightarrow P5$ 的路径进行统一偏移，$P2'$、$P3'$、$P4'$、$P5'$相对原示教位置距离相等。并且，示教作业中的 $P1$ 点可以不发生偏移。其具体偏移情况如图 7-2 所示。

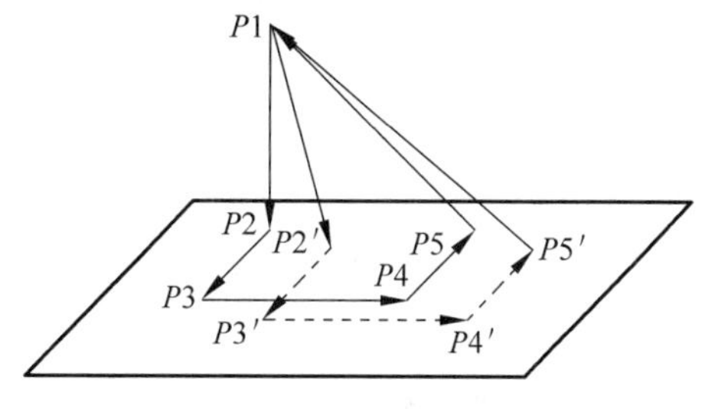


图 7-2　示教点偏移功能

1. 依据位置变量进行偏移

依据位置变量进行偏移，偏移的距离由位置变量的值决定。

2. 位置变量

Pxx(xx 为变量号)位置变量包含 6 个子变量 Pxx. 1、Pxx. 2、Pxx. 3、Pxx. 4、Pxx. 5、Pxx. 6，每个子变量分别代表 X、Y、Z、Rx、Ry、Rz。当使用 SHIFTON Pxx COORD＃x 指令时，指令将 Pxx 的 6 个变量值分别赋值给各偏移量。同时通过＃后面的 x 确定基于哪个坐标系偏移。位置变量的各子变量可以通过用户变量赋值，也可以将各子变量的值赋给用户变量。通过用户变量的运算功能，可以更加灵活地控制偏移量。顾名思义，位置变量和机器人位置也有一定联系，可以通过指令将机器人的位置赋值给位置变量。将位置赋值给位置变量，不仅可以对当前位置操作，也可以对其后的运动指令所记录的示教位置进行操作。分别记录 2 个位置的 2 个位置变量 P1、P2，可以通过指令 GETTM P1 P2 计算位置之间的转换矩阵，并将转换矩阵赋值给 P1，此时通过使用值为转换矩阵的位置变量 P1 进行偏移就可以实现从 P1 原位置到 P2 位置的偏移。

3. 偏移指令

1) SHIFT ON Pxx COORD＃x

功能说明：以设定的坐标系按位置变量中的值进行偏移。如果选择工具坐标系和用户坐标系，则按当前坐标系号偏移，需要配合 SETUF 和 SETTF 指令使用。

2）SHIFT OFF

使用 SHIFT OFF 指令来结束偏移。如果程序中只有 SHIFT ON 指令，没有 SHIFT OFF 指令，则程序执行完第一次循环后，第二次循环时所有的运动指令都发生偏移，即：SHIFT ON 指令前的运动指令也发生偏移。

3）偏移功能失效条件

偏移开始指令(SHIFT ON)执行后，下列操作将会自动使偏移功能失效：

（1）进行了修改、删除、插入操作；

（2）进行了作业的复制、重命名、删除操作；

（3）切断控制电源；

（4）示教模式下进行了轴运动或正向/反向运动操作；

（5）清空作业堆栈。执行开关中偏移功能未使能时，SHIFT ON 指令不开始偏移，SHIFT OFF 指令正常执行。

### 7.5.5 按键配置

在机器人的示教操作中，有时需要频繁切换多个 I/O 信号的不同配置，在 I/O 输出设定中逐个改变 I/O 信号非常复杂、不方便。为了提供快捷的 I/O 设定，增加该功能。按键配置功能可以将一系列 I/O 指令集合在一个作业中，通过按键配置可以实现示教状态下的组合按键调用执行该作业，从而实现 I/O 的快捷设定。

示教盒上的数字键 1～9 可以分别配置一个示教作业。配置完成后，在执行示教作业时按 deadman＋Shift＋数字键，则该数字键对应的示教作业执行一个循环。执行作业时，当前作业显示为快捷按键配置作业，执行完成后提示“按键对应程序执行完成”，松开 Shift＋数字键，当前作业跳回原示教作业。

**注：**

（1）按键配置功能需要在执行开关中设置，设置为 ON 时，该功能有效；否则无效。

（2）配置到数字键上的示教作业，不支持运动指令的执行，在执行时将报错“按键对应程序不支持该指令”；

（3）Shift＋数字键需要一直按下，直到提示作业执行完成，如果作业没有执行完成时松开，那么作业将终止执行，再次按下，作业会从头执行；进入按键配置界面的操作步骤如表 7-27 所示。

**表 7-27 按键配置操作步骤**

| 步　骤 | 说　明 |
| --- | --- |
| 1. 路径 | 主菜单→用户设置→补偿偏移→补偿配置 |
| 2. 按“确认”键，弹出补偿配置界面。将正确的补偿值输入，配置后按“保存”键可以记录配置 | 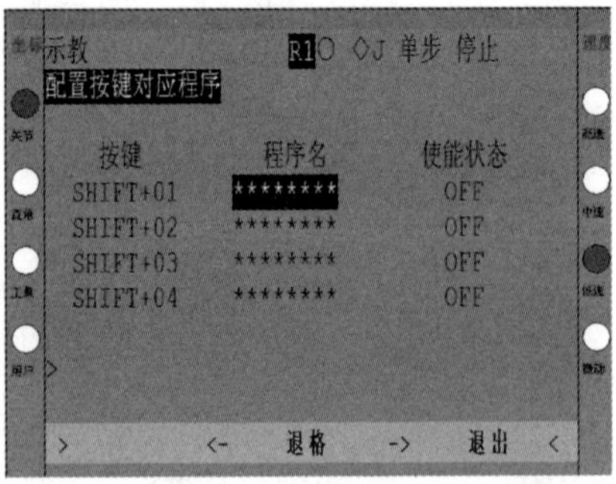 示教 R1 ◇J 单步 停止<br>配置按键对应程序<br>按键　程序名　使能状态<br>SHIFT+01　********　OFF<br>SHIFT+02　********　OFF<br>SHIFT+03　********　OFF<br>SHIFT+04　********　OFF<br>退格　退出 |

配置界面中的按键名即为快捷按键，程序名为该快捷按键调用执行的作业名，通过“使能”键可以对该按键进行使能设置，如果为 ON，则表示该快捷键有效；如果为 OFF，则表示该快捷键无效。

## 7.6　中断配置

机器人自动执行时只能同时执行一个作业，并且作业指令顺序执行，前一条指令执行完毕后，后一条指令才开始执行。也就是说，机器人的运动过程由操作者设计，而且固定顺序。但是，在实际应用中，有时需要机器人处理异常情况，这就是中断功能。中断是指中断机器人正在执行的示教作业跳转到设定好的中断程序中执行。

在机器人示教程序中需要指定中断检测的程序行范围。在中断检测范围内，机器人可以在任何时候停止执行，进入中断程序。IRQON 指令指定中断检测开始，IRQOFF 指令指定中断检测结束。在中断检测范围内，如果中断发生，则机器人示教程序停止运行，跳转到中断程序，中断程序执行完成后返回示教程序继续执行；在中断检测范围外，如果中断发生，则不执行中断功能，不跳转到中断程序。

中断功能有 3 个元素需要用户设定：中断优先级、触发条件、中断程序名。这些元素可以在指令中设定。在程序中通过中断优先级指明该优先级检测的程序段，并且在这个程序段中扫描该优先级对应的中断条件，中断条件触发后，跳转到指令指定的中断程序中。

### 7.6.1　中断触发条件

中断触发条件是作业执行到中断检测范围时检测到中断条件触发的瞬间。中断触发条件可以为输入/输出的 ON、OFF 状态，即中断检测的是输入/输出信号的上升沿、下降沿；中断触发条件也可以是户变量的某一个值，中断检测的是用户变量变为指定值的瞬间。

在示教模式下，按下“正向运动”键，则程序顺序执行，若未检测到中断条件触发，则不触发中断，中断程序不能被执行，中断触发的状态也不保持。也就是说，中断触发时，中断程序必须立刻能够执行，否则中断触发失败，系统再次检测到中断信号上升沿，中断能够再次触发。

### 7.6.2　中断优先级

在同一程序段中可以同时检测多个中断信号，如图 7-3 所示。

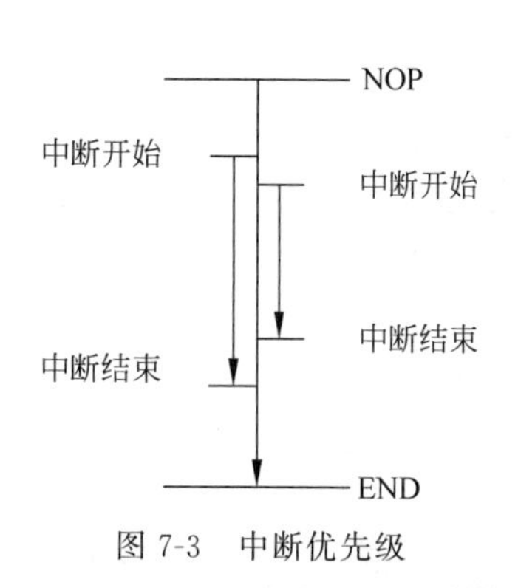

图 7-3　中断优先级

在程序段中同时检测到了两个中断。如何区分两个中断呢？如何区分中断开始与中断结束的对应关系呢？中断开始指令(IRQON)、中断结束指令(IRQOFF)都带有一个参数：

```
IRQON LEV = <参数> IN＃4 = ON SUB1
IRQOFF LEV = <参数>
```

“LEV＝”后面的参数就是中断优先级。这里需要注意的是：

(1) 如果在一个程序段中同时检测到多个中断信号,那么当进入低优先级中断程序后,高优先级中断触发,继续跳转到高优先级中断程序中。

(2) 当进入高优先级中断程序后,低优先级中断触发,不进行跳转,高优先级中断程序执行完成后,也不跳转到低优先级中断程序中。

(3) 中断只能在 DELAY、WAIT、运动指令上触发,当中断触发时,其他指令都先执行完毕,再跳转到中断程序,这 3 种指令是立刻跳转。

### 7.6.3 中断程序名

中断程序名是中断发生时跳转的程序名,一个中断优先级对应一个中断程序。中断程序同普通示教的子程序一样,如果需要从中断程序中返回到原示教作业,那么中断程序最后是 RESUME 指令。不允许通过 CALL 指令调用已被指定的中断程序。

### 7.6.4 中断功能失效条件

下列操作将会自动关闭已经打开的所有中断:

(1) 进行了修改、删除、插入操作。

(2) 进行了作业的复制、重命名、删除操作。

(3) 切断控制电源。

(4) 清空作业堆栈。需要注意的是,执行开关中中断功能未使能时,IRQON 指令不执行,IRQOFF 指令正常执行。

## 7.7 认识特殊的码垛专有指令

### 7.7.1 码垛功能介绍

码垛机器人提供快捷的码垛操作,用户可通过配置码垛的行列等属性利用码垛指令进行方便快捷的操作。

### 7.7.2 码垛配置

1. 用户坐标系配置

用户坐标系配置是码垛功能的基础。码垛配置中的行码垛和列码垛是参照用户坐标的 $X$、$Y$ 方向进行定义的,码垛的动作是相对用户坐标系中的位移运动,所以在进行码垛位置示教前需要标定用户坐标系。

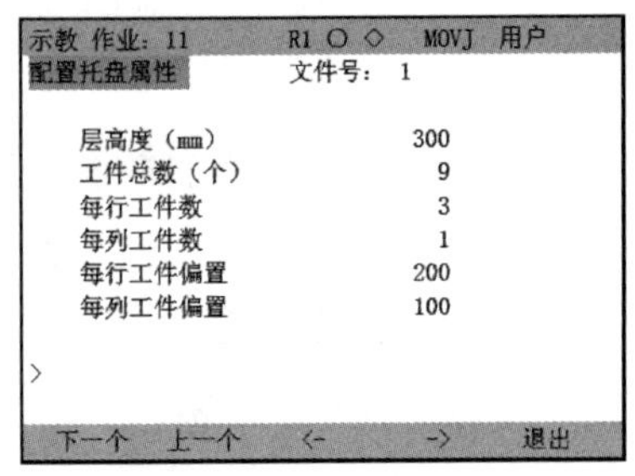

图 7-4 码垛设置界面

用户坐标系通常设定在托盘上平面的一角,标定的方法使用三点法,其中第一点确定用户坐标系的原点,第二点确定用户坐标系的 $X$ 轴方向,第三点确定 $Y$ 轴方向,$Z$ 轴方向由右手定则确定。

2. 码垛属性文件配置

码垛机器人支持 8 个码垛设置文件,码垛设置(配置托盘属性)界面如图 7-4 所示。

参数说明：

(1) 层高度——层的高度，单位为mm，可以精确到0.1mm。

(2) 工件总数——该托盘需要码垛的工件总个数。根据工件总数和层高度，机器人会自动计算码垛的层数。

(3) 行工件数——用户坐标系$X$方向的工件数；列工件数——用户坐标系$Y$方向的工件数。

(4) 行工件偏置——$X$方向上相邻码垛工件之间抓取点之间的距离。应保证足够大，使得工件可以放置进去。

(5) 行工件偏置数值是工件宽(长)与工件之间相应方向的间隔距离的和，可以精确到0.1mm。

(6) 列工件偏置——$Y$方向上相邻码垛工件之间抓取点之间的距离。应保证足够大，使得工件可以放置进去。列工件偏置数值是工件宽(长)与工件之间相应方向的间隔距离的和。可以精确到0.1mm。

注意：工件数参数需要输入整数。码垛设置(配置托盘属性)文件可以通过按“上一个”键、“下一个”键进行文件的切换。不同的码垛设置文件可以一起修改，然后退出保存。托盘属性文件中的参数值必须是整数，且要大于或等于0。若输入小于0的数值，则系统会自动修改为0。

3. 计数器设置

计数器设置的文件都有8个，分别对应8个码垛设置(配置托盘属性)文件，也就是说，码垛设置和计数器文件一一对应。码垛过程中计数器自动计数，当系统断电计数器清零或在某些特殊情况下，可以设置计数器，让机器人从特定位置开始码垛。计数器设计界面如图7-5所示。

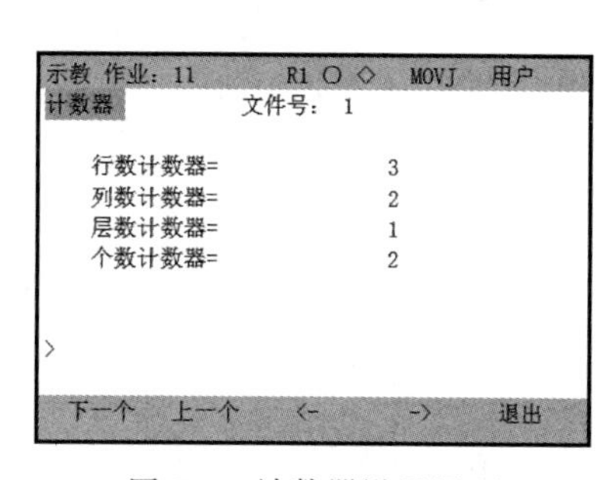


图7-5　计数器设置界面

参数说明：

(1) 行数计数器数值——将要执行码垛的行数；

(2) 列数计数器数值——将要执行码垛的列数；

(3) 层数计数器数值——将要执行码垛的层数；

(4) 个数计数器数值——将要执行码垛的个数。

如果行数计数器、列计数器、层计数器、个数计数器都被置为1，则码垛从头开始进行码垛。如果行计数器、列计数器、层计数器、个数计数器被设置为某个数值，例如设置成2、2、2、14则下一次码垛将从2、2、2、14进行码垛。

需要注意的是，个数计数器是为了表示码垛了多少个工件(实际为个数计数器中的数−1)。可以设置成用户想标示的数值。但是不要超过要码垛的总的个数，如果超过，则系统会自动进行复位操作。不同文件号的计数器数值可以一起修改然后退出保存。默认值从上至下是1、1、1、1，其原因如下，最初肯定码垛的时候是从第一行、第一列、第一层开始码垛的，默认设置1、1、1、1即可。如果输入的数小于默认数值，则系统会自动修改为默认值。

### 7.7.3 码垛指令

码垛指令的功能、语法结构以及举例说明如表 7-28 所示。

表 7-28 码垛指令

| 指令 | 说明 | | |
|---|---|---|---|
| PAL S | 功能 | 码垛开始标志指令 | |
| | 格式 | PAL S <参数项 1> <参数项 2> | |
| | 说明 | 参数项 1 | 码垛模式：目前支持模式 1 和模式 2，两种模式分别为按照行码垛和按照列码垛 |
| | | 参数项 2 | 码垛设置文件号：通常把码垛托盘当作一个单位，一个码垛托盘分配一组计数器和一组码垛设置，与用户坐标系绑定使用 |
| | 举例 | PAL S 1 2 | |
| PAL L | 功能 | 码垛以直线移动到示教点，含位置点信息 | |
| | 格式 | PAL L VL=<参数项> | |
| | 说明 | 参数项 | 含义：直线运动速度数值范围 1～1600(mm/s)；数值范围可能因机器人型号不同而不同 |
| | 举例 | PAL L VL=400 | |
| PAL J | 功能 | 码垛以关节插补移动到示教点，含位置点信息 | |
| | 格式 | PAL J VJ=<参数项> | |
| | 说明 | 参数项 | 含义：关节运动速度数值范围 1%～99% |
| | 举例 | PAL J VJ=50 | |
| PAL E | 功能 | 码垛完成指令 | |
| | 格式 | PAL E #<参数项> | |
| | 说明 | 参数项 | 含义：输出 I/O 号，码垛结束(满载)的输出信号 |
| | 举例 | PAL E #15 | |
| PAL R | 功能 | 码垛计数器复位指令 | |
| | 格式 | PAL R<参数项> | |
| | 说明 | 参数项 | 含义：计数器文件号 |
| | 举例 | PAL R1 | |
| PR | 功能 | 设置码垛文件中计数器的数值 | |
| | 格式 | PR #<参数项>=<参数项>,<参数项>,<参数项> | |
| | 说明 | 参数项 1 | 码垛文件号 |
| | | 参数项 2,3,4 | 根据 PALS 中的码垛模式：如果按行码垛，则参数分别为行计数器数值、列计数器数值、层计数器数值；如果按列码垛，则参数项分别为列计数器数值、行计数器数值、层计数器数值 |
| | 举例 | PR #01= 2, 3, 4 | |
| IF PR | 功能 | 判断码垛文件中计数器的数值选择性跳转 | |
| | 格式 | IF PR#<参数项>=<参数项>,<参数项>,<参数项> L<参数项> | |
| | 说明 | 参数项 1,2,3,4 | 与 PR 中参数项含义相同 |
| | | 参数项 5 | 满足条件时跳转标签 |
| | 举例 | IF PR#01= 2, 3, 4 L10 | |
| PAL M | 功能 | 码垛宏指令 | |
| | 格式 | PAL M<参数项> | |
| | 说明 | 参数项 | 码垛文件号：目前支持 8 种码垛文件 |
| | 举例 | PAL M 01 | |

续表

| 指　　令 | 说　　明 | | |
|---|---|---|---|
| PAL　C | 功能 | 码垛计数复位指令 | |
| | 格式 | PAL C <参数项> | |
| | 说明 | 参数项 | 码垛文件号：目前支持 8 种码垛文件 |
| | 举例 | PAL　C　01 | |
| PAL　GP | 功能 | 获取码垛位置点信息，存入相应的 P 变量中 | |
| | 格式 | PAL GP <参数项 1><参数项 2><参数项 3> | |
| | 说明 | 参数项 1 | 含义：码垛文件号 |
| | | 参数项 2 | 含义：位置变量号 |
| | | 参数项 3 | 含义：位置变量号 |
| | 举例 | PAL　GP　01　P1　P2 | |
| PAL　CNT | 功能 | 码垛计数指令 | |
| | 格式 | PAL　CNT <参数项> | |
| | 说明 | 参数项 | 码垛文件号：目前支持 8 种码垛文件 |
| | 举例 | PAL　CNT　01 | |

1. PAL S 指令中的模式含义

目前支持两种模式：按照行码垛和按照列码垛。行码垛如图 7-6 所示；列码垛是按照用户坐标系的 $X$ 轴和 $Y$ 轴方向定义的，列码垛如图 7-7 所示。

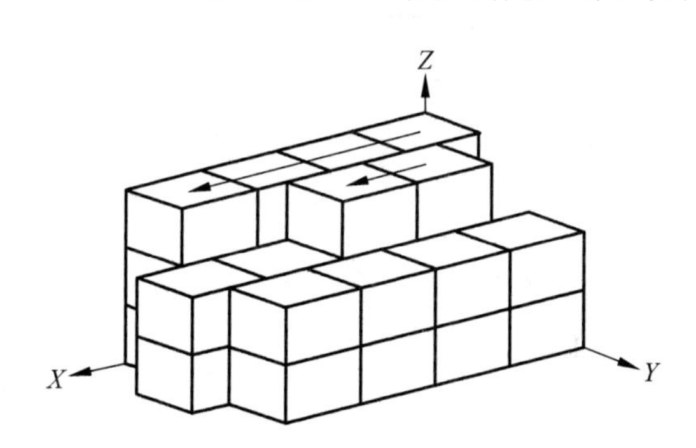


图 7-6　行码垛(按 $X$ 方向进行装载)

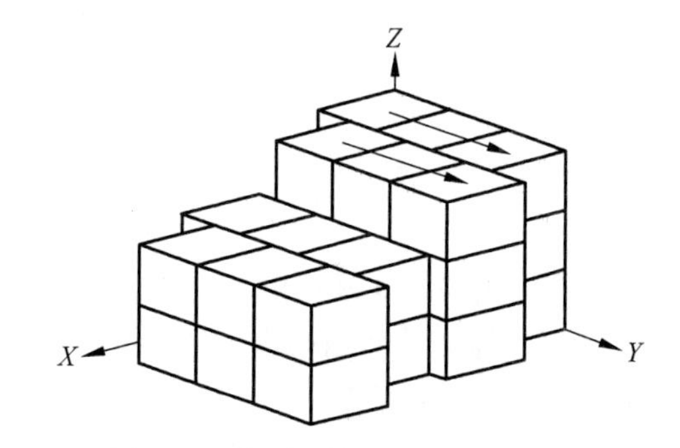


图 7-7　列码垛(按 $Y$ 方向进行装载)

2. PAL L 和 PAL J 指令说明

PAL L 和 PAL J 用于规划码垛运动过程，PALL 和 PALJ 指令为特殊逻辑指令，该指令因为没有步号，所以无法在示教模式下以正方向运动方式到达，但可以记录机器人位置点，通常作为托盘第一个件码垛时的动作示教点。例如下面的案例：

```
PAL S 1 1
PAL J VJ = 30
PAL L VL = 200
OUT[3] = 0
OUT[5] = 1
DELAYT = 6.4.1.0
PAL L VL = 200
PAL E ＃[13]
```

在上例中，3 条指令 PAL J、PAL L、PAL L 记录的位置含义依次为：“托盘 1 首个码垛工件放置点的上方”“工件 1 放置点”“托盘 1 首个码垛工件放置点上方”，旨在形成一个垂直放件的过程，在作业执行时，PAL S 指令标志着码垛开始，在 PAL S 和 PAL E 之间的 PAL J 和 PAL L 指令的位置点，会以示教作业时编写的基准位置根据计数器和码垛设置的参数之间计算出的偏移开始偏移机器人依次执行了 PAL S 和 PAL E 之间的指令，从而完成整个码垛过程。

3. PAL R 指令

PAL R 是码垛复位指令。其语法形式是：PAL R#[文件号]。目前码垛复位指令暂时只能与条件判断指令配合，利用调用子作业或者跳转的方式实现，若满足一定条件则进行计数器置位的操作。如果满足条件，则对相应托盘号对应的计数器进行全部复位。其中的[文件号]为输入文件号，使得文件号对应的托盘置位。例如，利用主作业中的条件判断指令“CALL #01=OFF PAL R1”，当信号 01 为 false 时，调用子作业 PAL R1，在子作业中的 PAL R#1 为托盘 1 的计数器进行强制复位。

4. PAL E 指令

PAL E 是码垛结束指令。其语法结构是“PAL E#[信号]”，与 PAL S 指令成对出现。

5. PR 指令

PR 指令是码垛文件计数器赋值指令。其语法结构是：PR#<参数项>=<参数项>,<参数项>,<参数项>；如令码垛文件中的 3 个计数器等于设定值。如“PR#01=1,2,3”，如果当前码垛模式是按行码垛，则指令含义为使码垛文件 1 中的行计数器值为 1，列计数器值为 2，层计数器值为 3；如果当前码垛模式是按列码垛，则指令含义为使码垛文件 1 中的列计数器值为 1，行计数器值为 2，层计数器值为 3。

6. IF PR 指令

这是条件判断跳转指令。其语法结构是：IFPR#<参数项>=<参数项>,<参数项>,<参数项> L <参数项>，当码垛文件计数器中的值等于当前值时跳转到标签。

7. PAL M 指令

PAL M 后跟的参数是码垛文件号，在码垛配置界面可知其码垛共分为 8 种码垛文件，插入 PAL M 指令时，计算码垛点位并存入内存中，当执行 PAL M 指令时，系统会再一次检测数据是否有变化，以及内存中是否有数据：若有变化，则重新计算码垛点，并存入内存中；若没有变化，则不计算。PAL M 指令格式是：PAL M 01，参数项为文件号，计算时使用界面配置中相应的文件号下的数据。

8. PAL C 指令

PAL C 为码垛计数复位指令，执行该指令，如 PAL C 01 时为将文件号 1 下的计数器全部复位。

9. PAL GP 指令

PAL GP 位置点获取指令，主要将存储在内存中的码垛点位读取出来，存入 P 变量中，实现码垛点的运动。

PAL GP 指令格式是：PAL GP 01 P1 P2，第一个参数 01 为码垛文件号，与 PAL M 文件号相对应，第二个参数 P1 为码垛点数据将要存入的位置变量号，第三个参数 P2 为码垛点上方的位置点数据将要存入的位置变量号，在需要运动时，直接使用这两个位置变量号即可。

10．PAL CNT 指令

PAL CNT 指令为计数指令，其后跟的参数为码垛文件号，从而指定了使用哪个文件号下的计数器，执行该指令时，计数加 1。

执行码垛程序时，应检测相应码垛文件号下的计数器的设置是否为自己想要的位置，确保码垛的正确性。

# 7.8　简单码垛任务

1．任务描述

现有工件 4 个，被皮带依次输送到垛 1 点位置，机械臂需要将垛 1 点的 4 个工件按顺序码放在码垛点的 1、2、3、4 个工位上，即放料点是 2 行 2 列，且要求行间距是 100mm，列间距是 150mm。此程序可实现行间距和列间距可设置，码垛层数可选。码垛工位如图 7-8 所示。

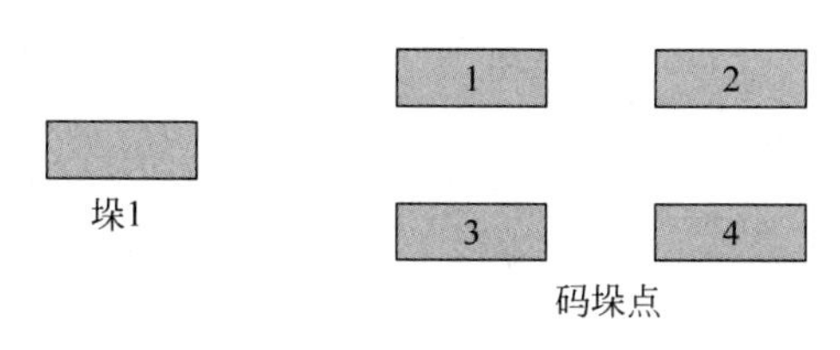


图 7-8　码垛工位

2．操作步骤

1）用户坐标系的标定

具体操作方法如下：

（1）依次按“主菜单”→“用户”→“坐标”→“用户坐标”→“标定”键，进入用户坐标系标定界面。

（2）三点法标定用户坐标系。进入用户坐标系标定界面后，依次使机器人轴运动到用户坐标系的示教点，按“确认”键，按光标移动键，依次确认 3 个示教点。记住所标定的用户坐标系号，本程序标定的用户坐标系号是 1 号。

2）工具坐标系标定

具体操作方法如下：

（1）在示教盒上按“主菜单”→“用户”→“坐标”→“工具坐标系”→“标定”键，进入工具坐标系标定界面。

（2）五点法标定工具坐标系。进入工具坐标系界面后，调整机器人 5 种位姿，依次使机器人工具中心点运动到参考点，按“确认”键，按光标移动键，依次确认 5 个示教点。记住所标定的工具坐标系号，本程序标定的工具坐标系号是 2 号。

3）机器人 I/O 口校验

具体操作方法如下：

(1) 顺时针旋转控制柜上的电源开关。

(2) 等待开机完成的界面。

(3) 将机器人模式切换至示教模式。在示教盒上按“模式”键,将机器人运动状态切换至示教模式。

(4) 进入机器人超级用户模式。

(5) 在示教盒上依次按“主菜单”→“功能”→I/O→“设定”→“用户 I/O”键。

(6) 依次强制将输出端口置 1 或者 0,观察吸盘的状态。记住吸盘抓手在打开或者夹紧状态下的输出端口号。

4) 码垛属性文件配置

新松码垛机器人支持 8 个码垛设置文件,进入码垛设置和配置托盘属性设置的操作方法是:依次按“主菜单”→“用户”→“应用”→“码垛”→“简单码垛”→“码垛设置”键。简单码垛的托盘属性设置的参数及参数说明如下:

(1) 工件总数(个)= 4　　--------码垛工件总数。

(2) 每行工件数=　2　　--------1 和 3 是同行

(3) 每列工件数=　2　　--------1 和 2 是同列

(4) 每行工件偏置= 100.0　　--------1 号堆垛点和 3 号堆垛点之间的距离是 100mm

(5) 每列工件偏置= 150.0　　--------1 号堆垛点和 2 号堆垛点之间的距离是 150mm

5) 简单码垛配置中的计数器设置

进行码垛设置的操作是:依次按示教盒上的“主菜单”→“用户”→“应用”→“码垛”→“简单码垛”→“计数器”键。其中码垛配置文件号是 1 号,需要与程序中保持一致。简单码垛文件配置中的计数器设置参数如下:

(1) 行数计数器=　1　　--------软件根据实际运行自动计算

(2) 列数计数器=　1　　--------软件根据实际运行自动计算

(3) 层数计数器=　1　　--------软件根据实际运行自动计算

(4) 个数计数器=　1　　--------软件根据实际运行自动计算

6) 完整的码垛程序

```
0000   NOP         --------- 程序开始
0001   MOVL   L = 300.00       -------- 原点
0002   MOVL   VL = 200.00       --------- 过渡点
0003   PAL   S   1   1      --------- 码垛程序开始,调用的码垛文件配置号是 1 号
0004   PAL L VL = 400.00      --------- 以直线移动到示教点,含位置信息
0005   OUT   OT#2  = ON       --------- 吸盘上电吸气抓紧工件
0006   PAL   E   OT#3       --------- 与 PAL S 码垛指令配对使用
0007   OUT   OT#2  = OFF      --------- 吸盘掉电释放工件
0008    END         --------- 程序结束
```

7) 程序调试

将机器人切换到示教模式,给机械手上电,机械手示教速度调慢,在按下示教盒上的“正向运动”或“反向运动”键的同时观察机械手的运动位置是否符合要求。每当按住一次“正向运动”和“反向运动”键,机器人运动一步,释放 deadman 和“正向运动”键中的任意一个,机器人停止运行。程序要全程手动检测一遍,确保每步动作过程安全无碰撞。

8）自动运行

在自动执行前，先确保机器人运动区域内无人。将机器人切换至执行模式，自动运行方式分为3种：单步、单循环和自动。选择自动运行方式后，给机器人上电，按下控制柜上的“启动”按钮，程序自动运行。自动程序启动前，需要将机械臂运动到程序的第一个示教点。

## 7.9　复杂“回字”码垛任务

1. 任务描述

现共有工件8个，每个工件的长×宽×高为80×50×20mm，分为2列叠放在垛1和垛2的工位上，每列4个工件，列间距是162mm。为了方便描述搬运过程，将工件按数字命名，其序号如图中所示。机械臂的任务是将垛1点和垛2点的工件码放在码垛点。码垛点共2层，第1层如图7-9中码垛点第1层所示，第2层如码垛点第2层所示，由于码垛点的工件码放位置类似回字，所以给此种垛型称为“回字”码垛。复杂“回”字码垛工位如图7-9所示。

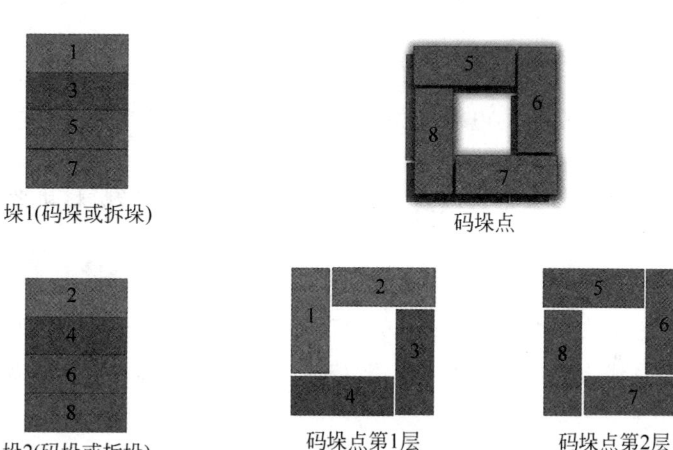


图7-9　复杂码垛工位

2. 任务分析

机械臂从垛1和垛2按图7-9中所示数字顺序依次拿起工件并放置到相应的码垛点工位。码垛点共2层，第1层和第2层分别如图7-9所示。先放码垛点第1层，再放置第2层，码垛点第1层和码垛点第2层重叠垂直码。

机械臂取1个工件详细的工作流程是：原点→过渡点→垛1拆垛点上方→打开吸盘→下降至垛1点→抓取工件→垛1拆垛点上方→过渡点→码垛点第1层1号工位的上方→下降至第1层堆垛点的数字1点→吸盘释放→返回码垛第1层第1块工件堆垛点上方。

机械臂整体码垛过程是：垛1第4层→码垛点第1层第1工位→垛2第4层→码垛点第1层第2工位→垛1第3层→码垛点第1层第3工位→垛2第3层→码垛点第1层第4工位→垛1第2层→码垛点第2层第5工位→垛2第2层→码垛点第2层第6工位→垛1第1层→码垛点第2层第7工位→垛2第1层→码垛点第2层第8工位。

3. 操作步骤

1）用户坐标系的标定

具体操作方法如下：

(1) 依次按“主菜单”→“用户”→“坐标”→“用户坐标”→“标定”键，进入用户坐标系标定界面。

(2) 三点法标定用户坐标系。进入用户坐标系标定界面后，依次使机器人轴运动到用户坐标系的示教点，按“确认”键，按光标移动键，依次确认 3 个示教点。记住所标定的用户坐标系号，本程序标定的用户坐标系号是 1 号。

2）工具坐标系标定

具体操作方法如下：

(1) 在示教盒上按“主菜单”→“用户”→“坐标”→“工具坐标系”→“标定”键，进入工具坐标系标定界面。

(2) 五点法标定工具坐标系。进入工具坐标系界面后，调整机器人 5 种位姿，依次使机器人工具中心点运动到参考点，按“确认”键，按光标移动键，依次确认 5 个示教点。记住所标定的工具坐标系号，本程序标定的工具坐标系号是 1 号。

3）机器人 I/O 口校验

具体操作方法如下：

(1) 顺时针旋转控制柜上的电源开关。

(2) 等待开机完成的界面。

(3) 将机器人模式切换至示教模式。在示教盒上按“模式”键，将机器人运动状态切换至示教模式。

(4) 进入机器超级用户。

(5) 在示教盒上依次按“主菜单”→“功能”→I/O→“设定”→“用户 I/O”键。

(6) 依次强制将输出端口置 1 或者 0，观察吸盘抓手的状态。记住吸盘抓手在打开或者夹紧状态下的输出端口号。

4）码垛文件配置

本案例中的码垛任务需要配置 2 个码垛文件，分别是简单码垛配置文件和复杂码垛配置文件。简单码垛配置文件应用在 A 拆垛点的取工件过程；复杂码垛的配置文件应用在 B 码垛点的放置工件过程。简单码垛配置文件号与复杂码垛文件的配置号与程序中调用的文件号严格一致。码垛文件和主程序的编写不分先后，先做哪一部分都可以。码垛文件配置进入路径：“超级用户”→“用户”→“应用”→“码垛”。复杂码垛的码垛文件号为 2，与程序中调用文件号要一致。复杂码垛配置文件中的计数器设置如下所示：

① 行数计数器＝ 1 --------软件运行过程中根据运行情况自动计数

② 列数计数器＝ 1 --------软件运行过程中根据运行情况自动计数

③ 步数计数器＝ 1 --------软件运行过程中根据运行情况自动计数

④ 层数计数器＝ 1 --------软件运行过程中根据运行情况自动计数

⑤ 个数计数器＝ 1 --------软件运行过程中根据运行情况自动计数

5）复杂码垛配置文件中的“设置抓手参数”

① 抓手类型 吸盘夹手 --------按“确认”键可切换抓手类型

② 抓取方式 单抓单放 --------根据码垛实际使用工具情况选择
③ 竖点长度 夹手为正 --------根据码垛实际使用工具情况选择
④ 横点长度 夹手为正 --------根据码垛实际使用工具情况选择
⑤ 偶竖长度 夹手为正 --------根据码垛实际使用工具情况选择
⑥ 偶横长度 夹手为正 --------根据码垛实际使用工具情况选择
⑦ 竖点宽度 夹手为正 --------根据码垛实际使用工具情况选择
⑧ 竖点宽度 夹手为正 --------根据码垛实际使用工具情况选择
⑨ 偶竖长度 夹手为正 --------根据码垛实际使用工具情况选择
⑩ 偶横长度 夹手为正 --------根据码垛实际使用工具情况选择

6）复杂码垛配置文件中的“垛型选择”的参数设置

① 奇偶镜像 ON --------根据实际任务设置
② 垛型层数 2 --------根据实际任务设置
③ 垛型行数 2 --------根据实际任务设置
④ 垛型列数 2 --------根据实际任务设置
⑤ 型 1 行数 1 --------根据实际任务设置
⑥ 型 1 列数 1 --------根据实际任务设置
⑦ 型 2 行数 1 --------根据实际任务设置
⑧ 型 2 列数 1 --------根据实际任务设置
⑨ 起始形式 竖 --------此设置关系到码垛时第一个工件是横还是竖，第一个点是横还是竖，也决定在码回字垛型的时候，是顺时针码垛还是逆时针码垛
⑩ 垛型类型 回字形 --------回字形、偏移码垛（宝塔）、异形花码（32 型）

7）复杂码垛配置文件中的“设置产品属性”设置

① 产品长度 50.0 --------产品实际长度，单位 mm，以实际工件为准
② 产品宽度 80.0 --------产品实际长度，单位 mm，以实际工件为准
③ 产品高度 20.0 --------产品实际长度，单位 mm，以实际工件为准
④ 产品重量 0.00 --------产品实际长度，单位 mm，以实际工件为准
⑤ 示教长度 1000.0 --------1000mm，以实际工件为准
⑥ 示教宽度 1000.0 --------1000mm，以实际工件为准
⑦ 示教高度 1000.0 --------1000mm，以实际工件为准

8）复杂码垛配置文件中的“设置托盘属性”的参数配置

① 行间距 5.0 --------根据实际抓手及任务需求设置，是码垛工件间距
② 列间距 5.0 --------根据实际抓手及任务需求设置，是码垛工件间距
③ 型 1 行距 0.0 --------根据实际抓手及任务需求设置
④ 型 1 列距 0.0 --------根据实际抓手及任务需求设置
⑤ 型 2 行距 0.0 --------根据实际抓手及任务需求设置
⑥ 型 2 列距 0.0 --------根据实际抓手及任务需求设置
⑦ 托盘长 1000.0 --------根据实际抓手及任务需求设置
⑧ 托盘宽 1000.0 --------根据实际抓手及任务需求设置
⑨ 托盘高 1000.0 --------根据实际抓手及任务需求设置

⑩ 长限定 坐标 x 向 --------根据实际抓手及任务需求设置

9）复杂码垛配置文件中的“点位示教配置”参数配置

① 用户坐标系 1 --------与程序中的坐标系一致

② 花码高度 0.0 --------与实际码垛的高度设置

③ 竖点示教 ON --------在操作台上，选择放置第一个码垛地点（第一个放置工件的点），将工件旋转 90°，分别示教竖点位置和横点位置，此位置必须准确，吸盘压在工件上

④ 横点示教 ON --------与竖点示教位置垂直，基于工件的某个固定点旋转 90°

⑤ 偶层竖点 OFF --------根据实际情况设置

⑥ 偶层横点 OFF --------根据实际情况设置

⑦ 最低高度 30.0 --------程序中的 P2 点位置

⑧ 最高高度 40.0 --------程序中的 P3 位置

10）简单码垛配置文件中的“设置托盘属性”参数设置

① 工件总数(个)＝ 10 --------拆垛的总工件数

② 每行工件数 ＝ 2 --------根据拆垛的实际情况设置

③ 每列工件数 ＝ 1 --------根据拆垛的实际情况设置

④ 每行工件偏置＝ 162.0 --------拆垛点的行间距

⑤ 每行工件偏置＝ 0 --------拆垛点的列间距

⑥ 层高度(mm)＝ －20 --------拆垛点的工件高度

11）简单码垛配置文件中的“设置计数器”参数设置

① 行数计数器 ＝ 2 --------软件根据运行情况计数

② 列数计数器 ＝ 1 --------软件根据运行情况计数

③ 层数计数器 ＝ 1 --------软件根据运行情况计数

④ 个数计数器 ＝ 2 --------软件根据运行情况计数

⑤ 文件号：1 --------与程序中调用文件号要一致

12）主程序

由于引入了码垛文件的配置及码垛专有指令，所以充分解决了编程操作人员在面对不同码垛垛型的需求及不同工件尺寸时的程序重复编写的问题。当有不同的工件尺寸及不同的堆垛需求时，只需要修改码垛配置文件即可，而码垛的主程序是不需要修改的。比如需要将本案例中的堆垛的垛型改成“宝塔”或者“32”垛型时，只需要修改复杂码垛的配置文件中的垛型就可以，其他任何地方都不需要修改，机械臂就可以完成堆垛垛型的变换。所有复杂码垛任务的主程序都一样，只是配置文件中的参数设置不同。主程序的语句及说明如下所示。

主程序：

0000 NOP --------程序开始

0001 PAL R ＃1 --------指令的输入方法，主菜单→编辑→应用类→码垛；＃1 表示选定的 1 号已经标定的用户坐标系。

0002 PAL C 2 --------码垛计数复位指令，选择复杂码垛文件配置号 2 号。

0003 SET I10＝0 --------将整型参数 I1 设置为 0

0004 MOVJ VJ＝30 --------原点

0005　L3　--------标号

0006　IF　I0=8　L99　--------I/O 值是 8,直接跳转到 L99

0007　L1　--------标志位

0008　MOVJ=30　--------原点的下方即拆垛和码垛中间过渡点

0009　PAL　S　1　1　--------简单码垛的开始指令,即拆垛调用简单码垛文件配置号 1 号,语句中,第一个 1 是码垛模式：支持 2 种码垛模式,分别是按照行码和按照列码,第二个 1 表示,简单码垛配置文件号是 1;

0010　PAL　J　VJ=30　--------拆垛示教点上方位置

0011　PAL　L　VL=100.0　--------拆垛点位置(可抓取工件位置)

0012　DELAY　T=0.200　--------输入方法：控制类 1

0013　OUT　OT#1=ON　--------输入方法：I/O 类

0014　OUT　OT#2 =OFF　--------当 D0 设置为 1,D1 设置为 0 时,吸盘吸气

0015　DELAY　T=0.500　--------延时 0.5s

0016　PAL　L　VL=100.0　--------返回 1 号拆垛点上方位置

0017　PAL　E　OT#20　--------拆垛程序结束(简单码垛结束标志),给寄存器 20(此值任意)一个输出信号。输出的是脉冲信号(码垛完成,将信号变成 1,输出 I/O 信号,码垛结束输出信号)

0018　MOVJ　VJ=30　--------拆垛与码垛的中间点位置。

0019　L3　--------标志位

0020　PAL　M　2　--------复杂码垛宏指令(如果没有此指令,那么下面程序的示教点会提示“报警 2020,位置超界”)

0021　PAL　GF　2　I1　--------

0022　PAL　GP　2　P1　P2　P3　--------获取码垛点位置信息,2 是码垛配置文件号,与 PAL M 文件号一致;P1 是码垛点位置信息,P2 是码垛配置文件中的最低点,P3 是码垛配置文件中的最高点。

0023　MOVJ　P3　V=20　CP1　ACC　100　--------码垛文件配置中的最高点的位置

0024　MOVJ　P2　V=20　CP1　ACC　100　--------码垛文件配置中的最低点的位置

0025　MOVJ　P1　V=20　CP1　ACC　100　--------码垛示教点,此位置点需要示教

0026　DELAY　T=0.20　--------延时 0.2s

0027　OUT　OT#1=OFF　--------将 D0 置 0

0028　OUT　OT#2 =ON　--------将 D1 置 1,与 DO 置 0 组合,吸盘释放

0029　DELAY　T=0.500　--------延时 0.5s

0030　MOVJ　P2　V=20　CP1　ACC　100　--------码垛配置文件中的最低点

0031　MOVJ　P3　V=20　CP1　ACC　100　--------码垛配置文件中的最高点

0032　PAL　CNT　2　OT#30　OT#31　--------2 是复杂码垛配置的文件号,30 是单层码垛结束输出 I/O 信号,31 是全部码垛结束输出 I/O 信号

```
0033  INC   I10      --------I10 自加 1
0034  GOTO   L3      --------跳转到 L3
0035  L99    --------标志位
0036  DELAY  T=-1.00     --------延时 1 秒
0037  END    --------程序结束
```

13）程序调试

将机器人切换到示教模式，给机械手上电，机械手示教速度调慢，在按下示教盒上的“正向运动”或“反向运动”键的同时观察机械手的运动位置是否符合要求。每当按住一次“正向运动”和“反向运动”键，机器人运动一步，释放 deadman 和“正向运动”键中的任意一个，机器人停止运行。程序要全程手动检测一遍，确保每步动作过程安全无碰撞。

14）自动运行

在自动执行前，先确保机器人运动区域内无人。将机器人切换至执行模式，自动运行方式分为 3 种：单步、单循环和自动。选择自动运行方式后，给机器人上电，按下控制柜上的“启动”按钮，程序自动运行。自动程序启动前，需要将机械臂运动到程序的第一个示教点。

## 7.10 考核评价

要求：熟悉新松机器人的码垛指令，熟悉码垛程序的编写步骤，熟悉码垛文件的配置方法及配置文件中各个参数的意义；熟悉码垛编程文件的主程序的指令及其含义；熟悉复杂码垛的编写过程，能独立编写出“回字”“宝塔”“32”不同垛型的码垛文件及配置文件；能用专业语言正确、顺畅地展示配置的基本步骤，思路清晰、有条理，并能提出一些新的建议。

# 参 考 文 献

[1] 余任冲. 工业机器人应用案例入门[M]. 北京：电子工业出版社，2015.
[2] 叶辉，管小清. 工业机器人实操与应用技巧[M]. 北京：机械工业出版社，2011.
[3] 杜志伟，刘伟. 点焊机器人系统及编程应用[M]. 北京：机械工业出版社，2015.
[4] 郭洪江. 工业机器人运用技术[M]. 北京：科学出版社，2008.
[5] 张培艳. 工业机器人操作与应用实践[M]. 上海：上海交通大学出版社，2009.
[6] 董春利. 机器人应用技术[M]. 北京：机械工业出版社，2015.
[7] 张玫. 机器人技术[M]. 北京：机械工业出版社，2015.
[8] 张宪民. 工业机器人应用基础[M]. 武汉：机械工业出版社，2015.
[9] 王保军，腾少峰. 机器人系统设计及应用[M]. 北京：华中科技大学出版社，2015.
[10] 郭彤颖，安冬. 工业机器人应用案例入门[M]. 北京：化学工业出版社，2016.